国際農業開発入門

環境と調和した食料増産をめざして

東京農業大学国際農業開発学科 編

筑波書房

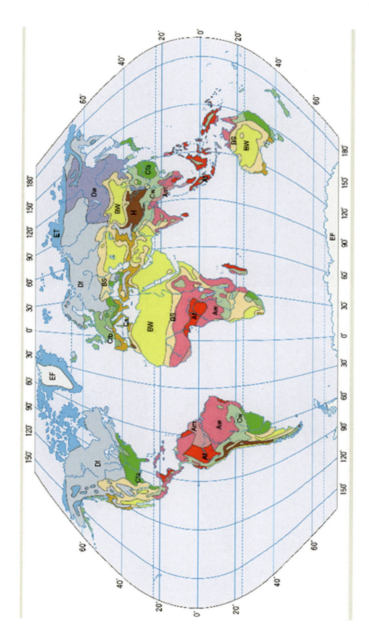

口絵 1-1 ケッペンの気候図
http://www.vector.co.jp/magazine/softnews/100824/n10082423_pic.html

口絵 1-2 サンゴが触手を伸ばした状態（写真：梶原健次）

口絵 4-1 収穫したドリアン果実

口絵 5-1 ヤムイモの一種ダイジョの 2 倍体（左），3 倍体（中央）および 4 倍体（右）の葉。3 倍体の葉は大きく，イモの収量も高いことから倍数性育種による 3 倍体品種の育成が行なわれている。

口絵 v

種の多様性

ミャンマー・カチン州の辺境地の農家では、数十種類の作物種が、先祖代々引き継がれている。

生態系の多様性

アジア各地で行われている稲作は、水の利用条件に適応した生態型品種が栽培される。

天水田園

深水稲

種内の多様性

ヤマノイモの一種、ダイジョ (D. alata L.) は、パプアニューギニアにおいて、多様性が拡大した。多様な塊茎の形状を示す。

口絵 2-1　農業生物多様性

口絵 6-1 ヤムイモの無病苗(ナイジェリア・IITA にて)

口絵 7-1 タンザニアの農民にイネウイルス病防除を指導する本学卒業生

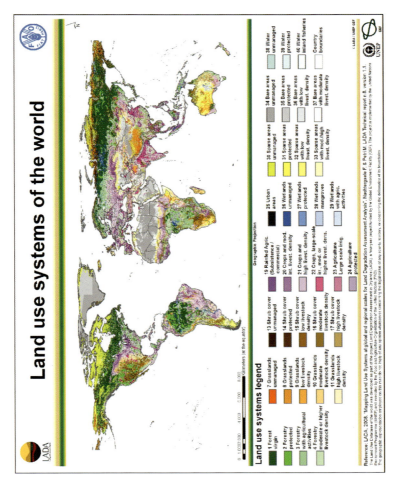

口絵 8-1 世界の土地被覆

出典：FAO (2008) Land Degradation Assessment in Drylands Land Use system maps [33]

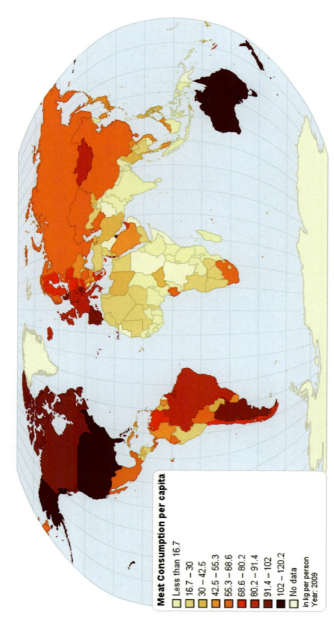

口絵 8-2 世界の一人当たり年間肉消費量（魚を含む）
出典：FAO（2013）

口絵 ix

口絵 9-1 害虫によるトウジンビエの被害をたしかめるニジェールの農民

口絵 9-2 獲物をねらうタンザニアの狩猟採集民

口絵 9-4 ケニアの国立公園周辺に出現したアフリカゾウ

x

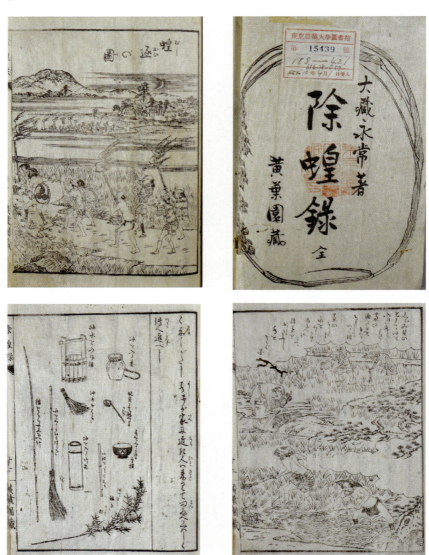

口絵 9-3 「除蝗録」(1826 年刊, 東京農業大学図書館所蔵)。右上:表紙。左上:「虫追い」の図。右下:注油法による水田害虫防除の様子。左下:注油法にもちいる道具。

口絵 11-1　農家レベルでの野菜選別作業（カンボジア）　資料：筆者撮影

口絵 11-2　公設市場の場内（スリランカ）　資料：青晴海氏撮影

口絵 11-3　大型スーパーでの野菜の陳列（カンボジア）資料：筆者撮影

口絵 11-4　野菜の直売（カンボジア）資料：筆者撮影

口絵　xiii

口絵 16-1　ゴア・ジュパン

口絵 16-2　ゴア・リマ・カマル内部

口絵 16-3　ボスニックの慰霊碑

口絵 16-4　1998 年アベプラ暴動

口絵　xv

口絵 16-5　建設中のビアクにおける移住部落

はしがき

　前世紀，食料生産性の飛躍的な向上を基盤とした経済成長を背景に，世界人口は15億から60億へと4倍増した。人類史上その増加速度がきわめて異常であったことは周知である。21世紀に入り15年余が経過した現在においても，その速度には歯止めがきかず，世界人口100億の日の到来もそう遠くないのかも知れない。世界人口100億時の人口密度は，地球陸地面積の総計（南極を含む）である1億4,889万km^2で割ると約67人/km^2となる。産業革命や化石エネルギーの下支えなしに，高度な栄養循環型社会を実現したとされる江戸時代末期の日本の人口密度が約100人/km^2であったことからすると，実に驚異的な密度である。

　近い将来，かりに人口増加速度にブレーキがかかるにせよ，すでに膨大となった人口をどのように扶養するのか。この問題は，現代に生きる私たちに課せられたもっとも重要な課題のひとつであろう。地球上でどれほどの食料を生産することができるのか。また，食料をできるだけ均等に分配するにはどうすればよいのか。先進国と途上国との経済格差のますますの広がりは，食料の総量的な問題もさることながら，その分配の難しさを物語っている。

　他方，ある種の食料生産システムの普及は，食料生産力を終局的に低下させてしまう可能性があるという皮肉な関係の克服も，重要課題のひとつとして控えている。過度な潅がいや過剰な家畜の放牧が砂漠化を促進する要因であることは，メソポタミア文明以来の教訓である。森林のさらなる伐採による農地造成を背景とした食料増産の対価となるCO_2固定量とO_2生成量の減少，生物多様性の低下などは，地球全体の食料生産性に今後どのようにフィードバックされるのか。

　さらに，過剰な農地への施肥が水域の富栄養化を引き起こす一方，沿岸湿地の過剰な開発は貧栄養化の原因となり，結果的に水域の食料生産性を低下させている可能性もある。世界全体の食料生産量は，陸域で生産される量はもちろん，それに水域，特に沿岸海域での生産量を加えた量であるから，か

りに陸域での食料生産性が向上しても，水域での生産性がそれ以上に低下するならば，それは世界的な食料生産性向上のためのグランドデザインの欠如を意味しよう。

　このような状況において本書は，国際農業開発学を共通項とする研究者がそれぞれの専門的な分野から，熱帯を主とする国内外の自然環境や農業・農村に関する基本的な情報・知識をもとに，食料生産性の向上や農業の発展を模索するために執筆した国際農業開発の入門書的なオムニバスである。執筆者の専門性が多様であることから，まとまりがつきにくくなったきらいがあろうが，その根底に共通する想いは「人間喰わずに生きらりょか」であり，世界全体や各地域で食料を安定的かつ持続的に生産・分配するにはどのような技術や知恵が必要なのかを問い詰めることにある。

　本書は次のように構成される。第1部「熱帯の環境と発展の可能性」では，おもに自然科学の側面から，熱帯と呼ばれる地域の特性や多様性，熱帯の遺伝資源や作物の有する潜在力について示したのち，作物の育種・育苗，病虫害管理方法や重要性に加え，食料の生産や農業開発を行うにあたり注意すべき環境や生態に対する配慮などについて論述した。第2部「熱帯農業の発展手法を考える」では，おもに社会科学の側面から，開発経済学，農業経済学や農産物流通に関わる課題を抽出したのち，地域・伝統的社会の理解のしかたや適切な農業経営方法について考え，最後に近年における農村・農業開発事例における問題点を指摘している。

　本書が，環境と調和した，安定・持続的な食料の生産と分配にむけて些かでも貢献できるならば，また，そのような問題に今後立ち向かおうとする若い人たちにとって役立つことがあれば，執筆者一同の喜びである。なお本書は，東京農業大学国際食料情報学部国際農業開発学科の創立60周年を記念して刊行された。

編集責任者　中西康博

目　次

はしがき ……………………………………………………………………………… *i*

第1部　熱帯の環境と発展の可能性 …………………………………………… *1*

第1章　さまざまな熱帯環境 …………………………………………………… *3*
　第1節　熱帯ってどんなところ ………………………………………………… *3*
　第2節　乾燥熱帯 ………………………………………………………………… *5*
　　1）砂漠の成因 ………………………………………………………………… *6*
　　2）砂漠の高い潜在生産力 ………………………………………………… *10*
　　3）乾燥地農業の課題と砂漠化 …………………………………………… *10*
　第3節　湿潤熱帯 ……………………………………………………………… *13*
　第4節　熱帯の海 ……………………………………………………………… *15*
　　1）美しい熱帯の海は貧栄養 ……………………………………………… *16*
　　2）サンゴの海の豊かさ …………………………………………………… *17*

第2章　遺伝資源を理解する ………………………………………………… *21*
　第1節　生物多様性と農業 …………………………………………………… *21*
　　1）農業生物多様性 ………………………………………………………… *21*
　　2）作物遺伝資源の重要性 ………………………………………………… *24*
　第2節　遺伝的浸食 …………………………………………………………… *27*
　第3節　ジーンバンク ………………………………………………………… *29*
　　1）遺伝資源の保存 ………………………………………………………… *29*
　　2）世界における遺伝資源の保存状況 …………………………………… *32*
　第4節　遺伝資源を求めて …………………………………………………… *35*

第3章 アフリカの食料問題—開発の余地あり・孤児作物— 37
- 第1節 作物の種類と飢餓のリスク 37
- 第2節 主食作物を限定した「緑の革命」 38
- 第3節 アフリカの主食作物の生産はリスク分散型 40
- 第4節 栽培面積が拡大したアフリカの作物生産 42
- 第5節 在来作物の生産性は改善されず 43
- 第6節 トウモロコシの普及が食料不足を招く 45
- 第7節 開発の余地を残す孤児作物 48
  - 1) モロコシとミレット 48
  - 2) ササゲマメ 49
  - 3) ヤムイモ 49
  - 4) サツマイモ 50
  - 5) リョウリバナナ 51
- 第8節 ヤムイモの研究に取り組む 51
- 第9節 アフリカの食料問題に農学が出来ること 52

第4章 熱帯園芸作物の食品としての機能性について 55
- 第1節 熱帯園芸作物の利用形態 55
  - 1) 食品としての機能と民間医薬的活用 55
  - 2) 野菜 58
  - 3) 果実 58
- 第2節 摂取方法と健康への影響 64
  - 1) リスクの可能性がある果実 64
  - 2) ドリアンはリスクの高い果実か 66
- 第3節 国際食品規格と果実の安全性ガイドライン 70

第5章 96億人を養うために—熱帯作物育種の役割— 73
- 第1節 作物育種の役割 73
- 第2節 作物育種が救った食糧危機 74

第3節　種々の作物育種法 ··· 76
　　　1）遺伝資源と品種改良 ··· 76
　　　2）種属間交雑による品種改良 ··· 78
　　　3）倍数性育種 ··· 79
　　　4）雑種強勢を利用した品種改良 ··· 80
　　　5）遺伝子組換え技術を利用した品種改良 ································· 80
　　　6）DNAマーカー選抜による品種改良 ····································· 81
　　　7）全ゲノム情報を用いた育種技術 ······································· 82

第6章　組織培養が果たす役割—途上国での事例，そして今後の展望— ······ 85
　　第1節　組織培養の発展の流れ ··· 85
　　第2節　植物組織培養の基礎技術 ··· 87
　　　1）植物組織培養を行う上での諸要因 ····································· 87
　　　2）植物組織培養の目的と手法 ··· 89
　　　3）保存 ··· 95
　　第3節　途上国における組織培養の実用例 ·································· 96
　　　1）ヤムイモ ··· 96
　　　2）ナツメヤシ ··· 97
　　第4節　今後の農業において組織培養に期待される役割 ····················· 100

第7章　熱帯作物を病気から守れ！—始まった植物医科学への展開— ······ 103
　　第1節　バナナに不治の病が発生？ ··· 103
　　第2節　専門家に聞いてみよう ··· 104
　　第3節　アフリカでイネのウイルス発生！ ·································· 106
　　第4節　天然ゴム農園は広がる ··· 110
　　第5節　その果物，持ち込めません ··· 113
　　第6節　キャッサバを救え ··· 115
　　第7節　植物病理学が目指すもの ··· 118

第8章　畜産業が環境に与えるインパクト ……… *119*

第1節　栄養不足が引き起こす問題と農業 ……… *119*
第2節　私たちの食の変化 ……… *120*
第3節　畜産業の必要性 ……… *122*
第4節　世界の畜産物生産の傾向 ……… *123*
第5節　畜産の高密度飼育化が環境に与えるインパクト ……… *127*
第6節　家畜の餌の利用効率 ……… *130*

第9章　農業開発をめぐる野生動物との軋轢と共存 ……… *135*

第1節　野生動物はなぜ害虫や害獣になるのか ……… *135*
第2節　害虫・害獣とは何か ……… *136*
　1）害虫・害獣の数と収穫との関係 ……… *136*
　2）防除の費用と利益 ……… *137*
　3）防除から管理へ ……… *139*
第3節　害虫防除の起源と歴史 ……… *140*
　1）農耕のはじまりと作物保護 ……… *140*
　2）神だのみと創意工夫 ……… *141*
　3）戦争と害虫 ……… *143*
　4）害虫と環境問題 ……… *144*
第4節　獣害の現状と課題 ……… *146*
　1）日本の獣害問題 ……… *146*
　2）ケニアの獣害問題 ……… *147*
　3）野生動物との軋轢と共存 ……… *149*
第5節　野生動物と人類の未来 ……… *150*
　1）生態系サービスと農業 ……… *150*
　2）野生動物の絶滅と生物多様性の管理 ……… *151*
　3）「マルサスの予言」と「成長の限界」 ……… *153*
　4）野生動物と人類の未来 ……… *156*

第2部　熱帯農業の発展手法を考える ... *161*

第10章　途上国の貧困問題と開発経済学 ... *163*
 第1節　国が「貧困」かどうか，何を基準に決める？ ... *163*
 第2節　人が「貧困」かどうか，何を基準に決める？ ... *166*
 第3節　貧困状況は変化する ... *169*
 第4節　リスクと脆弱性 ... *173*

第11章　農産物流通の働きと国際協力 ... *177*
 第1節　農産物の流通ってなに？ ... *177*
 第2節　農産物流通はいろんな働きをする ... *179*
 第3節　途上国の農産物流通について知る ... *183*
  1）途上国の農産物流通 ... *183*
  2）課題がたくさんある ... *186*
 第4節　どのように国際協力していく？ ... *187*

第12章　成長するアフリカ，取り残されるアフリカの農村
   　―ガーナ北部の農村を事例として― ... *191*
 第1節　問題の背景と課題 ... *191*
 第2節　成長するガーナ経済と拡大する地域間格差 ... *193*
  1）ガーナの経済構造と農業部門 ... *193*
  2）経済成長と農業部門の推移 ... *194*
  3）国内の地域間格差 ... *196*
 第3節　取り残されるガーナの北部農村 ... *200*
  1）ガーナ北部における社会構成と農業様式の概要 ... *201*
  2）コンパウンドの家族構成と土地保有・分有・利用状況の変化 ... *203*
 第4節　継続性と柔軟性を持ったガーナ北部の農民 ... *208*

第13章　地域農業開発の規定要因―実態把握へのアプローチ― 211
第1節　序―課題への接近― 211
第2節　自然 212
第3節　社会 214
第4節　経済 217
第5節　生活（消費） 218
第6節　生産 220
第7節　文化 222
第8節　地域開発へのアプローチ 224

第14章　熱帯天水農業地域の農業経営 227
第1節　熱帯天水農業地域の農業経営主体 227
第2節　フードセキュリティーと農業経営 228
1）フードセキュリティーについて 228
2）ラオスにおけるフードセキュリティー 229
第3節　多角化について 232
1）ラオスの自給的天水稲作農家の多角化 232
2）モザンビークの天水畑作経営の多角化 234
第4節　熱帯天水農業地域の農業経営の展開方向 237
第5節　今後の課題 238

第15章　太平洋島嶼地域における伝統的村落社会と人々の生活
―サモア独立国を事例に― 241
第1節　太平洋島嶼地域の貧しさと豊かさ 241
第2節　サモア村落社会の構造と機能 244
1）サモア社会の基本構造 244
2）家族と人々の生活 245
3）村落組織と人々の生活 249

4）アインガと村落組織が構築する生活維持基盤 *251*

　第3節　海外移民と送金経済 *251*

　　　1）統計からみる海外移民の現状 *251*

　　　2）統計からみる送金の現状 *252*

　　　3）調査事例からみる海外移民と送金 *253*

　第4節　送金と社会慣行 *254*

　　　1）現金需要の高まり *254*

　　　2）社会慣行の現金化 *254*

　第5節　今後の「発展」に向けて *256*

第16章　開発にさらされる西パプア *259*

　第1節　西パプアと日本 *259*

　第2節　日本の戦後賠償によるインドネシア開発は西パプアに何をもたらしたのか？ *261*

　第3節　西パプア略史 *264*

　第4節　西パプアの農業 *267*

　第5節　"トランスミグラシ"：オランダと日本による負の遺産？ *268*

　第6節　グローバル資本主義による搾取：ワシントン・コンセンサス *271*

　第7節　ビアク大地震から考えたこと（開発ではない支援を目指して） *273*

第17章　農業分野における新たな担い手としての障害者 *277*

　第1節　開発と障害 *277*

　　　1）今なぜ「障害」なのか *277*

　　　2）「障害」とは何か *279*

　第2節　日本の農業分野における障害問題への取り組み *281*

　　　1）「農福連携」の背景 *281*

2）障害者と就労実態 *282*
 3）農業の作業特性と課題 *282*
第3節　農業分野における障害者就労の取り組み *283*
 1）経営概況 *284*
 2）障害者就労のための具体的取り組み *284*
第4節　日本の経験を途上国の農村開発に活かす *289*

おわりに *291*

第1部

熱帯の環境と発展の可能性

第1章
さまざまな熱帯環境

中西　康博

第1節　熱帯ってどんなところ

　日常的にサンゴの海がテレビで放映され，長期休暇での旅行先となるなど，いまや熱帯は温帯に属する日本に住む私たちにとっても身近な存在になっている。しかし，どこからどこまでが熱帯なのかと問われると，確答するのは実は容易ではない。

　「熱帯」は，英語ではthe tropicsと表記される。ここでtropicは回帰線を指すことから，その複数形であるtropicsは南北2つの回帰線（北緯23度26分22秒と南緯23度26分22秒）を意味する。したがってthe tropicsとはつまり「2つの回帰線に挟まれた帯状の地域」を指すのであるが，これを日本語では熱帯と呼ぼうということになっている。この区分法（以下，「回帰線区分法」という）は実に明快ではあるが，地球上の単純な位置情報のみで決定され，気候条件は無視されることから，科学的とは言い難い。

　熱帯が本来文字通り「熱い地帯」を指すとすれば，その定義には気候条件，とりわけ気温が関与しなければならない。そこでこれまで，幾人もの気候学者が各々の定義に従い世界の気候区分を設定し，その中で熱帯を位置づけてきている。そのなかで最も多用されてきているのは，気温と降水量の2変数のみで定義づけるケッペンによる気候区分（**口絵1-1**）であろう。

　この区分で熱帯にはAという記号が与えられ，さらにAf（熱帯雨林気候），Am（熱帯モンスーン気候），Aw（サバナ気候），As（熱帯夏季少雨気候）

に分類される。ただし，これらのうちAsは，ハワイなどごく限られた地域が属するのみなので，世界的な規模の気候図では判別しにくい。またケッペンの区分で乾燥帯は熱帯とは別に定義されている。

このような気候学者による分類・区分は，その定義に科学性が加味されてはいるものの，熱帯の存在位置を容易に認識するという点では不便である。例えばケッペンの区分において，タイやインドネシアのように国全体が熱帯に属する場合はよいが，熱帯と温帯の境界がメキシコのどこにあるかなどという情報は，その国民であるならまだしも，一般的には記憶しておくことが難しいし，その記憶にあまり価値をみいだせないであろう。そこで，気候学者とりわけ気候区分を専門とする者以外は，学者であっても，熱帯という用語をあいまいに用いていて，多くはおそらく，回帰線区分法による地域で認識しているのであろう。

加えて，亜熱帯という用語もけっこう頻繁に用いられるが，実はケッペンの気候区分にそういう区分はなく，現状において一般に認知された定義，例えば，回帰線の南北何度までを亜熱帯とするといった定義は無い。このように，熱帯・亜熱帯と慣用される用語は，実社会的にはその実像があいまいなのである。

本章および本書全般においても，熱帯という用語を頻用する。本節にしても「熱帯ってどんなところ」というタイトルとしたが，その定義や区分を明らかにしようとすることが目的ではなく，本章で示したいのは，一般に熱帯と呼ばれる地域，つまり回帰線区分法で認識される地域の多様性，あるいは「振れ幅」の大きさである。

その多様性は，温帯に住む私たちからみると実に驚異的で，例えば年降水量でみると，温帯ではせいぜい1,000から4,000mm程度の幅に収まろうが，熱帯では，ほとんど降水のない地域（乾燥地）の100mm弱程度から，最も多い地域（赤道地帯）の1万mm強程度の幅，少なくとも100倍以上の差異がある。

年降水量1万mmということは，降った雨を蒸発・浸透させることなく1

年間溜め続けるとその高さが10mになり，その高さを達成するには約30mmの雨が毎日降り続かなくてはならない量ということになる。筆者はかつてパプアニューギニアに属する，赤道にごく近いそのような地域のひとつを訪れる機会を得たが，その折も連日強雨が降り続くという，文字通りの洗礼を受けた。

気温に関しては，ケッペンの定義・区分に従えば，熱帯に属する地域はどこでも高温（年平均気温が18℃以上）ということになるが，他方，回帰線区分法によると，温帯あるいは亜寒帯的な様相を呈するアンデス山脈やキリマンジャロなどの高地も，熱帯の範囲に入ることになる。

熱帯におけるこのような気候の大きな「振れ幅」は，当然ながら，そこに生育する動植物の多様性を育むとともに，生態の基盤となる土壌も多様とする。したがって，近年憂慮される生物多様性の低下に関する注視も，熱帯に向けられやすくなるのは当然である。

加えて熱帯の海も，その振れ幅が実に大きい。詳しくは後述するが，熱帯海域の大半を占める陸から離れた外洋は，本質的には栄養に乏しい貧栄養な海である。そのような海の水は汚れがとても少なく，きれいで透明度が高いが，多様な生物は生育できない。ところが熱帯の沿岸や島々の周囲など，サンゴ礁が発達する海域では，生物性が驚異的に増大する。

このような背景から本章では，熱帯のなかでもとりわけもっとも乾いた地域である乾燥地と，もっとも湿潤な地域である湿潤熱帯，さらに熱帯の海に焦点を当て，熱帯の多様性もしくは不思議さ，ならびにそれらの地域を開発しようとする際に，ぜひとも注意すべきいくつかの点について考えたい。

第2節　乾燥熱帯

近年の世界規模での環境問題のひとつに砂漠化がある。現在，世界の陸地の41.3％が乾燥地 drylandで，そこに世界人口の34.7％が居住する［1］が，そのような乾燥地が主に人為的な影響により拡大しつつある現状に対し，そ

の拡大をくい止め，緑化・修復することが人類に対する差し迫った課題となっている。

本節では熱帯農学を考えるための基礎知識として，まず砂漠の成因，つまり砂漠は本来，自然条件下においてどのようにしてできるのかについて考え，次に砂漠での農業生産に関し，その潜在力と開発における注意点について考えたい。

なお，本節のタイトルを「乾燥熱帯」としたが，砂漠（乾燥地）は熱帯に限らず温帯にも分布し，また，気候帯に関わらず，植物が育たない場所を砂漠と表現することが一般的である。したがってここでは，気候帯にはとらわれずに砂漠や乾燥地について記述することをあらかじめご理解いただきたい。

1）砂漠の成因

砂漠あるいは乾燥地，厳密にいうと，雨がほとんど降らない地域はどのようにできるのであろうか？　世界の砂漠を分類して**表1-1**に示したが，以下，その分類にそってそれぞれの成因について考えたい。

表1-1　砂漠の分類と成因

分類	主な成因	砂漠の例
中緯度砂漠	中緯度高圧帯	サハラ，アラビア，カラハリ，オーストラリア
海岸砂漠	寒流	アタカマ，ナミブ，アメリカ合衆国西岸
雨陰砂漠	山脈からの下降気流	パタゴニア，ソノラ
内陸砂漠	海から遠い位置	ゴビ，タクラマカン

（1）中緯度砂漠

世界地図や地球儀などをながめると，砂漠は中緯度地域に横たわるように分布していることに気付く。このように，世界でもっとも広大な面積を占める砂漠は中緯度地帯に分布し，この成因には，大気と水の地球規模での動きが関係する（**図1-1参照**）。

地球上における単位面積当たりの日射エネルギー量は，地球が球体をして

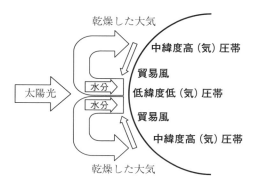

図1-1　乾燥した中緯度高圧帯の成因（概念図）

いるため緯度により異なり，極地で最小に，赤道地帯で最大となる。そこで，赤道地帯では多くの日射エネルギーを受けるため，水は水蒸気となり上昇気流を形成しやすくなる。気流にのって上昇した水蒸気は，上空で冷却されて凝結し雨滴となり，そのまま直下に降下する。したがって赤道地帯は常に雨が降りやすい状況にあり，このことが前述した，地球上でもっとも降水量が多くなるのが赤道地帯となる理由である。

　ところが，暖められて上昇した大気そのものは，水分を失った後もそこで降下することなく，コリオリの力により，北半球では北東に，南半球では南東に向きを変え，やがて中緯度地帯で降下する。上空から空気が降りてくることから，その地帯は高気圧状態となり，上昇気流が発生しにくくなる。加えて乾いた空気が降下してくることから，そこには乾燥した地域が形成される。

　このような地域は中緯度高（気）圧帯と呼ばれ，アフリカ北部のほとんどを覆うサハラ砂漠，中近東のアラビア砂漠，アフリカ南部に位置するカラハリ砂漠，オーストラリアの中央部を広く覆うグレートサンディ砂漠やグレートビクトリア砂漠などが，主にこの地帯に分布する砂漠である。また，海水の塩分濃度は，世界的にみて32〜37‰（パーミル）程度の地域差があるが，

中緯度高圧帯の影響は海にも及び，中緯度海域では雨による希釈効果が小さいため高塩分濃度となりやすい。

　北半球の夏季には中緯度高圧帯が北上し，日本付近では小笠原高気圧団が形成される。これが日本列島を覆うと雨が降りにくく，乾燥状態が長期間続きやすくなり，ダム水の不足や干ばつを引き起こす原因となる。

　なお，中緯度に降下した大気はその後，東寄りの風となって赤道地帯に吹き戻るという経路をたどるが，この風は貿易風と呼ばれ，大航海時代，帆船による航海に利用されたことで有名である。

（２）海岸砂漠

　砂漠ができる第２の成因には海流が関係し，大陸の西側に寒流が流れる場合，その大陸西側の海岸線に沿って砂漠が発達する。この成因メカニズムを説明する概念図を図1-2の上図に示した。要因としては，寒流からは水蒸気が大気に供給されにくいこと，寒流による低温影響で上昇気流が生じにくいこと，また，海洋から吹く西風に含まれる水蒸気が寒流により冷やされる結果，霧が発生することはあるものの，雨水とはなりにくいこと，があげられる。

　アンデス山脈の山麓沿岸，ペルー寒流の影響により，チリ北部を南北約

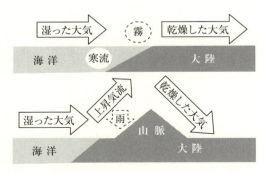

図1-2　寒流影響（上）と雨陰効果（下）による乾燥地形成（概念図）

1,000kmにわたり細長く分布するアタカマ砂漠や，ベンゲラ寒流の影響により，アフリカ南部のナミビア西岸に南北約1,300kmにわたり細長く分布するナミブ砂漠，カリフォルニア寒流の影響により，アメリカ合衆国の西海岸沿いに分布する砂漠などが，主にこの成因により形成されている。

（3）雨陰砂漠

　第3の成因には山脈が関係し，偏西風が卓越する地帯（温帯域）において，大陸の西側に山脈が南北に走っている場合，その山脈の東側で砂漠が発達する。この成因メカニズムは雨陰効果とよばれ，これを説明する概念図を**図1-2**の下図に示した。この場合，海洋に由来する水蒸気は西風にのって大陸に至るものの，その西岸に形成された山脈にそって上昇した後，上空で冷されて凝結し，山脈の西側には降水をもたらす。ところが，水分を失い，かつ，山脈を越えた後にフェーン効果が加わって高温となった大気は，山脈東側の地域を乾燥化させるのである。

　このような海洋，大陸ならびに山脈の位置条件は，世界の地形図をながめれば気づくように，南北アメリカ大陸に合致する。北アメリカ大陸のロッキー山脈の東側に発達するグレートベイスン砂漠やネバダ砂漠，南アメリカ大陸のアンデス山脈の東側に発達するパタゴニア砂漠などが，主にこの成因により形成された砂漠である。

（4）内陸砂漠

　第4の成因は，これまでに対し比較的単純で，単に水分の供給源となる海から遠く離れた場所に位置することから砂漠が成立する。とくにユーラシア大陸の大半では偏西風が主力風となることから，大西洋や地中海から遠い地域では乾燥しやすい。タクラマカン砂漠やゴビ砂漠などは，このことが主な成因となり形成された，広大な乾燥地帯である。

2）砂漠の高い潜在生産力

　砂漠（乾燥地）で作物を栽培する場合，いくつかの課題を克服しなければならないが，その最大の問題は，容易に予想できるように水の不足である。乾燥地では作物栽培に必要な水が降水からは得られにくいため，かんがい用の水，しかも海水のような塩分濃度の高い水は不適で，淡水を何らかの方法で得る必要がある。

　このとき，乾燥地であっても，後背に山脈があってそこに降る雨や雪解け水を集めた河川が流れていれば，あるいは，豊かな地下水層があれば，砂漠での作物栽培は可能で，古来，そのような淡水を利用して乾燥地での農業が行われてきた。

　前者の例としては，チグリス・ユーフラテスの河川水を利用したメソポタミア文明における農耕や，現代の米国コロラド川の水を利用した潅がい農業が有名である。後者の例としては，大鑽井盆地の地下水を利用したオーストラリアの農業，オガララ帯水層の地下水を利用した米国グレートプレーンズでの農業などがあげられる。

　そもそも乾燥地は，作物栽培に好適な条件を意外に多くそなえている。乾燥地では晴天日数が多いため日照時間が格段に長く，また気温較差が大きいため，見かけの光合成速度（光合成によるCO_2吸収量から呼吸によるCO_2排出量をひいた量）が大きい。これらの条件は，植物が効率よく光合成を営むのに適している。加えて，乾燥して湿度が低いため，作物栽培に障害となる病原菌が繁殖しにくい。したがって，作物栽培に使用する潅がい用の淡水が十分に確保できれば，乾燥地での作物栽培は可能なばかりか，高生産性が期待できる。

3）乾燥地農業の課題と砂漠化

　しかしながら乾燥地において，このような潅がい農業を，とくに地下水を用いて持続的に行おうとする場合，帯水層の水収支に関する詳細な情報に基

づいた，厳正な地下水利用計画をたてる必要がある．例えば，上述したオガララ帯水層に貯水された地下水のように，その大半がいわゆる化石水であり，水収支において，使用量が涵養量を大きく上回る場合には，その地下水は最終的に枯渇してしまう．

事実，オガララ帯水層を中心としたハイプレーンズ帯水層の，近年の水収支は，涵養量が年間196億m^3であるのに対し，井戸からの揚水や蒸発で消失する年間量は366億m^3と推定されており，とくにテキサス州やカンザス州など降水量の少ない中・南部において，急激な地下水位の低下が観測されている[2]．

農業に関する上述した乾燥地の潜在力に，地下水をプラスして実現されたハイプレーンズ帯水層における小麦，トウモロコシ，肉牛などの農作物の生産量は，米国のみならず世界的にも重要な位置を占めることから，当地の地下水位の低下は，人類全体の食料問題にも大きく関わってくることが予想される．

水問題に加え，乾燥地において作物栽培を行うに当たり問題となるのが，栽培土壌における塩類集積（土壌の塩類化あるいは塩性化 salinization）である．この問題は，主に次の2つのプロセスを経て発生する．

第1は，乾燥地に流れる河川水を潅がい水として利用する場合である．このとき，作物栽培に必要以上に潅がい（過潅がい）すると，本来土壌中に含まれる塩類が洗い流され（リーチングされ），農地排水とともに河川に流れこむ．これが繰り返されると，下流になるにしたがい河川水の塩類濃度が上昇し，下流域では高い塩類濃度の水を用いて潅がいせざるを得なくなり，結果的に農地土壌の塩類濃度が上昇し，また土壌反応はアルカリ性となる．

第2は，潅がい水の由来が何であれ，農耕地の地下水位を上昇させた場合に生じる，ウォーターロギング water loggingと呼ばれるプロセスである．この場合も過潅がいが原因で，必要以上の潅がいを繰り返すと，土壌からリーチングされた塩類が地下水の塩類濃度を増加させるとともに，地下水位を上昇させる．このような地下水位の上昇は，多量の塩類を含む地下水が毛管

現象により地表まで到達する傾向を高める。地表に達した地下水のうち，水分は強い日射により地表で暖められて蒸発して失われるものの，塩類は残存し，農耕地表層土壌の塩類濃度を上昇させる。

　上述した2つのプロセスは同時に進行することもあり，メソポタミア地域の農耕地がこのようなプロセスによって不毛化し，文明崩壊の原因のひとつとなったという事例は歴史的に有名で，現在においても同様の失敗が繰り返されている。このように乾燥地における過潅がいは，最終的に農耕地を作物栽培が不適な不毛地とすることから，砂漠化 desertificationを促進する原因のひとつとされている。

　他方，砂漠という文字からすると，砂が広く覆う土地をイメージするが，そのような土地は，世界の砂漠の2割程度で，岩石や礫に覆われた土地の方が実は多い。しかしながら，岩石や礫あるいは固い土に覆われた土地は開墾することが物理的にそもそも困難であるため，農業を行う場合，砂で覆われた土地を選択しがちになる。このとき，農業生産を阻む要因のひとつが，飛砂・流砂問題である。

　砂漠では，気温較差が大きいことや，上述した貿易風が原因となり，砂嵐や風塵が発生しやすい。アフリカ大陸北西部の毎年冬季（乾季）に，サハラ砂漠からギニア湾沿岸地方に向けて吹くハルマッタンがその典型である。ハルマッタンのような広域的・大規模に発生する飛砂はもちろんのことながら，小規模であっても飛砂や流砂が頻繁に発生すると，農地や作物までも砂に覆われてしまう。そこで砂地で農業を行う場合には少なくとも，農地周囲に堆積した砂が，飛砂や流砂とならないよう，物理的に安定させるための対策が必要となる。

　砂漠化を促進する要因のうち，農業が直接関係するものには，上述した塩類化のほかに，過放牧，過耕作，過伐採があげられる。

　過放牧は，過剰な頭数の家畜を放牧することを意味し，牧草の生育・繁殖速度を超える草が食べられると，その土地が裸地化・不毛化してしまう。とくにヤギなどにより根まで食い荒らされると，植生の回復が難しくなる。

過耕作は，例えば焼畑移動耕作を営む地域でみられる現象で，十分な期間，作物栽培に用いる土地を，栽培後に休ませる（休閑する）ことなく，つまり，耕地土壌の地力が十分に自然回復する前に耕作するというパターンを繰り返すと，作物が育つために必要な地力が失われてしまう。さらに雑草さえも生育できないような状態まで悪化すると，雨による浸食をはげしく受けて裸地化する。

　過伐採は，森林や林野の植物生産・再生力を上回る速度で樹木を伐採することで，薪炭材や燃料，建築材などとして用いるために樹木を過剰に伐採すると，過耕作と同様，森林土壌が雨による浸食を受けやすくなるとともに，樹木の根群のもつ保水力が失われ，ついには裸地化する。

第3節　湿潤熱帯

　熱帯においてもっとも湿潤な地域は，先述したように赤道周辺の低緯度地帯で，地球最大の降水量地域となっている。大量の雨が日常的に降るそのような地域では，雨により土壌中の塩類が洗い流され，植物栄養が欠乏しやすく，土壌が酸性化しやすい。このような土壌の酸性化には，第1に水という物質がもつ特殊な性質が，第2に水と二酸化炭素の化学反応が関係している。

　その特殊性とは水のもつ双極（子）性で，水には電気的にプラスとマイナスの両方の性質が備わっている。水H_2Oは分子としてはプラスマイナスゼロの状態で荷電されないが，その分子構造が**図1-3**に示すように三角形であることから，酸素原子の配置された側ではマイナス，水素原子の側ではプラスの電荷を帯びる。

　そこで例えば水に食塩NaClを入れると，陽イオンのNaイオンは酸素側に，陰イオンのClイオンは水素側に引きつけられる結果，食塩は水に溶解するこ

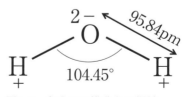

図1-3　水分子の構造と双極性

とになる。私たちは通常，洗濯や食器洗いなど，ものを洗うときに水を用いるが，これは水という物質が，このようにものを溶かす能力が高い，つまり優れた溶媒であるという性質を利用しているわけである。

他方，大気や土壌生物の呼吸で放出される二酸化炭素が水に溶けると，$H_2O + CO_2 \rightarrow H^+ + HCO_3^-$ の反応により，水素イオンが生成される。酸性になるということは，水素イオン濃度の上昇を意味することであることから，この反応による水素イオンの生成は，土壌水中の同濃度を高め，結果的に土壌中のCaイオンやMgイオンなどの塩基を洗い流してしまう。

以上，2つの要因から湿潤熱帯では，地表を覆うものがないと大量の雨水により土壌中の塩類が洗い流され，土壌の酸性化が進行し，植物が良好に育ちにくい環境となる。

ところが実際，湿潤熱帯に出向くと，通常そこには熱帯雨林と呼ばれる森が発達していて，大きな傘を何本も並べたような林冠が，地上を広く覆っている。林冠は，大量の雨水が林床土壌に直接降り注ぐことを防いでくれるため，土壌侵食や，上述した雨水による土壌塩類の溶脱が起こりにくく，樹木の生育を助けている。また林冠が発達した森林では，樹木が落とす葉や枝など（リター）の多くは林内に落ち，リターに含まれる栄養が，やがてはそこに育つ樹木に再び利用されるという循環系が備わっている。

他方，熱帯雨林では発達した林冠により，林床土壌に直接入り込む日射量が制限される分，林床近くの気温や地温の過剰な上昇が抑えられる。しかし，それでも熱帯は高温であることから，微生物の活動が活発となり，リターなどの有機物の無機化が促進され，無機化された養分は雨水に溶けやすく，流亡しやすくなる。そのような環境下では，リターに含まれる栄養を効率よく回収するために植物は，根を広く浅く張った方が有利となる。

したがって熱帯雨林のバイオマスは一般に，樹木の幹や枝葉として地上部では大量にある一方，地下部ではそれほど多く蓄積されないと考えるのが妥当であろう。事実，熱帯雨林には高くて太い幹が文字通り林立していて，木材の宝庫のようにみなされやすい。しかし熱帯雨林をやみくもに伐採すると，

どうなってしまうのだろうか？

　熱帯雨林を無計画に過剰に伐採すると，それまで雨水をさえぎっていた林冠が縮小されるわけであるから，林床土壌が雨による浸食を受けやすくなるということが容易に予想される。しかも，湿潤熱帯では雨の降る量と頻度が高いため，激しい浸食を引き起こしやすい。そのような浸食が繰り返されると，林床に堆積した，有機物と栄養を豊かに含む土壌が押し流され，最終的には植物の育たない不毛地となる。

第4節　熱帯の海

　私たちの食卓にのぼる食材のうち，米，小麦や野菜など植物に由来するものは一般に，暖かい地域や時節によく生育し，収穫量が多くなる。これは，それら作物の生育に適した温度が，おおよそ15から30℃ほどと比較的高いからである。しかし一方，魚や貝などの海産物についてみると，日本の場合，北海道や北陸・三陸沖など，寒い地域が豊かな産地となっているというイメージが強い。

　世界的な規模でみても，世界三大漁場は，日本の水産庁の定義によると，イギリスやノルウェー近海の北東大西洋海域，アメリカ・カナダ東沖の北西大西洋海域，および上述した日本三陸沖の北西太平洋海域とされており，いずれも寒冷な海域で，熱帯・亜熱帯の海域は含まれていない。

　つまり熱帯・亜熱帯の海の生産性は高くないということになろうが，それはなぜなのであろうか？　他方，同じ熱帯・亜熱帯の海でも，サンゴ礁の海にもぐると，多様な，色とりどりの生物であふれている。このようなちぐはぐはどうして生じるのだろうか？　本節では，このような熱帯の海の生産性に関する，大きな「振れ幅」について考えたい。なお本節中，サンゴに関する記述は，主に本川（2011）[3] を参考にした。

1）美しい熱帯の海は貧栄養

　海の生産性について，寒冷な海域の方が温暖な海域よりも優れることの背景のひとつには，水そのものの物性が関係している。水はふしぎな物質で，固体よりも液体の方が重く（比重が大きく），純水の場合，最大密度となる温度は約4℃である。海水の場合は，塩分を含むので最大密度は−3℃ほどに低下するが，海水面が冷やされ密度が大きくなった水は，海底に向かい沈み込んでゆき，さらにその沈み込んだ水を補う流れ，海底から海水面に向かう湧昇流が生じる（**図1-4参照**）。

　寒冷な水域では，この湧昇流が，海底に沈降・堆積した栄養物質をふたたび海面近くに運び上げる役割を果たし，その栄養と太陽光により植物プランクトンが増殖し，さらに，動物プランクトンから魚類といった食物連鎖が進行し，豊かな生産性が育まれる。

　一方，熱帯・亜熱帯の暖かな海では，海水面が氷点近くにまで冷やされることはないことから，海水の沈降や湧昇が起こりにくい。反対に，例えば表層の海水温が28℃であるとすると，その下が27℃，さらに26℃というふうに静かな層を形成しやすく，上下の海水がかき混ぜられにくい。このように成

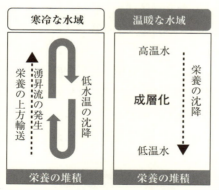

図1-4　寒暖による水中での栄養循環の違い（概念図）

層化した状況では，海水中に生育する生物の排せつ物や死がいなど，栄養を含む物質は，ひたすら沈降して海底に堆積してしまい，太陽光の届く高さまで，再び湧き上る機会は与えられにくい。

　海に栄養をもたらすもう一つの自然作用は，河川である。雨水や雪解け水は，森林や農地などに蓄えられた栄養を溶かし込み，河口へと運搬する。したがって熱帯・亜熱帯においても，河口や大陸棚など，陸からの栄養が直接供給される海域の生産性は比較的高くなる。しかし，陸からはるかに離れた外洋，例えば太平洋のまんなかのような海域は，上述した理由から，一般的には貧栄養である。日本の南岸を沿うように北上する黒潮は，そのような貧栄養海域を出発点としているため，実は栄養に乏しい海流なのである。

　つまり，陸から離れた熱帯・亜熱帯外洋の少なくとも表層は，貧栄養であることから生物が育ちにくいため，汚れが少なく，透明度が高いというのが実態である。「水清くして魚棲まず」である。ところが，本来はそのような貧栄養な熱帯の海であっても，造礁サンゴが棲むようになると生物環境は劇的に変化する。

2）サンゴの海の豊かさ

　造礁サンゴ（以下，単にサンゴという）はイソギンチャクに近い種で，ポリプと呼ばれる1個体の大きさは数mmの動物である。ポリプは成長にしたがい分裂してクローンを増やし，群体を形成する。群体の大きさは，世界最大級のものでは直径10mを超え，そこには数百万個のポリプが生活する。

　個々のポリプは，炭酸カルシウムで形成された骨格のなかに埋め込まれたような状態で棲み，通常その骨格から抜け出して動くことはないので，動物とは考えにくいかも知れない。しかしこの動物は，褐虫藻という藻類と共生するという手段を選んだことから，貧栄養の熱帯の海を，きわめて豊かな海に変身させるという素晴らしい役割を担っている。

　その共生相手である褐虫藻は，大きさが100分の1mmほどで，サンゴの細胞内に棲む間は球体をしているのであるが，渦鞭毛藻類に属する単細胞植

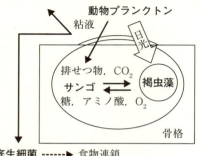

図1-5 サンゴと褐虫藻の共生関係と食物連鎖（概念図）

物プランクトンの1種であることから，光合成を営むことができる。この光合成による産物（炭水化物）が基盤となり，共生関係と，ひいてはその生態系（サンゴ礁生態系）を豊かなものにしている。

　サンゴと褐虫藻との共生における栄養などの物質のやりとりに関しては，いまだ不明な点も多いが，これまで研究者が得た知見をまとめると，**図1-5**に示したように，実によくできた共生関係が育まれている。

　その共生関係について，まず褐虫藻からサンゴに対してみると，先述した光合成で生産される有機物のほかに，窒素化合物であるアミノ酸も提供される。この窒素はもともと何に由来するかというと，サンゴが捕獲する動物プランクトンである。

　サンゴは，刺胞動物門に分類され，刺胞と呼ばれる細胞をもつ。刺胞には毒をもった刺糸がかくされていて，この毒針を刺して動物プランクトンを捕獲する（**口絵1-2**参照）。動物プランクトンを食べたサンゴの排せつ物には，窒素が含まれ，その窒素を利用して，上述したアミノ酸が生成されるのである。

　他方，褐虫藻が行う光合成で生成される酸素O_2は，動物であるサンゴに提供され，呼吸に用いられる。そして，その呼吸で排出される二酸化炭素が

褐虫藻に提供され，光合成の原料として用いられる。

このようにサンゴと褐虫藻の共生では，貧栄養な海域における限られた量の窒素を，効率よく循環利用しているほか，酸素と二酸化炭素についても，サンゴの細胞内で，実に無駄なくやりとりされている。両者の共生のしくみは，以上のことがらだけでも驚きに値するが，さらに，サンゴと褐虫藻の共生は，それら以外の生物を育むための役割も果たしていて，それにはサンゴのつくりだす粘液 mucus が関わっている。

サンゴは，褐虫藻から受け取る栄養の約半分を粘液の分泌に用いていて，その粘液によりサンゴの細胞を覆う。サンゴを覆うこの粘液のフィルムは定期的に剥ぎ落とされ，このとき粘液に付着した砂や泥の粒子などのゴミも同時に剥がれ落ちる。サンゴの表面にゴミがたまると日光の入射をさまたげ，褐虫藻による光合成速度を低下させることになるから，このフィルムの剥ぎ落としは，高い光合成速度を維持するための実に有効な手だてとなっている。

さらにサンゴが分泌するこの粘液は，その他の生物の栄養になるという役割もある。剥ぎ落された粘液の一部は，海水に溶けてバクテリアの栄養となり，その後に続く食物連鎖の出発点となるほか，残りの粘液は海底に沈み，底生バクテリアに利用された後，やはり食物連鎖を進行させる。このようにサンゴの粘液は，サンゴの海の海水中と海底の双方において，生物性を高くするための基盤となっている。

「サンゴ＋褐虫藻」の共生を基盤として形成されるサンゴ礁生態系は驚くほど豊かで，サンゴ礁は世界の海洋面積のほんの0.2％を占めるにすぎないが，海水魚の3分の1はサンゴ礁に棲み，また世界の漁獲量の約1割を，私たちはサンゴ礁から得ている。

以上，「熱帯の海」の自然本来のすがたを要約すると，漁業や釣りで通常利用する，それほど深くない海域を対象とした場合，河口や大陸棚での生物の生産性や多様性は高いものの，外洋ではきわめて貧弱で，他方，大陸から遠く離れていても，サンゴ礁が発達する海域ではきわめて豊かなのである。

参考文献

[1] World Resources Institute (2005) "Ecosystems and Human Well-being: Desertification Synthesis", Millennium Ecosystem Assessment, Washington DC. Available at http://www.millenniumassessment.org/documents/document.355.aspx.pdf（2016年8月25日アクセス）
[2] ローラ・パーカー（2016）「地下水が枯れる日」『ナショナルジオグラフィック日本版』2016年8月号，日経ナショナルジオグラフィック社，pp.86～109。
[3] 本川達雄（2011）『生物学的文明論』，新潮新書，p.248。

第2章
遺伝資源を理解する

入江　憲治

第1節　生物多様性と農業

1）農業生物多様性

　近年，世界の食料生産を取り巻く状況が大きく変化する中，今後いかに安定的な食料供給を行うかが課題となっている。現代の食料不足の要因には，世界人口の増加，新興国による食料需要の増大，バイオ燃料の需要増加による食料需給への影響，気候変動による食料生産の不安定化などが挙げられる。2050年に世界の人口は90億人に達し，地球環境に負担をかけずに十分な食料を確保できるのか，食料問題への対応は危急の課題である。このような状況の中，地球温暖化に伴う環境変動による作物生産の不安定化に対し，品種改良によって，解決する方法がある。しかしながら，こうした問題に対応できる画期的品種育成を進めるためには，新しい形質を持つ多様な遺伝資源が必要不可欠である。

　地球上の既知の生物種の総数は175万種と推定され，そのうち高等植物は25万種である。私たちの祖先はメソポタミア，ニューギニア，中国，中央アメリカ，アンデス山脈など，約1万年前に世界各地で農耕を始めて以降，約7,000種の植物を栽培してきた。しかし今日では，わずか30種の作物が世界のエネルギー作物の90％を占め，イネ，コムギ，トウモロコシの三大穀類が半分を占める。動物では15,000種の哺乳類と鳥類のうち，約30～40種がこれまで家畜化され，そのうち牛，豚，山羊，羊，鶏など14種未満で世界の家畜

22　第1部　熱帯の環境と発展の可能性

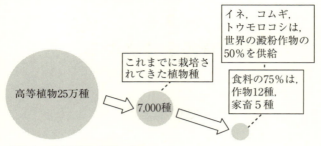

図2-1　栽培植物の画一化

生産の90％を占める。今日では12種の作物と5種の家畜が世界の食料供給の75％を占めている［1］（**図2-1**）。

　1992年6月，ブラジルで開催された地球サミットにおいて生物の多様性を保全し，生物資源を持続的に利用することを目的とした国際条約，生物多様性条約（Convention of Biological Diversity：CBD）が締結された。この条約の中で，生物多様性（biodiversity）とは，『すべての生物（陸上生態系，海洋その他の水界生態系，これらが複合した生態系その他生息又は生育の場のいかんを問わない。）の間の変異性をいうものとし，種内の多様性，種間の多様性及び生態系の多様性を含む』としている［2］。生物多様性は，作物や家畜の種や品種の遺伝的多様性の農業の基盤となるだけでなく，病害虫の抑制や物質の循環などの生態系の機能やサービスを通じて農業生産の基盤となっている。農業生物多様性は，作物や家畜の種の多様性，各種内の品種の多様性および農業生態系の多様性のことで，それぞれ生物多様性のレベルに対応している（**図2-2**，**口絵2-1**）。

　そして，農業生物多様性は以下の機能とサービスを提供している［3］。

（1）遺伝資源の供給源

　現在，栽培植物の約940種が消失の危機にあり，種または種内の多様性が失われると病害虫抵抗性，気候変動に適応する環境ストレス抵抗性などの重要な遺伝子を失うことになる。

生物多様性のレベル	生物多様性	農業生物多様性
生態系	生態系とは，植物，動物，微生物の群集とこれらを取りまく非生物的な環境とが相互に作用して1つの機能的な単位を成す動的複合体である。生態系には，森林，草地，湿地，山地，海岸，湖沼，砂漠など，さまざまな種類がある。	農業生態系の多様性は，農業および非農業両方の土地・水利用にも由来している。農業生態系の例としては，水田，牧畜システム，水産システム，穀物生産システム，そしてこれらの基盤となるより大きな生態系などがある。これらのシステムの要素が結び付いて複合的な生態系を形成することがある。
種	種とは，互いに交配し，生殖可能な子孫を産むことができる，形態の類似した生物群である。植物，動物，微生物には多岐にわたる種が存在する。	農業で利用されている植物や動物の多様性は，人間による食料，栄養，薬を目的とした生物多様性の管理に由来する。例えば，家畜には牛，羊，鶏，山羊などがある。栽培作物には小麦，バナナ，キャッサバ，サツマイモ，落花生などがある。
遺伝子	遺伝的多様性とは，ある種内の個体すべてに見られる遺伝子の変異である。これが種内の各個体または個体群の独自性のもとになっている。DNAによって干ばつや厳寒に耐える能力といった特性が発現すると，変化していく状況への適応が容易になる。	種内の多様性は，部分的には環境などの条件を満たす特性に基づいて人が選択したためでもある。例えば，トウモロコシが多種にわたるのは，味，高さ，色，生産性といった特性に基づいて発達してきたためである。これらの多くは現在，完全に農業用のみの個体群として維持されている。

図2-2 生物多様性および農業生物多様性
資料：生物多様性と農業（2008）より抜粋［4］

（2）病害虫の抑制

毎年，作物収穫量の10～16％が病害により失われている中，農業生物多様性は農民が高額な農薬に投資することなく，病害虫の蔓延を抑制している。

例）ウガンダでは病害虫抵抗性の異なるインゲンマメの品種を栽培することで，病害虫の被害を軽減している。

（3）気候変動に対する適応

農家は気候変動の影響による異常気象に最も影響を受けやすいが，農業生物多様性は多様な品種や様々な作付体系の選択肢を小規模農家に提供し，干ばつや洪水などの異常気象の影響を緩和している。

例）ガーナでは，農民が気候変動によってもたらされる降水量の変化に対応するために，早生の作物品種を栽培している。

（4）食物の多様化による健康と栄養改善

私たちの食物エネルギーの50%が，米，小麦，トウモロコシの三大穀類に由来するが，食物の狭い多様性に大きく依存する食生活は，将来の食料・栄養安全保障に影響する。食物の多様化は食料消費を通じて栄養価の向上に寄与し，発展途上国のおよび先進国の栄養不良，肥満，その他の健康問題への取り組みにも貢献できる。

（5）土壌の健全性，花粉媒介者の維持

多様な種と品種からなる作物生産は，異なる無機物，土壌水分，物理・化学的土壌組成を生成し，輪作体系など伝統的な農法を通して土壌の健全性を再生し，維持している。そのようにして育まれた農業生態系は，ハチをはじめとする多様な花粉媒介者と天然の害虫捕食者の維持に役立っている。

例）中国では，農薬にかかる費用に代わり，綿につくアブラムシを補食するテントウムシは，綿100本当たりUS$4.96の価値があると報告されている。

（6）伝統的知識と文化の維持

地域の伝統的知識と文化は，在来植物の多様性とその利用に由来し，薬用植物の利用や伝統料理を維持し，文化的な儀式や祭りなどの重要な機能を提供している。

例）インドのマハラシュトラ州では，1,600種の植物が伝統医学で利用されている。その多くが絶滅の危機に瀕しているが，女性がそれらの用途を維持し次の世代へ継続する。

2）作物遺伝資源の重要性

私たちは，人的資源，鉱物資源，海洋資源など様々な資源を利用している

が，生物にその価値が含まれている場合，生物資源（Biological Resources）と呼ぶ。生物多様性条約の中で，生物資源は，「(人類によって有益な) 遺伝資源，生物またはその部分，個体群その他生態系の生物的な構成要素」と定義され，生物の遺伝子，植物の種，動物またはその一部（象牙など），トウモロコシ畑，魚の群れなどが挙げられる。遺伝素材 (Genetic Material) は，「遺伝の機能的な単位を有する植物，動物，微生物その他に由来する素材」で，種子，DNA片，遺伝子，染色体などDNAやRNAなどを有する物質を指す。そして遺伝資源は，「現実のまたは潜在的な価値を有する遺伝素材」で，生物が持つ固有の遺伝特性に着目した際の呼称である（**図2-3**）。

1992年の地球サミットにおける行動計画の中で，「農業用植物遺伝資源は，将来の食料の必要を満たすために欠かすことのできない資源である。」と明記され，品種改良にとって有用な遺伝子を有する地方品種や近縁野生種などの遺伝資源は，優れた品種を作る品種改良にとって重要であると強く認識されるようになった。多収性，耐病虫性，環境ストレス耐性，品質・成分に優れた品種を育成するためには，有望な遺伝子をもつ育種素材，すなわち遺伝資源が不可欠である。遺伝資源の範疇には，作物の地方品種，育成品種のほか，古い栽培品種，育成系統，近縁野生種，雑草種，突然変異体などが含ま

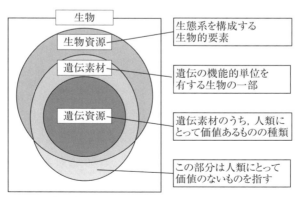

図2-3　生物多様性条約第2条
　　資料：生物多様性条約より筆者作図

れる。

　私たちの祖先が何千年にもわたって耕作してきた多種多様な作物は，民族間の交流や移動とともに起源地から世界各地へ伝播していく過程で，それぞれの地域の緯度，日長，地形，気温，降水量，水利条件，土壌など多様な自然環境に適応し，各民族の異なる食文化や食習慣を背景に，多種多様な品種に分化した。自然選択と人為選抜の所産としての多様な品種は，今日の農業用遺伝資源の基礎となっている。このような作物品種には，収量や品質に関する特性はもとより，耐病虫性や不良環境耐性などに関する有用遺伝子が潜んでいる可能性が高い。すなわち作物品種の遺伝的多様性は，品種改良によって将来の環境変化へ適応できる貴重な遺伝資源となる。農業用植物遺伝資源（作物遺伝資源）は，優れた品種を作るときに大切な役割を果たしている。作物の改良に利用可能な遺伝変異をもつ遺伝資源があれば，目的とする遺伝子が見つかる可能性がある。そのためには多くの遺伝的変異，遺伝的多様性を保存するかが重要となる。

　これまで作物遺伝資源を活用して，多収性，病虫害抵抗性，環境ストレス耐性，良質性，地域適応性などの特性にすぐれた幾多の優良品種が育成されてきた。国際トウモロコシ・小麦改良センター（Centro internacional de Mejoramiento de Maíz y Trigo, CIMMYT）で育成されたメキシココムギや国際稲研究所（International Rice Research Center, IRRI）が開発したIR8やIR36「ミラクルライス」は，1960年代に熱帯アジアやラテン・アメリカなど慢性的食糧不足にあった途上国の収量を顕著に増加させ「緑の革命（Green Revolution）」の原動力となった。メキシココムギやIR8は，窒素肥料を多く与えても伸びすぎて倒伏しないように稈長を短くする半矮性遺伝子（semidwarfing gene）を持つことで，生育後期まで太陽エネルギーを群落内に効率良く受ける優れた受光態勢となり，飛躍的な収量向上を可能にした。このメキシココムギには，戦前に日本で育成された農林10号のもつ半矮性遺伝子（*Rht 1*, *Rht 2*）が貢献した。この半矮性遺伝子は，大正時代に関東地方の代表品種であった短稈短穂の白達磨に由来する。一方，国際稲研究所で

開発されたIR8は，インドネシアにおける優良品種Petaと台湾の在来品種低脚烏尖との交雑から育成された。現在においても低脚烏尖がもつ半矮性遺伝子*sd1*は，世界中の稲育種に利用されている。

近年，熱帯アジアでは気候変動の影響により洪水による稲作地帯における冠水被害が増加傾向にある。2006年に低収量のインディカ品種FR13Aからみつかった冠水耐性遺伝子（*sub 1*）は長期間の完全冠水下でも枯れない特性を備えている。また，気候変動による不安定な降雨は，熱帯アジアの天水稲作地帯に干ばつの被害をもたらしている。フィリピンの地方品種Kinandang Patongからみつかった深根性遺伝子*Dro1*は，土中深く根を張る性質を持つことから，干ばつ状態でも根が地中深く入って水を吸い上げ，収量の低下が少ない特性を持っている。このように作物品種の遺伝的多様性は，現在あるいは将来の気候変動による環境への変化に対し，品種改良によって対応することができる。

中尾佐助（1966）［5］は，「栽培植物と農耕の起源」の中で，「栽培植物は，最も評価の高い文化財でもある。農耕文化の文化財といえば，農具や技術の何よりも，生きている栽培植物の品種や家畜の品種が重要といえよう。農業とは文化的にいえば，生きている文化財を先祖から受け継ぎ，それを育て子孫に手渡していく作業ともいえよう」と記述し，栽培植物の品種，すなわち農業用遺伝資源の重要性を述べている。

第2節　遺伝的浸食

近年，遺伝資源として重要な地方品種や野生種が，近代農業技術の普及，地域開発，環境の変化などにより急速に地球上から失われていることが懸念されるようになってきた。地球上にある貴重な遺伝資源が，様々な人為的，自然的要因によって急速に失われつつある現象を遺伝的浸食（genetic erosion）と呼ぶ。農業用遺伝資源は，長い栽培の歴史の中で，何千年もかけて選択され，様々な環境条件下で生存してきただけに，病害虫抵抗性，環

境ストレス抵抗性など農業生産の向上と安定にとって，極めて価値のある遺伝子を潜在的に持っていることがわかっている。それらは一度失われたら再び地球上に取り戻すことは不可能である。

国連食料農業機構（Food and Agriculture Organization of the United Nations, FAO）の報告では，20世紀の100年の間に75％の作物多様性が失われたと推定している。発展途上国におけるコムギ栽培地の約80％と，アジアのコメ栽培地の75％は，伝統的地方品種から近代改良品種に置き換わった。そのため現在の遺伝的多様性を保全・維持することが，現在および将来の食料安全保障にとって極めて重要となる。

遺伝的浸食の要因は様々であるが，在来品種から近代品種への普及，動植物種の乱獲，耕地拡大や森林伐採などの要因が大きく影響している（図2-4）。今日では，伝統的文化・慣習の崩壊やグローバリゼーションも影響し，各地で遺伝的侵食が進行している。例えば，貨幣経済が浸透していない発展途上国の辺境少数民族地帯では，生活の基盤が自給自足であり，野生植物や伝統的な栽培植物の利用に依存せざるを得ず，植物資源の多様性が生活の安定をもたらすことから，これらの地域の植物資源の多様性は豊富である。し

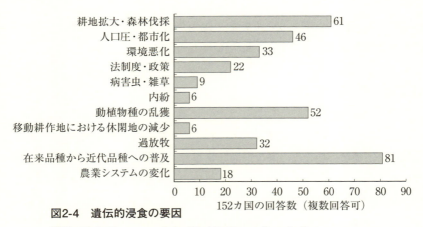

図2-4　遺伝的浸食の要因

資料：FAO, The state of the World's Planet Genetic Resources for Food and Agriculure (1996) [6]

かしながら，伝統的な栽培植物や野生植物などの植物遺伝資源は，地域の貨幣経済の進展に伴い，外部からの新規作物や新品種の導入により，経時的に失われてゆく。また，植物遺伝資源に関する地域住民の知識は，植物利用の長い歴史の中で得てきたものであり，これらの伝統的知識も失われることから，それらを整理，記録し後世に伝えることが，今日の私たちの責務である。

第3節　ジーンバンク

1）遺伝資源の保存

　作物遺伝資源の多様性を維持することは，現在ならびに将来の食料安全保障にとって極めて重要である。地方品種や近縁野生種等の遺伝資源を保全し，持続可能な方法で利用することは，現在および将来における気候変動への適応や消費者のニーズ・需要に対応するための遺伝的な保証となる。1970年代以降，各種作物の遺伝資源を収集し安全に保全していくための国際的な活動が積極的に行われるようになった。これらを持続可能な形で利用していくためには，収集した遺伝資源を安全に安定的に保存することが重要である。

　遺伝資源の保存法は，生息域外保存（*ex situ* conservation）と生息域内保存（*in situ* conservation）の2つに大きく分けられる。

（1）生息域内保存（現地保存，*in situ* conservation）

　生態系に生息する，植物，動物，微生物などすべての生物を生態系全体としてそのまま保存する手法である。
　①自然公園法（昭和32年制定）：自然環境を保全する事を目的に，国立公園，国定公園，都道府県立自然公園からなる自然公園を指定し，自然環境の保護と快適な利用を促進し，生物多様性の保全に寄与する。
　②環境省里地里山保全・活用の取り組み：人間の管理の手が入っている半自然環境の里地里山は，特有の生物の生息・生育環境として，また，食料や木材など自然資源の供給，良好な景観，文化の伝承の観点からも重

要な地域である。世界各地で急速に進む生物多様性の損失を止めるためには，里地里山のような世界各地の二次的自然地域において，自然資源の持続可能な利用を構築し，自然共生社会の実現を目指した取り組みが必要となる。この取り組みは「SATOYAMAイニシアティブ」として，2010年の生物多様性条約第10回締約国会議（COP10）でも紹介された。

③農家保存（on-farm conservation）：伝統的地方品種を伝統的農耕システムの一部として，農家の圃場で保存する。近年，このような現地保存を支持し発展させるための組織的活動が各地で行われている。

（2）生息域外保存（施設内保存　ex situ conservation）

植物が元来生育していた環境から隔離してその種子や器官を保存する方法である。野生植物の生息域外保存は一般に植物体で行われることが多く，歴史的には植物園が大きな役割を果たしてきた。世界中には，2,500以上の植物園（Botanical Garden）があり，約80,000種の植物が管理されている。植物体を保存することの大きな問題は種子と比較した場合のその物理的な大きさと，生物学的な活性の高さである。利点はそのまま育種や実験の材料に使えることである。

種子は生理的に最も活性の低い状態であり，生物学的には保存に最も適している。多くの種子は低温・低湿条件で長時間保存できる。したがって，比較的安価な施設で遺伝資源の保存が可能である。生息域外保存は保存施設が整い，保存体制が確実であれば，一番安全な保存法であることに間違いはない。生息域内保存法とともに有効な保存法である。作物の近縁野生種については生息域内保存と生息域外保存の両者を併用することで安全に保存することができる。

①オーソドックス種子（orthodox seeds）：イネ，コムギ，オオムギ，トウモロコシのように，種子の含水率を低下させた乾燥状態で，低温・低湿条件で保存できる種子をいう。

②リカルシトラント種子（recalcitrant seeds　難貯蔵性種子）：熱帯・亜

熱帯原産の果樹類（マンゴー，パパイヤ，ドリアン，カカオ等），ハヤトウリ，アメリカマコモ等で，種子を乾燥させたり，低温条件に入れると急速に発芽力を失う種子をいう。

（3）ジーンバンク

遺伝資源を将来にわたり保存する組織や施設を，遺伝子銀行またはジーンバンク（gene bank）と呼ぶ。ジーンバンクの保存には主に種子による施設内保存（seed bank）と植物体による圃場内保存（field conservation）がある。

施設内保存として，低温・低湿種子貯蔵庫，超低温保存，試験管内保存がある。種子保存にはベースコレクション（base collection）とアクティブコレクション（active collection）の2種類があり，これらは長期保存と中期保存に相当する。

①ベースコレクション（base collection）：子孫を永久に維持するために長期保存される遺伝資源を対象とする。他に保存源がない場合，ここから配布することもある。

②アクティブコレクション（active collection）：中期保存用。育種や試験研究用に配布されることを目的とする。

③ワーキングコレクション（working collection）：遺伝資源が収集され，後にベースコレクションとして保存する目的で一時的に保存されている。種同定，増殖が行われる。

種子以外で繁殖する植物（塊茎，塊根，穂木）は，圃場（フィールドバンク，field bank），試験管（インビトロバンク，$in\ vitro$ bank），超低温保存（クライオバンク，cryobank）などで保存される。サツマイモ，ジャガイモなどのイモ類，果樹，イチゴ，チャ，クワなどの栄養繁殖性の植物は，種子繁殖が困難であるため圃場で立木の状態で保存されている。イモ類，バナナ，果樹類など栄養繁殖性の植物では，茎長組織を培養し試験管内（$in\ vitro$）での保存が実用化されている。

栄養繁殖性植物の保存には，液体窒素を用いた超低温保存法

(cryopreservation) も試みられている。植物体の一部である微小な組織を超低温下（液体窒素中）で凍結した状態で保存し，必要なときに融解して組織培養法により植物体を再生させる凍結保存法である。アメリカ・コロラド州にある液体窒素を用いた農務省の栄養体保存施設では，リンゴ遺伝資源が2,300系統保存されている。わが国においても，2003年よりジーンバンクにてクワ遺伝資源1,474点の超低温保存が開始されている。

2）世界における遺伝資源の保存状況

今日，世界各地のジーンバンクは1,750カ所あり，1万点以上の遺伝資源を保有しているジーンバンクは，約130になる。地球上には740万の遺伝資源が保存されているが，総遺伝資源数の25～30％（190～220万のアクセッション）だけが他とは異なる品種で，残りは二重保存や収集が異なるが同一品種と考えられている。世界で保存されている遺伝資源のうち，約660万点が各国の政府系ジーンバンクによって保存されている（**表2-1**）。1995年に最初

表 2-1　地域別遺伝資源保存状況

地域		保存点数
アフリカ地域	東アフリカ	145,644
	中央アフリカ	20,277
	西アフリカ	113,021
	南アフリカ	70,650
	インド洋諸島	4,604
アメリカ地域	南アメリカ	687,012
	中央アメリカ&メキシコ	303,021
	カリブ諸島	33,115
	北アメリカ	708,107
アジア・オセアニア地域	東アフリカ	1,036,946
	太平洋諸島	252,455
	南アジア	714,562
	東南アジア	290,097
ヨーロッパ	ヨーロッパ	1,725,315
近東	南東地中海	141,015
	中央アジア	153,849
	西アジア	165,930
合計		6,565,620

資料：The Second Report on the State of the World's, Plant Genetic Resources for food and agriculture (2010) [7]．

の保存数の調査から，2008年には140万点以上の遺伝資源が蓄積された。

世界で保存されている遺伝資源のおよそ45％が7カ国に集中している。最も遺伝資源を保有している国は，アメリカで50万点を超える。次に中国が39万点，インドが33万点，ロシアが32万点で，日本は24万点で，ナショナル・ジーンバンクの中では，日本は5番目に多く遺伝資源を保有している（**図2-5**）。

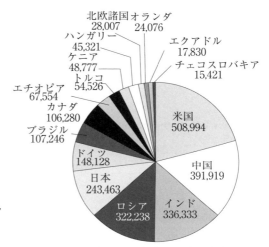

図2-5　遺伝資源主要保存国の保存状況

資料：The Second Report on the State of the World's, Plant Genetic Resources for food and agriculture（2010）[7]

国際農業研究協議グループ（Consultative Group on International Agricultural Research, CGIAR）の11の研究センターとアジア蔬菜研究開発センター（AVRDC）のジーンバンクでは，3,446種の植物種741,319点の遺伝資源を保存している。その中で国際トウモロコシ・小麦改良センター（CIMMYT），国際乾燥地農業研究センター（International Center for Agricultural Research in the Dry Area, ICARDA），国際半乾燥熱帯作物研究所（International Crops Research Institute for the Semi-Arid Tropics, ICRISAT）および国際稲研究所（IRRI）の国際研究センターは10万点以上の遺伝資源を保存している（**表2-2**）。

世界各地のジーンバンクに保存されている遺伝資源は，穀類が45％，マメ類が15％，飼料作物が9％，野菜が7％，果樹が6％，イモ類と油料作物がそれぞれ3％，繊維作物が2％，サトウキビが1％である。作物別にみた保存点数では，コムギが856,168点，イネが773,948点，オオムギ466,531点，トウモロコシ327,932点，インゲンマメ261,963点が多い。

表 2-2　国際農業研究センターの遺伝資源保存状況

国際農業研究センター	2008年			1995年		
	属	種	保存点数	属	種	保存点数
アジア蔬菜研究開発センター（AVRDC）	160	403	56,522	63	209	43,205
国際熱帯農業研究センター（CIAT）	129	872	64,446	161	906	58,667
国際トウモロコシ・小麦改良センター（CIMMYT）	12	48	173,571	12	47	136,259
国際馬鈴薯センター（CIP）	11	250	15,046	9	175	13,418
国際乾燥地農業研究センター（ICARDA）	86	570	132,793	34	444	109,223
世界アグロフォレストリーセンター（ICRAF）	3	6	1,785	3	4	1,005
国際半乾燥地農業研究センター（ICRISAT）	16	180	118,882	16	164	113,143
国際熱帯農業研究所（IITA）	72	158	27,596	72	155	36,947
国際畜産研究所（ILRI）	388	6	18,763	358	1,359	13,470
国際生物多様性センター（Bioversity International）	2	1,746	1,207	2	21	1,050
国際稲研究所（IRRI）	11	23	109,161	11	37	83,485
アフリカ稲センター（Africa Rice Center）	1	39	21,527	1	5	17,440
合計	891	4,301	741,299	742	3,526	627,312

資料：The Second Report on the State of the World's, Plant Genetic Resources for food and agriculture (2010) ［7］．

　2008年に，ノルウェー領スヴァールバル群島内に「スヴァールバル世界種子貯蔵庫（Svalbard Global Seed Vault, SGSV）」が設立された．この種子貯蔵庫は地下の永久凍土層に設置され－20～－30℃という極低温で保存することができ，種子の貯蔵には理想的な条件とされている．世界各地に散在するジーンバンクでの不慮の事故に対応するためのバックアップ機能を果たすことが期待されている．この施設は約450万点の遺伝資源の収容能力があり，「地球最後の日のための貯蔵庫」と呼ばれている．

第4節　遺伝資源を求めて

　作物の品種改良や未・低利用植物の新規開発に不可欠な遺伝資源の消失を防ぎ，有効に利用するために，遺伝資源を探索・収集し保存する取り組みが世界中で実施されている。植物遺伝資源探索（plant exploration）は，改良品種，地方品種，栽培植物の近縁野生種，未・低利用植物種など，遺伝的に多様な植物種や地方品種の豊富な地域を調査し，収集することである。主な目的は品種改良のための利用にあるが，そのため自国にある植物でも収集の対象となり，種内の変異を広げるためにできるだけ多様な個体を収集する。

　一方，海外の遺伝資源にアクセスして，学術研究や商用品あるいは新品種の育種素材として利用するには，資源国との公正かつ衡平な利益配分が求められている。2010年に名古屋市で開催された，生物多様性条約第10回締約国会議（COP10）において，『遺伝資源の取得の機会及びその利用から生ずる利益の公正かつ衡平な配分（ABS：Access and Benefit Sharing）』に関する拘束力のある名古屋議定書が採択され，2014年に発効した。今後，海外の遺伝資源については，資源国から求められる次の2つの約束に従わなければならない。

　1）遺伝資源の利用に係わる提供国政府等との事前同意（PIC：Prior Informed Consent）：私たちが海外の遺伝資源にアクセスする場合，資源国内に設置されたフォーカルポイントとなっている機関に相談し，遺伝資源の調査や取得に関して，実施以前に同意を得なければならない。資源国によっては先住民および地域社会の承認も必要とされ，遺伝資源に伴う伝統的知識（Traditional knowledge）も対象となる。

　2）資源提供者等との相互に合意する条件（MAT：Mutually Agreed Terms）：海外での遺伝資源取得にあたっては，当事者間で交渉し相互に合意する条件で合意することが求められている。すなわち，遺伝資源から生じる利益の公正かつ衡平な配分に関する条件である。利益配分には遺伝資源利

用から得られる金銭的なものと非金銭的なものがあり，金銭的利益は遺伝資源の商用研究開発による利益，非金銭的な利益は遺伝資源の折半や研究成果の発表などがある。

　私たちは，遺伝資源を利用することで多くの恩恵を得てきた。また，将来の食料の必要を満たすために欠かすのできない資源である。遺伝資源の持続的な保全と利用こそが未来の食料の安全保証を約束する。

引用文献

［1］Bioversity International（2014）Bioversity International's 10-year strategy 2014-2024. Bioversity International, CGIAR. Available at http://www.bioversityinternational.org/uploads/tx_news/Bioversity_International_Strategy_2014-2024_1766_03.pdf.（2016年9月1日アクセス）．
［2］環境省（2008）生物多様性と農業，生物多様性の保護と，世界の食糧の確保 Convention on Biological Diversity, UNEP. Available at http://www.biodic.go.jp/biodiversity/about/library/files/2008IDB_booklet.pdf（2016年9月1日アクセス）．
［3］UNEP（2008）International day for biological diversity, Biodiversity and Agriculture, Safeguarding Biodiversity and Securing Food for the World. Convention on Biological Diversity, UNEP. Available at https://www.cbd.int/doc/bioday/2008/ibd-2008-booklet-en.pdf（2016年9月1日アクセス）．
［4］文部科学省（2015）生物の多様性に関する条約（邦訳） Convention on Biological Diversity, UNEP. Available at http://www.lifescience.mext.go.jp/files/pdf/n1495_01-9.pdf（2016年9月1日アクセス）．
［5］中尾佐助（1966）栽培植物と農耕の起源，岩波新書
［6］FAO（1997）The State of the World's Plant Genetic Resources for Food and Agriculture, Food and Agriculture Organization of the United Nations, Rome.
［7］FAO（2010）The Second Report on the State of the World's, Plant Genetic Resources for food and agriculture. Commission on Genetic Resources for Food and Agriculture, Food and Agriculture Organization of the United Nations, Rome. Available at http://www.fao.org/docrep/013/i1500e/i1500e.pdf（2016年9月1日アクセス）．

第3章
アフリカの食料問題
──開発の余地あり・孤児作物──

志和地　弘信

第1節　作物の種類と飢餓のリスク

　人々が利用している世界の植物は約3,000種あると言われるが，作物として栽培・利用しているのは150種程度とされる［1］。これらの作物は初めから世界中に広く存在していたわけではなく，それぞれの作物は原産地から広まって，世界の様々な地域で利用されるようになった。例えば，ジャガイモは南米のアンデス高原地域の野生種を起源とし，16世紀以降に世界中に広まったと言われる［2］。それぞれの作物の性質は原産地の自然環境の影響を受けており，高原地域で生まれたジャガイモは冷涼な環境で良く育つ。人類は作物のそれぞれの特性を理解して，多くの種類の作物を栽培することにより，食生活を豊かにする農耕システムを確立してきた。熱帯・亜熱帯地域の現在の食用作物は，生育に十分な降雨量が望める地域ではイネ，トウモロコシなどの穀類やキャッサバ，ヤムイモ，タロイモなどのイモ類の他，リョウリバナナ[1]などが栽培されている。やや雨量の少ない地域ではモロコシ，トウジンビエなどの比較的乾燥に強い穀類を多く栽培するとともに家畜の飼育をおこない，雨量の少ない地域では乾燥に強く，生育期間の短い作物のフ

（1）調理して食されるバナナ，果物として食べるバナナと異なる。

ォニオ⁽²⁾，テフ⁽²⁾，ソバ，キヌア⁽³⁾などを栽培しながら家畜飼育に重点を置いて，気象災害や旱魃リスクに備えている。また，いずれの農耕形態でも様々な種類のマメ類の生産をおこなって，蛋白質を補っている。原産地の異なる様々な作物が世界に広がって数多く栽培されるようになったのは飢餓のリスクを回避するためと考えられる。しかし，1960年代から開始されたいわゆる「緑の革命」は主食作物の種および品種の選択と集中をすることになり，これまでの農業形態を一変させた［3］。

第2節　主食作物を限定した「緑の革命」

「緑の革命」はアジアの熱帯・亜熱帯地域の穀物生産量を激増させた。伝統的に栽培されてきたイネ，コムギなどの在来品種は病虫害にある程度強いものの，肥料の多投入によって穂が大きく実ると草丈が高いために倒れてしまう欠点があった。緑の革命はこれらの作物の背丈を低くし，茎を太くして，さらに肥料の多投入によって高収量を実現する近代品種を作り出し，普及したことである［4］。これらの近代品種の普及には化学肥料と農薬の投入及び灌漑施設の整備などを伴ったことから，化学肥料，農薬などが及ぼす環境への負荷や小規模農家への経済的な負担などが問題視され，「緑の革命」の功罪については様々な意見がある［5］，［6］。また，近代品種が世界各地で栽培され，栽培面積が拡大したことによって在来品種の面積が減少し，作物の種類の多様性が失われた［7］。しかしながら，1960年代において人々が心配していた"アジアの人口増加により21世紀には食料不足が深刻になる"事態は，「緑の革命」によるコメとコムギの増産により回避されたことも事実である［6］。

（2）アフリカ原産のイネ科の雑穀。
（3）南米原産のヒユ科の雑穀。

> **コラム3-1　近代品種とは**
> 「緑の革命」で用いられた作物の品種は以前には高収量品種と呼ばれていたが，これらの品種は灌漑や施肥などの条件が整わないと高収量にならない。そのため近年では近代品種と言い換えられている。改良品種は在来品種の収量性や耐病性を改善したもの。

　国連の推計によると2050年の人口は90億人になり，最も人口増加率が高いのがアフリカと予測している［8］。そして，世界では再び将来の食料不足について不安の声が出ている。今日，アフリカ諸国は途上国の中でも最も開発が遅れた地域とみられている。アフリカでは今日まで，人口の伸び率が食糧（穀物，イモ類，豆類）生産の伸び率を上回り，恒常的な食料不足の状態にある［9］。イネやコムギを主食としてきたアジアでは「緑の革命」による灌漑などの大規模な農業インフラ投資と長期的な栽培技術の普及を行ったことにより，穀物の自給をほぼ達成している。一方，アフリカでは「緑の革命」が行われなかったために，穀物の輸入依存が高まって，人口増加が著しい大都市部では輸入される米や小麦が人々の命綱になっている。アフリカで「緑の革命」が行われなかったのは，1960年以降に多くの国が独立を果たしたものの，政治が不安定で内戦などにより経済成長が妨げられて農業への投資が出来なかったこと，植民地時代に確立したプランテーション農業によるコーヒー，カカオ，パームオイル[4]などの商業作物の生産と輸出が，自給的な作物の生産よりも優先されたことによる。人口の増加が著しいアフリカでは穀物の輸入に頼った食料政策はいずれ破綻する。そこで，アフリカでの「緑の革命」が望まれるところであるが，それには作物の近代品種の開発，農業技術の普及，灌漑，貯蔵施設，輸送やインフラの整備など巨額の投資が必要であり，簡単ではない。

（4）アブラヤシから作られる油。

第3節　アフリカの主食作物の生産はリスク分散型

　前述のように農業への投資があまり行われなかったアフリカ（ここではサハラ以南アフリカを指す。以下アフリカと言う）では食用となる穀類やイモ類は今でもほとんどが伝統的な焼畑農法や休閑農法によって栽培されている。穀類の生産量は世界ではトウモロコシ，イネ，コムギの順に多いが，アフリカではトウモロコシ，イネの次にモロコシとミレット[5]が多く，コムギは少ない（**表3-1**）。それぞれの作物について世界の生産量に占める割合を見てみると，トウモロコシとイネが1割もないのに対して，モロコシとミレットは3～4割も占めており，アフリカでは重要な作物であると判る。さらにササゲマメは世界の生産量の94.5％がアフリカで生産されており，アフリカ特有の在来作物であることが判る。

　また，世界平均では食用作物のうち穀類がイモ類の3.1倍も生産されているのに対して，アフリカではイモ類が穀類の生産を上まわっている。イモ類

表3-1　世界とアフリカの主要な穀類とササゲマメの生産量（2014年）

世界		アフリカ		
作物名	生産量（100万t）	作物名	生産量（100万t）	世界の生産に占める割合（％）
トウモロコシ	1021.6	トウモロコシ	71.6	7.0
イネ	740.9	イネ	25.1	3.3
コムギ	728.9	モロコシ	21.9	32.3
オオムギ	144.3	ミレット注	11.1	40.3
モロコシ	67.8	コムギ	7.0	0.9
ミレット注	27.8	オオムギ	2.4	1.6
ササゲマメ	5.5	ササゲマメ	5.2	94.5

資料：FAOSTATより著者作成。
注：トウジンビエ，シコクビエなどを含む。

---

[5] モロコシやミレットは雑穀に分類される。ミレットにはトウジンビエ，シコクビエが含まれる。日本のヒエとは異なる作物である。

表3-2　世界とアフリカの主要なイモ類とリョウリバナナの生産量（2014年）

世界		サハラ以南アフリカ		
作目	生産量（100万t）	作目	生産量（100万t）	世界の生産に占める割合（％）
ジャガイモ	385.0	キャッサバ	146.8	54.3
キャッサバ	270.2	ヤムイモ	65.5	96.1
サツマイモ	104.4	サツマイモ	20.5	19.6
ヤムイモ	68.1	ジャガイモ	17.1	4.4
タロイモ[1]	10.9	タロイモ[1]	7.1	65.1
リョウリバナナ[2]	37.8	リョウリバナナ[2]	27.5	72.7

資料：FAOSTATより著者作成．
注：1）サトイモ，ヤウティア（アメリカサトイモ）などを含む．
　　2）リョウリバナナは2013年のデータ．

では世界的にはジャガイモの生産が最も多いが，アフリカのジャガイモの生産量は世界の4.4％しかない．アフリカでは世界の生産量に対して96.1％（6,550万t）のヤムイモ[6]，72.7％（2,750万t）のリョウリバナナ，65.1％（710万t）のタロイモ[7]，54.3％（1億4,680万t）のキャッサバ[8]が生産されている（表3-2）．このような多様な作物生産・消費の特徴を背景にして，広大なアフリカにはアジアとは異なった独自の食文化と農業の多様性がみられる［10］．

　世界各地をみると，雨の少ない乾燥地帯では雑穀や豆類が，雨の多いモンスーン地帯ではイネが，台風や高潮の災害が多い地域ではイモ類が多く栽培されてきた．アフリカでは乾燥地域において雑穀や豆類が，豪雨がある熱帯雨林ではイモ類が栽培されている．一般にイモ類は高温や干ばつに強く，気候の変化に影響されにくい性質から，昔から「救荒作物」として知られてきた．アフリカの食用作物の多様性は干ばつや気象災害を考慮したリスク分散型の農業システムであるといえる．

（6）ヤマノイモ科の作物の総称．
（7）サトイモ科の作物の総称．
（8）マンジョカ，タピオカとも呼ばれる．

第4節　栽培面積が拡大したアフリカの作物生産

　アフリカで「緑の革命」が実施されなかったとはいえ，増え続ける人口を養うために作物の生産は拡大してきた。国際連合食料農業機関（Food and Agriculture Organization of the United Nations：FAO）において作物の生産量の統計が始まった1961年と53年経った2014年のアフリカの主要な穀物及びササゲマメの生産量を比較すると，いずれの作物も生産量が増加している。しかし，1961年と2014年では生産量の多い作物の順位が入れ替わり，1961年に生産量が多かったトウモロコシ，モロコシ，ミレットの順から，2014年にはイネが2番目に多くなった（表3-3）。栽培面積と生産量の増加率でみるとトウモロコシ，イネ，オオムギ，ササゲマメがいずれも大きくなった一方で，モロコシとミレットでは小さくなった。アフリカの主要な穀物がモロコシ，ミレットからトウモロコシ，イネに変わっていったことが判る。コムギは栽培面積の増加率が小さかったものの生産量が大幅に増えている。アフリカのコムギの生産はそのほとんどが南アフリカ共和国とエチオピアなどであり，南アフリカ共和国におけるコムギ生産の近代化が生産量の増大に寄与している［11］。

表3-3　アフリカにおける主要な穀物及びササゲマメの栽培面積と生産量の1961年と2014年の比較

作物名	1961年		2014年		増加率（％）	
	面積 （万ha）	生産量 （万t）	面積 （万ha）	生産量 （万t）	面積	生産量
トウモロコシ	1,435	1,438	3,606	7,166	151	398
イネ	239	314	1,093	2,514	357	700
モロコシ	1,142	852	2,048	2,192	79	157
ミレット	1,108	636	1,661	1,116	49	75
コムギ	255	175	275	707	7	304
オオムギ	101	80	117	247	158	208
ササゲマメ	223	73	1202	526	439	625

資料：FAOSTATより著者作成。

表 3-4 アフリカにおける主要なイモ類及びリョウリバナナの栽培面積と生産量の 1961 年と 2014 年の比較

作物名	1961 年		2014 年		増加率 (%)	
	面積 (万 ha)	生産量 (万 t)	面積 (万 ha)	生産量 (万 t)	面積	生産量
キャッサバ	550	3,129	1,751	14,680	218	369
ヤムイモ	101	746	735	6,556	627	778
サツマイモ	61	318	357	2,053	485	545
ジャガイモ	18	123	152	1,711	744	1,291
サトイモ	58	282	123	711	112	152
リョウリバナナ	193	895	439	2,755	127	207

資料：FAOSTAT より著者作成。
注：リョウリバナナは 2013 年のデータ。

　アフリカのイモ類及びリョウリバナナの生産量も1961年から2014年の間に大幅な増加をした（**表3-4**）。なかでもキャッサバとヤムイモの2014年の生産量は膨大であり，この二作物で２億tにもなる。次いでリョウリバナナ，サツマイモの生産量が多い。リョウリバナナは湿潤な地域で生産され，ルワンダ，ウガンダ，カメルーン，ガーナ，ナイジェリアなどで生産量が増えている。サツマイモは湿潤〜半乾燥地域まで広く栽培され，西アフリカのナイジェリアを除くと東アフリカの国々で生産が多く，タンザニア，エチオピア，アンゴラなどで生産量が増えている。最も生産量の増加率が大きかったジャガイモはアフリカでも冷涼な高地があるケニア，ルワンダ，マラウイ，ナイジェリアなどで増産されたことによる。灌漑などの農業インフラの投資が進まなかったアフリカでは粗放な栽培でもある程度の生産量が見込めるイモ類の栽培面積が拡大して食料の需要をまかなってきたと考えられる。

第５節　在来作物の生産性は改善されず

　「緑の革命」の舞台となった東南及び南アジア（以下熱帯アジアと言う）とアフリカにおける1961年と2014年におけるトウモロコシ，イネ，コムギ，オオムギ，モロコシ，ミレット及びササゲマメの収量を比較したのが**表3-5**

表3-5 アフリカと熱帯アジア（東南及び南アジア）における穀類とササゲマメの収量（t/ha）の1961年と2014年の比較

作物名	アフリカ		熱帯アジア		収量の増加率（％）	
	1961年	2014年	1961年	2014年	アフリカ	熱帯アジア
トウモロコシ	0.94	1.84	1.20	4.30	100	258
イネ	1.22	2.40	1.66	3.61	100	117
モロコシ	0.72	0.90	1.08	1.58	30	46
ミレット	0.68	0.82	0.68	1.97	20	189
コムギ	1.08	2.16	0.82	2.25	110	174
オオムギ	0.93	2.32	0.86	1.71	150	98
ササゲマメ	0.43	0.48	0.73注	1.84注	10	152

資料：FAOSTATから著者作成.
注：熱帯アジアの統計データはスリランカ，ミャンマー，フィリピンのみ．

である。これらの作物の収量は1961年ではアフリカと熱帯アジアにおいてあまり違いがない。しかし，1961〜2014年の収量の増加率はモロコシを除いて熱帯アジアにおいていずれの作物も倍増以上となり，アフリカのそれを上回った。熱帯アジアのこれらの作物は「緑の革命」によって増収したものである。一方，アフリカではトウモロコシとイネが100％，コムギが110％，オオムギが150％増加したものの，アジアの増加率より低く，モロコシ，ミレット，ササゲマメの増加率は30％以下である。アフリカにおいて重要なこれらの在来作物は50年以上生産性の改善が進んでいないことが判る。なお，熱帯アジアのササゲマメの収量は統計データがスリランカ，ミャンマー，フィリピンだけであり，アフリカとの比較が困難である。

　穀物と同じように世界の主要なイモ類とリョウリバナナの収量の比較をしたものが**表3-6**である。1961年におけるジャガイモ，キャッサバ，サツマイモ，ヤムイモ，タロイモ，リョウリバナナの収量はヤムイモを除いて熱帯アジアの方が高かった。その後の1961〜2014年の収量の増加率はアフリカのイモ類ではいずれも大きくなったものの倍増とはなっていない。これらはアフリカのトウモロコシ，イネ，コムギなどに比べて収量の増加率が低い。熱帯アジアにおけるイモ類の収量の増加率はジャガイモ，キャッサバ，リョウリバナナが高かったのに対してサツマイモとヤムイモが微増，タロイモでは低下し

表 3-6 アフリカと熱帯アジアにおけるイモ類とリョウリバナナの収量（t/ha）の 1961 年と 2014 年の比較

作物名	アフリカ		熱帯アジア		収量の増加率（％）	
	1961 年	2014 年	1961 年	2014 年	アフリカ	熱帯アジア
キャッサバ	6.11	8.79	8.88	17.30	40	94
ヤムイモ[1]	6.56	10.25	5.00	5.43	60	8
サツマイモ	5.88	9.57	7.00	8.27	60	18
ジャガイモ	6.58	12.09	6.71	16.94	80	152
タロイモ	4.99	5.89	8.49	7.54	20	−11
リョウリバナナ[2]	4.67	6.29	6.12	12.75[2]	30	108

資料：FAOSTAT から著者作成。
注：1）ヤムイモの熱帯アジアの統計データはフィリピンのみ。
　　2）リョウリバナナの熱帯アジアの統計データはスリランカとミャンマーのみ。

た。熱帯アジアのサツマイモ，ヤムイモ，サトイモはこれらの地域の根菜農耕文化を支えてきた作物であったが［12］，近代的な穀物生産が拡大したことにより重要性が低下していったものと考えられる。一方，収量の増加率が大きかったジャガイモは南アジアのインド，バングラデシュ，パキスタンなどで耐病性品種や耐暑性の早生品種の普及が進んだことにより生産性が改善した［13］。また，キャッサバの収量の改善は東南アジアにおいて1970年代から開始された改良品種の普及による［14］。なお，熱帯アジアのヤムイモとリョウリバナナの収量は統計データが少ないために，アフリカとの比較が困難である。

　これらのことから，アフリカの作物生産量の増加は収量の増加よりも生産面積の拡大によったことが判る。つまり，「緑の革命」が実施されなかったアフリカの食料生産は多くの種類の作物をそれぞれの栽培適地で拡大する努力に支えられてきた。しかし，作物の栽培に適した土地に限界がある以上，今後さらに増え続ける人口を支えるには生産性を改善する以外，手段がない。

第 6 節　トウモロコシの普及が食料不足を招く

　アフリカでの「緑の革命」を進めるうえで，アジアの熱帯・亜熱帯地域で普及されたコムギとイネは今後アフリカで生産を拡大できるか疑問である。

コムギはもともとアフリカではあまり栽培されていないため，人々には馴染みがない。伝統的にコムギが重要なのは北アフリカのアラブ世界とアビシニア地方であり，人口が多くコムギの消費が拡大している熱帯アフリカ地域ではコムギが高温多湿に弱い特徴から栽培が困難である。アフリカにおけるイネの栽培が拡大しているのは前述のとおりである。しかし，農地面積に占める灌漑面積はアジアでは40％以上であるのに対して，アフリカではわずか4.9％にとどまっており［15］，今後のイネの急速な増産が可能か不明である。水稲栽培の普及に不可欠な灌漑設備の整備には莫大な投資と長い時間を要することから，アフリカにおける「緑の革命」はアジアと異なるアプローチが必要であろう。現在，アフリカにおけるイネの普及はネリカ（New Rice for Africaの略称NERICA）品種の普及に注力している［16］。ネリカは当初から陸稲品種として開発されたものであり，畑でも栽培できるが，収量を上げるためには施肥や灌水が必要である。

コラム3-2　ネリカとは?

ネリカはWest Africa Rice Development Association（WARDA，現在はアフリカ稲作センターに改名）のモンティー・ジョーンズ博士が天水稲作のための品種として作出したイネである。ネリカは収量の高いアジアイネ（オリザ・サティバ）と，粗放栽培にも適合し，雑草競合に優れ，イネ黄斑病に強いとされるアフリカイネ（オリザ・グラベリマ）の種間交雑から作り出され，アジアイネとアフリカイネの両方の特徴を持つとされる。

そこで，アフリカで最も生産量が多い穀物のトウモロコシの増産が鍵となる。中南米原産のトウモロコシはアフリカには16世紀頃に導入されたが，今ではアフリカの人々にとって大切な作物になった。トウモロコシは人が食べるだけでなく，家畜の餌にもなり，栄養価が高く，乾燥保存が出来るなど大変有用である。特に，東アフリカに定着したトウモロコシは「ウガリ」や「シマ」という料理として，今では伝統的な食文化に組み込まれている。癖のない味のトウモロコシは色々な料理に合うために，人々に受け入れられていっ

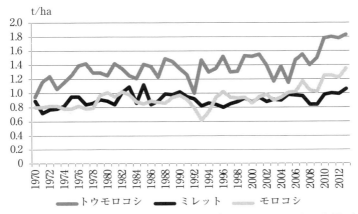

図 3-1 東アフリカにおけるトウモロコシ，ミレット，モロコシの収量（t/ha）の変化（1970~2013年）

FAOSTAT より著者作成。

たのであろう。トウモロコシの増産については東アフリカにおいて近代品種の導入が成果を上げているが，「緑の革命」のイネやコムギと同じく施肥が必要である［17］。しかし，トウモロコシ栽培を拡大していった結果，食料不足の危機を増大することにもなっている。アフリカのサハラ砂漠の周辺やサバンナ地域は天候が不安定である。東アフリカにおけるトウモロコシ，ミレット，モロコシの収量の変化（1970～2013年）（**図3-1**）を見ると，トウモロコシの収量はミレットやモロコシに比べて高いものの年による変動が大きいことが判る。トウモロコシの収量が大きく低下した1984年，1991～1992年，1998年は東アフリカで干ばつがあった年である。ミレットやモロコシに比べてトウモロコシは干ばつの影響を受け易い。干ばつへの抵抗性を耐乾性と言い，ミレット＞モロコシ＞トウモロコシの順に抵抗力が大きい［18］。南米から導入されたトウモロコシはアフリカの在来作物であるミレットとモロコシに替わってアフリカの主要作物として栽培面積を拡大し，食料事情を改善させた一方で，干ばつによる不作のリスクを大きくしたと言える。そうすると，アフリカにおけるトウモロコシの増産はさらに耐乾性を向上させた

改良品種を開発するか，仮に干ばつによって雨の降る期間が短くなっても，その期間内で収穫できるような極早生品種（早期に収穫できる品種）の開発が必要であろう。

第7節　開発の余地を残す孤児作物

長年に亘って生産性が改善されてこなかったアフリカの伝統的作物は孤児作物（Orphan Crop）と呼ばれる。孤児作物とは世界的には貿易の対象とはなってはいないが，特定の地域において食料として重要な作物を指す。モロコシ，ミレット，ササゲマメ，サツマイモ，ヤムイモ，タロイモ，リョウリバナナなどがそれに当たる。アフリカで重要なこれらの作物の収量が50年以上に亘って増えていないのは未だに伝統的な休閑農法によって栽培されており，施肥などもほとんど行われていないからである［19］。アフリカにおけるこれらの作物の開発状況は以下のとおりである。

1）モロコシとミレット

アフリカで3番目と4番目に生産量が多い穀物のモロコシとトウジンビエ（ミレットの一種）はアフリカ原産の作物である。両作物は不良条件下でも生育し，ある程度の収穫を得られるために，広い地域で栽培されている。モロコシとミレットの最大の特徴はトウモロコシに比べて深根性（根が土中の深くまで伸びる）であり，耐乾・耐暑性に優れ，降雨量が少ない乾燥地域でも栽培できることである［20］，［21］。モロコシとミレットはインドにある国際半乾燥熱帯作物研究所（International Crops Research Institute for the Semi-Arid Tropics：ICRISAT）で品種改良が行われており，熱帯アジアにおける増収はICRISATが主導している。アフリカにおけるモロコシとミレットの品種改良はICRISATの協力を得て1980年代から行われてきたが，**表3-5**のように熱帯アジアほどの多収量になっていない。モロコシとミレットはその生育特性から肥沃でない土地でよく栽培されるが，改良品種は灌漑や

施肥によって多収性を発揮することが知られており，改良品種を用いた生産性の改善には現在の粗放的な栽培から施肥を用いた集約的な栽培を行う必要があり，栽培技術の普及が不可欠である。

2) ササゲマメ

ササゲマメの収量は熱帯アジアのデータが少ないので単純に比較できないが，アフリカでは熱帯アジアの一部の国よりかなり低い。ササゲマメの品種改良及び生産性の改善はナイジェリアの国際熱帯農業研究所（International Institute of Tropical Agriculture：IITA）で行われており，収量の多い品種や乾燥に強い品種などが開発されているが［22］，統計上ではその効果が全く見えない。改良品種は栽培面積を拡大するのに役立っているのかもしれないが，生産性の改善には寄与していないことから，栽培技術や普及方法などに問題があると考えられる。現在，IITAでは改良品種とモロコシやヒエとの集約的な間作技術の普及を進めている。

3) ヤムイモ

アフリカのヤムイモの生産性は向上してきたもののナガイモや台湾のダイジョ（ヤムイモの一種）に比べて半分程度の収量である［19］。世界の生産量の96.1％を占めるアフリカのヤムイモはその地域の野生種を改良して出来た作物であり，栽培品種の多くが在来種で，伝統的な休閑農法で栽培されている［23］。西アフリカの人々にとってヤムイモは日本人の米にも似た大切な主食であり，食味や品質にこだわりがある。特に，食味が良いとされるホワイトギニアヤムのプナ品種などは化学肥料を与えると品質が悪くなると人々に信じられている。そのため，生産者には近代的な農法での栽培をためらう人もいる。ヤムイモの生産性の改善には伝統的な食文化を考慮した栽培技術と品種の改良が必要と考えられる。

> **コラム3-3　ヤムイモとは？**
>
> 　ヤマノイモ科の植物のうち食用や薬用として利用される作物であり，経済的に有用なのは10種ほどである。日本のナガイモやジネンジョは温帯原産のヤムイモである。東南アジア原産のヤムイモはダイジョであり，台湾，フィリピン，パプアニューギニアで多く栽培される。アフリカ原産のヤムイモはホワイトギニアヤムとイエローギニアヤムであり，世界の生産量のほとんどを占めている。

4）サツマイモ

　アフリカのサツマイモの収量は2014年では熱帯アジアより高くなった（**表3-6**）。しかし，中国や日本などのサツマイモの収量がha当たり20t以上であることを考えるとまだ増収の余地がある。開発途上国におけるサツマイモの生産性を改善する技術開発を行っているのはペルーに本部がある国際ポテトセンター（International Potato Center：CIP）である。CIPはアフリカにおけるサツマイモの生産性改善を支援しており，高収量品種の普及を行っている。しかし，アフリカにおけるサツマイモ生産は主食としてだけでなく，栄養改善や農業開発の所得向上プロジェクトなどに用いられていることに特徴がある。栽培が簡単なことで知られるサツマイモは小規模の農家でも扱い易いために，低所得の自給農家の栄養強化を目的にβカロチンの含有量が多い品種の普及が行われている。βカロチンが強化されたサツマイモ品種は，ウガンダやモザンビークでは乳幼児などに対して栄養改善効果があることが実証されている［24］。このサツマイモ品種は東アフリカの国々で近代品種として普及していくものと考えられる。

> **コラム3-4　βカロチン強化サツマイモとは？**
>
> 　βカロチン強化サツマイモはイモがオレンジ色のサツマイモ品種である。WHOはアフリカで感染症の一因となるビタミンA欠乏症対策を行っている。

> βカロチンはビタミンAに変化するプロビタミンであり，1日当たり125g
> のβカロチン強化サツマイモを取ることで，ビタミンAをまかなうことが
> 出来るとされる。

5）リョウリバナナ

　アフリカのリョウリバナナの収量は熱帯アジアの半分程であり，増収の余地を残している。リョウリバナナの品種改良及び生産性の改善はIITAで行われており，収量の多い品種や病気に強い品種などが開発されている。IITAで1990年代から開発が始まった病気（ブラック　シガトガ）に強い品種や収量の多いハイブリッド品種は1998年からはガーナやナイジェリアで農家への普及が開始され，生産性の改善が進んで来た［25］。リョウリバナナは現在では東アフリカのビクトリア湖周辺の国々において耐病性品種の普及が行われており，生産性の改善が期待されている。

　なお，アフリカにはタロイモの生産性の改善を進める研究を行っている機関はなく，収量を増やす努力は生産者や各国試験場において行われているのみである。

第8節　ヤムイモの研究に取り組む

　東京農業大学は1990年代からアジアの熱帯・亜熱帯地域のヤムイモの遺伝資源の収集と特性評価を行ってきた。また，2004年からはIITAとアフリカのヤムイモの生産性を改善する共同研究を開始した。共同研究ではヤムイモの種イモを生産する方法，品種改良，イネとの輪作方法及び施肥方法の技術開発を行ってきた。ヤムイモの種イモはこれまで収穫したイモを切り分けて生産されていたが，著者らはヤムイモの蔓を挿し木にして小さな子イモを作り出す技術を開発した［26］。これにより，種イモの生産効率が良くなった。品種改良の技術開発ではヤムイモの植物片をコルヒチン処理することにより

染色体数を倍加させた人為植物体の作出に成功し，ヤムイモの倍数体育種に新しい道を開いた［27］。イネとの輪作に関する技術では，ヤムイモを端境期に栽培できる方法を開発し，イネとヤムイモの二毛作を実現した［28］。施肥方法の開発では，ヤムイモの収量に施肥の効果がある品種とない品種があることを発見し，痩せた土で肥料がなくても育つ品種の生育特性を明らかにした。これにより，肥沃度の低い土地でも育つヤムイモ品種の育成が進むものと期待している。これらの技術はIITAによってアフリカの開発現場での適応が行われている。

第9節　アフリカの食料問題に農学が出来ること

　イネやコムギにおいて何十年も前に試みられたこれらの基礎的な研究はアフリカの孤児作物ではほとんど行われておらず，作物の増産や総合的な農業開発の核となる技術が生まれていない。東京農業大学のヤムイモ研究は日本に蓄積されたナガイモに関する研究経験をアフリカのヤムイモ研究に応用して可能となった。日本にはヤムイモ以外にもタロイモの一種であるサトイモの研究実績も蓄積されており，アフリカのタロイモ研究に生かせるはずである。世界各国に蓄積された孤児作物の研究経験と現在の国際機関の取り組みを融合出来れば，孤児作物の生産性は改善できるものと思われる。
　アフリカにおける「緑の革命」は気象災害のリスクや農業環境の多様性を考えると孤児作物の近代品種を開発するのが重要であろう。しかし，近代品種の開発は，前述のように国際研究所がそれぞれの孤児作物について僅かな研究投資で行っている状況であり，農業インフラの整備，流通，加工産業などとの連携が出来ていない。現在，前述の各国際研究所ではFAOや国連開発計画の協力を得て，アフリカ各国の農業機関とネットワークを作り，総合的な農業開発プロジェクトに育てようとしている。日本は政府開発援助（ODA）で農業インフラの整備と肥料産業の育成を支援し，大学などの教育機関，国際機関及び民間が研究開発と農業開発プロジェクトの運営を行うこ

とにより「アフリカの緑の革命」が達成できると考えている。

参考文献
［1］Gideon Ladizinsky（藤巻宏訳）(2000)『栽培植物の進化』農文協。
［2］森元幸（2010）「ジャガイモ」鵜飼保雄・大澤良編著『品種改良の世界史』悠書館，pp.205〜231。
［3］大塚啓二郎（2003）『東アジアの食料・農業問題』内閣府経済社会総合研究所，p.25。
［4］Cristina C. D. and K. Otsuka (1994) Modern Rice Technology and Income Distribution in Asia. Boulder, Col.: Lynne Rienner.
［5］Vandana Shiva (1992) The violence of the green revolution, Zed books Ltd., London and New Jersey. p.264.
［6］Prabhu Pingali (2004) Agricultural Diversification: Opportunities and constrains, FAO Rice Conference, Rome, Italy, 12-13 February 2004. p.11.
［7］大田正次（2010）「コムギ」鵜飼保雄・大澤良編著『品種改良の世界史』悠書館，pp.42〜66。
［8］United Nation (2015) World population projection in 2050. www.un.org/en/developme...f/March2015_WPP2050_Vienna.pdf.（2016年7月25日アクセス）.
［9］Ruan Wei（2011）「アフリカ穀物自給への道とアジアからの示唆―低価格輸入穀物と食料援助が崩したアフリカ諸国の増産意欲―」『農林金融』2011.7，農林中金総合研究所，pp.39〜53。
［10］Dixon J., A. Gulliver and D. Gibbon (2001) Farming systems and poverty. Malcolm Hall eds. FAO and World Bank Rome and Washington D.C.
［11］Department of Agriculture, Forest and Fisheries (2010) Wheat - Production guideline-, Department of Agriculture, Forest and Fisheries, Republic of South Africa. p.24.
［12］吉田集而・堀田満・印東道子編（2003）『イモとヒト』平凡社，p.356。
［13］International Potato Center (2016) Agile Potato for Asia. http://cipotato.org/agile-potato-for-asia/（2016年7月18日アクセス）.
［14］河野和男（1995）「キャッサバ育種におけるCIATの国際協力」『熱帯農業』39，pp.195〜201。
［15］ICID (2015) Annual Report 2014-15. International Commission on Irrigation and Drainage.
［16］坪井達史（2012）「アフリカにおけるネリカ米栽培技術の確立と技術普及」『熱帯農業研究』5，pp.183〜190。
［17］Groote H. D., G. Owuor, C. Doss, J. Ouma, L. Muhammad and K. Danda(2005)

　　　 The maize green revolution in Kenya revisited. Journal of Agricultural and Development Economics. 2: 32-49.
[18] 篠原卓（2009）「穀物栽培」日本沙漠学会編『沙漠の辞典』丸善株式会社, p.63。
[19] 足達太郎・稲泉博己・菊野日出彦・志和地弘信・豊原秀和・中曽根勝重（2006）『アフリカのイモ類―キャッサバ・ヤムイモ―』社団法人　国際農林業協力・交流協会。
[20] 吉田智彦（2002）「ソルガムとトウジンビエの生産と多収育種」『日本作物学会紀事』71, pp.147〜153。
[21] 春日重光（2010）「ソルガム」鵜飼保雄・大澤良編著『品種改良の世界史』悠書館, pp.112〜136。
[22] Singh B. B., D. R. Mohan Raj, K. E. Dashiell and L. E. N. Jackai (1997) Advances in Cowpea Research. Sayce Publishing, Devon, UK.
[23] Dumont R, A. Dansi, P. Vernier, J. Zoundjihekpon (2006) Biodiversity and domestication of yams in West Africa. BIALEC, Nancy, France.
[24] Harvestplus. Uganda Country Report (2012) HarvestPlus. Disseminating Orange-Fleshed Sweet Potato: Uganda Country Report. 2012. Washington, D.C.: HarvestPlus. p.12.
[25] Tenkouano A and R. L. Swennen (2004) Progress in breeding and delivering improved plantain and banana to African farmers. Chronica Horticulture. 44: 9-15.
[26] Matsumoto R., H. Kikuno, O. S. Pelemo, M. O. Akoroda, A. J. Lopez-Montes and H. Shiwachi (2015) Growth and Productivity of Tubers Originated from Vine Cuttings—Mini-seed Tuber in Yams (*Dioscorea spp.*). Tropical Agriculture and Development. 59：207-211.
[27] Babil P. K., C. Funayama, K. Iijima, K. Irie, H. Shiwachi, H. Toyohara and H. Fujimaki (2011) Effective induction of polyploidy by in vitro treatment with colchicine and charcterization of induced polyploid varinats in water yam (Dioscorea alata L.). Tropical Agriculture and Development. 55: 142-147.
[28] Kikuno H., H. Shiwachi, Y. Hasegawa, J. Ohata, R. Asiedu and H. Takagi (2015) Effects of Nitrogen Application on Lowland Rice and Off-Season Yam Cropping in a Derived Savanna Zone in Nigeria. Tropical Agriculture and Development. 59：146-153.

第4章
熱帯園芸作物の食品としての機能性について

弦間　洋

第1節　熱帯園芸作物の利用形態

1）食品としての機能と民間医薬的活用

　熱帯果樹や野菜などの利用形態は，国や地域の歴史・伝統的食文化の違いで栄養・嗜好特性のほか機能性に特化した例など多様である。一方，人間の健康を左右するファクターとして重要な食品は，基本的に3つの機能を有している。すなわち，食品に含まれる栄養成分が人体に対して果たす基本的特性として一次機能があり，構成成分は単なる物質としてでなく，有効な機能体として存在しているため，その機能性が食品の価値を決定するパラメータとなっている。さらに成分の特異構造が感覚に訴える機能（嗜好感覚であり，食品が薬品と異なる理由とも言える）を二次機能，そして生体調節機能，例えば神経・免疫系の調節，血圧調節機能などを三次機能と分けている。近年は特定保健食品や食品の機能性表示制度に基づく生体調節機能に注目が集まっており，果実や野菜の青物も例外ではない。そのほか，伝統的な利用方法として民間医薬的活用がある。表4-1に示すように，民間療法として熱帯園芸作物の利用は広範である［1］。近年ではモリンガ（ワサビノキ：*Moringa oleifera*）の降圧剤としての効果が，天然産カルバミド産エステルとしては初めて単離されたニアジミンA，ニアジミンB，ニアジシンAおよびニアジシンBによって示されている。さらに工業原料としての利用もある。マンゴー果実の残渣（種子）から得たデンプンや未熟パパイア果実から抽出

表4-1 伝統的園芸植物の民俗療法への応用（鑑賞植物）

作物	用途	利用部位
Bauhinia（オオバナソシンカ）	咳止め	樹皮
Banaba（オオバナサルスベリ）	糖尿病治療，利尿剤，排尿障害軽減	葉
Croton（クロトン）	眼病，頭痛，結核	葉，根
Chinese hibiscus（ヒビスカス）	腫物，おでき	芽，花
Temple tree（プルメリア）	捻挫，生理不順，	樹皮
Kalanchoe（カランコエ）	歯痛，咳，火傷，炎症，挫傷，湿疹	葉
Arabian jasmine（マツリカ）	発熱，咳，潰瘍	種子
Ixia（ヤリズイセン）	下痢，胃潰瘍	根，葉

表4-1 伝統的園芸植物の民俗療法への応用（果樹）

作物	用途	利用部位
Sugar apple（バンレイシ）	発熱，頭痛，歯痛，駆虫薬 切り傷，創傷 皮膚病	葉，樹皮 樹皮 葉
Avocado（アボカド）	咳，下痢 生理不順	葉 葉
Banana（バナナ）	咳，頭痛 創傷，めまい，赤痢，排尿障害，抗下痢作用	葉，果実 花
Cashew（カシューナッツ）	痒み 咳，気管支炎 歯痛	葉 果実 樹皮
Sapodilla（サポジラ）	下痢，発熱	樹皮
Jave plum（ブラックプラム）	糖尿病，下痢	樹皮
Soursop（トゲバンレイシ）	咳，発熱，月経痛，悪性潰瘍痛	葉
Guava（バンジロウ）	下痢，アメーバ症，創薬	葉
Cucumber tree	咳	果実
Langsat（ランサ）	赤痢	樹皮
Mango（マンゴー）	水痘	葉
Mangosteen（マンゴスチン）	下痢，出血， 腸カタル，生理不順 創傷	果実の果皮 根 葉
Papaya（パパイア）	虫垂炎，イヌ咬傷 皮膚病，腎臓病，歯痛	葉 根
Rambutan（トゲレイシ）	発熱 舌の疾病	根 樹皮
Santol（サントール）	糖尿病 発熱	樹皮 葉
Tamarind（タマリンド）	咳	葉
Starapple（スターフルーツとは別）	下痢，胃痛	葉

第4章 熱帯園芸作物の食品としての機能性について（弦間 洋） 57

表4-1 伝統的園芸植物の民俗療法への応用（野菜）

作物	用途	利用部位
Basella（ツルムラサキ）	おでき	葉
Bitter gourd（ツルレイシ）	糖尿病，咳	葉
Sweet potato（サツマイモ）	貧血症	葉
Eggplant（ナス）	疝痛，胃痛	葉
Taro（サトイモ）	糖尿病	茎
	創傷，誘導刺激薬	葉
	おでき	球茎
Garlic（ニンニク）	高血圧症，イヌ咬傷，リウマチ	香料
	虫刺され，イヌ咬傷	葉
Pigeon pea（キマメ）	出血	葉
	胃痛	種子
Water convolvulus（ヨウサイ）	胃痛，虫刺され	葉，花
Sesbania（セスバン）	乳腺症	葉
Moringa（ワサビノキ）	傷薬，眼病	葉
Lima beans（ライママメ）	筋肉痛，疥癬	葉
Onion（タマネギ）	疝痛	鱗茎
	のどの痛み	葉
	性欲亢進，利尿	鱗茎
Sponge gourd（ヘチマ）	吐剤，潰瘍の洗浄	果実
Radish（ハツカダイコン）	抗壊血病剤	葉
Asparagus pea（アスパラガスエンドウ）	疥癬	葉
Cowpea（ササゲ）	疝痛，発熱	種子
Squash（カボチャ）	火傷	葉
Tomato（トマト）	血液清浄剤	果実

表4-1 伝統的園芸植物の民俗療法への応用（プランテーション作物）

作物	用途	利用部位
Annatto（ベニノキ）	駆虫剤	種子
	咳，頭痛	葉
	下痢，おでき	種子
Areca palm（アレカヤシ）	湿疹，胃痛，駆虫剤	子実
Gebang palm（クバンヤシ）	リウマチ，脚気，歯槽膿漏	茎
Cacao（カカオ）	胃痛	果実
Castor（ヒマ）	駆虫薬	種子
Coconut（ココヤシ）	利尿剤	ココナツ水
	赤痢，うがい薬，創傷洗浄	根
Kapok（カポック）	リウマチ，頭痛，産後の肥立ち，おでき	葉

されるタンパク分解酵素パパインなどがその例である。

2）野菜

　野菜の食品としての一次機能，すなわち栄養特性は無機塩類（ミネラル）・食物繊維で代表でき，K，Na，Ca，Mg，Feが多く，アルカリ性食品とされる。熱帯では温帯よりも利用部位が多く，多様である。例えばモリンガは葉，花，果実とそのほとんどの部位を利用できる。タロイモの葉身とともに葉柄も野菜として利用（乾燥してシュウ酸石灰結晶を除去後）できる。シカクマメの貯蔵根（パプアニューギニア）や，スイートコーンの若い穂は野菜として利用（ベビーコーン，タイ・中国など）する。シカクマメの根は12～20％（対乾物）のタンパク質を含み，花は6％程度とされる。セスバニア（セスバン）の葉は粗タンパク質を35％含み，乾燥種子は40％の窒素を含有する。マレーシア・インドネシア・フィリピンでは茎やその他の部位を野菜として利用している。

3）果実

　果樹の一次機能については，P，K，Ca，Mg，Cu，Fe，Sなどミネラルが豊富（特にアボカド・ナツメヤシ・カシュウナッツ）であり，堅果（ナッツ）類は多量の炭水化物，タンパク質，脂質（カシュウナッツはそれぞれを22％，21％，47％を含有）を含み，また，バナナ果実は36％，ナツメヤシは67％の炭水化物を含有している。ただし，バナナの花器は19％のタンパク質を含み，低炭水化物，高繊維質含有である。タンパク質の多い果実は，ナツメヤシ・マンゴスチン・カシュウナッツである。アミノ酸，有機酸（カンキツ類のクエン酸など）も多く，繊維・ペクチンは消化を助長する。カシュウナッツ・レイシ（ライチ）はP，Caが豊富で，グアバ・マンゴーは高含量のFeを含む。

（1）嗜好特性

二次機能と称される嗜好特性には，色素としてクロロフィル，カロテノイド，フラボノイド，アントシアニンなど，呈味成分のうち甘味成分としてスクロース，グルコース，フラクトースなどの糖類，酸味成分としてクエン酸，リンゴ酸，酒石酸など有機酸，さらには旨味成分としてグルタミン酸などアミノ酸が存在する。そのほか，咀嚼する際の物性（テクスチャー）も嗜好を左右する。

（2）果実の健康維持に対する寄与

果実は糖分が多く，カロリーも高いので健康を害するという風評がある。実際にはブドウ糖を100とした血糖値の上昇し易さを示す指標をGI（グリセミックインデックス）というが，パイナップルのGI値は65，バナナで55，グレープフルーツで31と白米の81や食パン91などと比べ低GI食品と言える。一方，過剰な血中の糖が細胞や組織を作っているタンパク質に結びつき，体温で熱せられ「糖化」が起き，生成される物質をAGE（終末糖化産物：Advanced Glycation End Products）と呼ぶが，体内のタンパク質が糖化しても，初期段階で糖濃度が下降すると正常なタンパク質に戻り，逆に高濃度の糖が一定期間存在すると強い毒性物質に変わり元には戻れない。AGEは老化を進める原因物質とされ，血管に蓄積すると心筋梗塞や脳梗塞，骨に蓄積すると骨粗しょう症，目に蓄積すると白内障の一因となる。従って，血糖の上昇が緩やかで，速やかに糖が代謝され易い果実などの食品がAGEを産生しにくいと言え，バナナのAGE値は9ku/100gで，牛肉ステーキのAGE値の1万58ku/100gと比べ圧倒的に低い［2］。このような資料から，果実は糖分が高いから健康を害するという風評は十分に払拭されよう。

（3）機能性とくに抗酸化性

表4-2は標準食品成分表（7訂）のうち，熱帯果実と一部の青果物についての数値を示している。栄養の3大要素としてC（炭水化物），F（脂質），P

表4-2 熱帯果樹の栄養特性（7訂日本食品標準成分表、2015）

可食部100g当たり	エネルギー	水分	タンパク質	脂質	灰分	全炭水化物	食物繊維	利用可能炭水化物（単糖当量でん粉表示）	無機質 カルシウム	鉄	マグネシウム	リン	カリウム	ナトリウム	亜鉛	銅	マンガン	セレン
	Kcal	(g)							(mg)									μg
マンゴー	64	82.0	0.6	0.1	0.4	16.9	1.3	14.4	15	0.2	12	12	170	1	0.1	0.08	0.1	0
パパイア	38	89.2	0.5	0.2	0.6	9.5	2.2	7.1	20	0.2	26	11	210	6	0.1	0.05	0.04	tr
バナナ	86	75.4	1.1	0.2	0.8	22.5	1.1	19.4	6	0.3	32	27	360	tr	0.2	0.09	0.26	1
パイナップル	51	85.5	0.6	0.1	0.4	13.4	1.5	11.3	10	0.2	14	9	150	tr	0.1	0.11	0.76	1
ドリアン	133	66.4	2.3	3.3	0.9	27.1	2.1	—	5	0.3	27	36	510	tr	0.3	0.19	0.31	1
アボカド	187	71.3	2.5	18.7	1.3	6.2	5.3	0.8	9	0.7	33	55	720	7	0.7	0.24	0.18	1
グアバ	38	88.9	0.6	0.1	0.5	9.9	5.1	3.6	8	0.1	8	16	240	3	0.1	0.06	0.09	—
スターフルーツ	30	91.4	0.7	0.1	0.3	7.5	1.8	—	5	0.2	9	10	140	1	0.2	0.02	0.10	—
パッションフルーツ	64	82.0	0.8	0.4	0.6	16.2	0	—	4	0.6	15	21	280	5	0.4	0.08	0.10	—
ライチ	63	82.1	1.0	0.1	0.4	16.4	0.9	15.0	2	0.2	13	22	170	tr	0.2	0.14	0.17	—
リンゴ（皮つき）	61	83.1	0.2	0.3	0.2	16.2	1.9	13.1	4	0.1	5	12	120	tr	0.1	0.05	0.04	—
ブドウ	59	83.5	0.4	0.1	0.3	15.7	0.5	14.4	6	0.1	6	15	130	1	0.1	0.05	0.12	0
グレープフルーツ	38	89.0	0.9	0.1	0.4	9.6	0.6	7.5	15	tr	9	17	140	1	0.1	0.04	0.01	0
ウンシュウミカン	46	86.9	0.7	0.1	0.3	12.0	1.0	9.2	21	0.2	11	15	150	1	0.1	0.03	0.07	0
サツマイモ（皮つき）	140	64.6	0.9	0.5	0.9	33.1	2.8	31.0	40	0.5	24	46	380	23	0.2	0.13	0.37	0
コメ（水稲穀粒・うるち米・精白）	358	14.9	6.1	0.9	0.4	77.6	tr	83.1	5	0.8	23	95	89	1	1.4	0.22	0.81	2
コメ（水稲めし・同）	168	60.0	2.5	0.3	0.1	37.1	0.3	38.1	3	0.1	7	34	20	1	0.6	0.10	0.35	1

表4-2 熱帯果樹の栄養特性（7訂日本食品標準成分表, 2015）

可食部100g当たり	カロテン A		β-クリプトキサンチン	β-カロテン当量	ビタミンE (α-トコフェロール)	ビタミン B_1	ビタミン B_2	ナイアシン	ビタミン B_6	ビタミン B_{12}	葉酸	パントテン酸	ビオチン	ビタミンC
	α-カロテン	β-カロテン												
	(μg)				(mg)	mg		(mg)		(μg)		mg	μg	mg
マンゴー	0	610	9	610	1.8	0.04	0.06	0.7	0.13	0	84	0.22	0.8	20
パパイア	0	67	820	480	0.3	0.02	0.04	0.3	0.01	0	44	0.42	0.2	50
バナナ	28	42	0	56	0.5	0.05	0.04	0.7	0.38	0	26	0.44	1.4	16
パイナップル	0	30	1	30	tr	0.08	0.02	0.2	0.08	0	11	0.28	0.2	27
ドリアン	0	36	1	36	2.3	0.33	0.20	1.4	0.25	0	150	0.22	5.9	31
アボカド	15	53	29	75	3.3	0.10	0.21	2.0	0.32	0	84	1.65	5.3	15
グアバ	5	580	51	600	0.3	0.01	0.04	0.8	0.06	0	41	0.32	—	220
スターフルーツ	5	64	15	74	0.2	0.03	0.02	0.3	0.02	0	11	0.38	—	12
パッションフルーツ	0	1,100	16	1,100	0.2	0.01	0.09	1.9	0.18	0	86	0.63	—	16
ライチ	0	0	0	0	0.1	0.02	0.06	1.0	0.09	0	100	—	—	36
リンゴ（皮つき）	0	22	10	27	0.4	0.02	0.01	0.04	0	0	3	0.05	0.7	6
ブドウ	0	21	0	21	0.1	0.04	0.01	0.1	0.04	0	4	0.10	0.7	2
グレープフルーツ	0	400	1	110	0.3	0.07	0.03	0.3	0.04	0	15	0.39	0.5	36
ウンシュウミカン	0	180	1,700	1,000	0.4	0.10	0.03	0.3	0.06	0	22	0.23	0.5	32
サツマイモ（皮つき）	0	40	0	40	1.0	0.10	0.02	0.6	0.20	0.1	49	0.48	4.8	25
コメ（水稲穀粒・うるち米・精白）	0	0	0	0	0.1	0.08	0.02	1.2	0.12	0	12	0.66	1.4	0
コメ（水稲めし・同）	0	0	0	0	tr	0.02	0.01	0.2	0.02	0	3	0.25	0.5	0

（タンパク質）はもとより，K（カリウム）やCa（カルシウム）などのミネラルの豊富さ，また三次機能に係わる各種ビタミン，とくにβカロテン（ビタミンA），αトコフェロール（ビタミンE），アスコルビン酸（ビタミンC）を多く含むことが特徴である。これらは近年，老化防止や生活習慣病予防などに効果のあるとされる抗酸化性を有することが明らかとなっており，ブルーベリーやラズベリーなどベリー類や熱帯果実のアサイーなどの摂取によってさまざまな生体調節機能が公表されてきた。また，近年，温州ミカンに高含量で存在するβクリプトキサンチンが骨粗しょう症予防効果のあることが

表4-3 日本産園芸作物の抗酸化性（Takabayashi ら，2013）

	H-ORAC μmolTE/100g	ポリフェノール含量 mgGAE/g
バナナ	748	0.62
リンゴ	1,802	0.85
温州ミカン	1,357	0.77
ニホンナシ	158	0.12
イチゴ	3,347	2.29
カキ	564	0.74
スイカ	187	0.14
ブドウ	388	0.29
グレープフルーツ	1,813	1.01
モモ	2,328	0.92
メロン	255	0.28
キウイフルーツ	771	0.90
タマネギ	1,072	0.61
キャベツ	334	0.27
ダイコン	388	0.16
トマト	314	0.28
ジャガイモ	670	0.46
キュウリ	163	0.15
ニンジン	336	0.22
ハクサイ	280	0.22
モヤシ	593	0.45
ナス	2,765	1.39
カボチャ	328	0.32
ホウレンソウ	869	0.35
ネギ	261	0.26
サツマイモ	626	0.26
ゴボウ	6,607	3.18
ブロッコリー	1,610	0.98

注：H-ORAC 値は Trolox 相当量，ポリフェノール量は没食子酸相当量で表示してある。

表4-4 熱帯果実の抗酸化性（USDA, 2010）

	H-ORAC μmolTE/100g	ポリフェノール含量 mgGAE/g
アサイー	99,700	13.90
アボカド	1,371	1.42
バナナ	730	1.55
グアバ	1,422	1.36
マンゴー	1,300	1.01
マンゴスチン	2,510	0.85
パパイア	300	0.54
パイナップル	373	0.81
リンゴ皮つき	3,016	2.50
グレープフルーツ	1,640	0.71
ブドウ（赤系）	1,837	1.70
サツマイモ	858	0.74

明らかとなり，温州ミカンの消費が拡大したことが話題となった。

　生体調節機能のなかで抗酸化性とは，生体中において生体成分（脂質・タンパク質・核酸など）の酸化を抑制して酸化傷害に対する防御機構を示す。従来から，青果物の抗酸化性については調査・研究が進められてきたが，その活性を表す方法が多様であり，普遍的でないこともあり，青果物のもつ抗酸化性を比較して評価することが難しかった。近年，活性酸素種のひとつであるヒドロキシルラジカルを吸収する能力を示す方法としてH-ORAC法が示されており，種々の測定方法と比較検討して，最も信頼性のある方法と言われている。この方法に基づく各種園芸作物の抗酸化性を**表4-3**に示すが，明らかに含有ポリフェノール量と相関しており，ナスやゴボウ，ブロッコリーを除く野菜と比べ，果実類の抗酸化性が高い傾向がある［3］。同様な方法で米国において測定された熱帯果実の数値をみると，パパイア・パイナップルのように必ずしも高い値ではないものもあるが，熱帯果実は明らかに抗酸化性を有する機能性食品［4］として特徴づけることが可能である（**表4-4**）。

（4）沖縄県産熱帯果実の抗酸化性

　同様に安定的であるラジカルDPPH（1,1-diphenyl-2-picrylhydrazyl）の消

表 4-5　沖縄県産熱帯果実の抗酸化性（2005）

	ポリフェノール含量 （μmol gallic acid 当量/gFW）	DPPH ラジカル消去活性 （μmol Trolox 当量/gFW）
サポジラ果肉	142.04 ± 7.16	614.77 ± 31.34
カニステル果肉	20.31 ± 2.11	67.48 ± 5.03
グアバ果肉（黄白）	19.00 ± 2.62	28.65 ± 1.66
スターフルーツ	11.23 ± 0.60	22.42 ± 0.53
パパイア(果肉)	3.45 ± 0.10	3.31 ± 0.20
ライチ(可食部)	2.77 ± 0.04	3.89 ± 0.05
ピタヤ（赤果肉）	2.15 ± 0.30	5.83 ± 0.49
レンブ	2.03 ± 0.26	4.01 ± 0.19
マンゴー（果肉）	1.82 ± 0.31	3.19 ± 0.47
島バナナ（果肉）	1.36 ± 0.09	1.52 ± 0.17
パイナップル（可食部）	1.01 ± 0.07	1.53 ± 0.05
ニガナ	15.24 ± 1.42	26.38 ± 1.54
ボタンボウフウ	8.36 ± 1.32	10.34 ± 1.30
ニシヨモギ	8.13 ± 0.73	11.81 ± 1.47
山東菜	1.51 ± 0.09	1.24 ± 0.13
サラダナ	0.91 ± 0.12	0.75 ± 0.21

去活性を計測する方法による，沖縄県産熱帯果実についての抗酸化性の調査でも，サポジラ，カニステル，グアバ，スターフルーツ，島バナナ未熟果などは可食部のポリフェノール含量とラジカル消去活性が最も高いグループに属し，ニガナ，ボタンボウフウ，ニシヨモギなどの沖縄特産野菜は，一般的な野菜である山東菜やサラダナと比べ，ポリフェノール含量とラジカル消去活性が高いとの報告［5］がある（**表4-5**）。

第2節　摂取方法と健康への影響

1）リスクの可能性がある果実

　熱帯果実の代表的存在で，「果実の王様」と称されるドリアン（**口絵4-1**参照）は，飲酒をしながら食すると健康被害を及ぼして，場合によっては死を招くとされ「悪魔の果実」とも言われている。そのほか，熱帯果実には**表4-6**に示すように摂食する際に留意すべきものがある［1］［6］［7］［8］。世界では熱帯園芸作物をはじめ多様な食品が各地域で取り引きされ，また技

表4-6 リスクの可能性がある熱帯果実の例

果実名	成分名	摘要
カシューナッツ	仁内にカルドールやアナカルディア酸（有毒物質）	ナッツを生で食すると口中をひどく傷つけるので，必ず火を通す
パイナップル	針状結晶を含む（未熟果）ブロメリン（タンパク分解酵素）	肌を荒らす，胃腸の調子を悪くする　手の指紋が溶けたり，口や舌が荒れることがある
カタトゲパンノキ	（ジャックフルーツの近縁種）	多く生食すると口中を荒らすおそれがある
モレトンワングリ	（クイーンズランド原産）	生の種子は有毒，原住民は水浸後，乾燥，焼成する
タマリンド	酒石酸	常に酸性の蒸気を発散しているといわれ，インドではこの木に悪い妖精がいて，樹下に宿ると病気を引き起こすと信じられている。樹下にテントを張ると，夜露が垂れて穴が開くともいう。また，除草効果もあり，科学的に証明されている [11] 。
ランサ（ランサット）	ランシウム酸（樹皮・果皮）	心臓毒でダイヤ族（Dyak）はその汁を矢毒に用いる
ビンジャイマンゴ	（マレーシア西部原産）	材を薪として燃やすと刺激臭のある煙がでる。古く刑罰用に熟果の汁を罪人や敵の皮膚に塗って傷害を与え，あるいは飲ませて嘔吐や下痢を引き起こし，苦しめたという
ニオイマンゴ	（マレイ群島西部原産）	未熟果の果汁は有毒で，完熟するまで生食できない
アキー	（アフリカ原産）ペプタイド，ハイポグライシン A（未熟果）	食すると吐き気を催す。過熟果や傷害果も毒素を生じており危険　種衣の間の珠衣（桃色）は有毒であり，取り除く必要がある。これらの毒性に対する反応は，アレルギーの程度により異なるがジャマイカではかなりの事故者を出しているという。
パンギノキ	（東南アジア～西太平洋地域原産）グルコサイド・ギノカルディンが酵素ギノカルダーゼにより青酸を生成する	有毒樹のひとつで，樹体のあらゆる部位に青酸を含む。果実・種子ともに毒性があり生食は危険。果肉は長く水に晒して除毒後に食用とする。種子は粉砕後煮沸，一日流水に晒した後，再度煮る。煮沸後に灰とともに地中に埋め，40日間発酵させる。あるいは煮沸後に練って小さな塊にし，そのまま7日間置いて発酵させる。または埋設した後，2週間後に掘り上げ，煮て流水に浸し，さらに4日間発酵させる。発酵させたものはケチャップ状の食品として利用される。
オオミノトケイソウ	青酸（根部，成葉）	根は繊維質で多肉であるが，有毒。
サブカヤナット	（南米原産高木）	食べ過ぎる（ナッツを）と禿になると言われている。
サポジラ	タンニン，ゴム質	未熟果が含み，追熟させてから食す。
トマトノキ	灰汁	成熟不完全な果実は灰汁が強く，渋味を感じ，多食すると口中を荒らす。重曹と煮るか，追熟を促す。
ホウライショウ	シュウ酸カルシウムの針状結晶	完熟果は問題ないが，やや未熟であっても喉を刺激し，不愉快な痒みを起こす。食す前によく洗うこと。
ソテツ	ホルムアルデヒド	幹を外皮を剥いで心材および髄を切り，乾かして粉とし，水に入れてデンプンを作る。水洗が不足するとホルムアルデヒドの中毒を起こす。
モリンガ	葉の抽出物	妊婦の摂取により流産の可能性　血圧降下剤との併用

術革新により加工方法も様々に変化しつつある現在，多様な食品を摂取する消費者の健康を守り，一定の規格を設けることによって公正な国際貿易を促進する必要がある。摂取方法による食品としての安全性は未解明の点があり，とくに青果物の安全性についてのガイドラインを薬品やアルコールとの同時摂取時の相乗作用に着眼して見直しを行う必要がある。

2）ドリアンはリスクの高い果実か

　先に述べたようにドリアンは「悪魔の果実」と呼ばれ，アルコールと同時摂取すると健康を損なうことが伝承されているが，果たして本当だろうか。もし，そうであればそのメカニズムはなにか。元来，ドリアン果実中には約6,000ng/gの硫黄化合物が含まれ，次いでエステル類（3,500ng/g），アルコール類（900ng/g）で臭い成分の大多数を占める。この硫黄化合物の1/3以上は二硫化ジエチルである。以下にこの化合物に注目して，アルコールとの同時摂食時の相乗作用について検証［9］［10］したので，参照していただきたい。

（1）果肉抽出物のアルコール代謝系に及ぼす影響

　まず，ドリアンの果肉からジクロロメタンで抽出した画分を薄層クロマトグラフィーで分離した非極性物質は，硫黄化合物と同定できた（**図4-2**中の＋を示す画分）。その0.33ppm相当量をアルコール代謝系に添加したところ，強い阻害作用を示し，図に示す代謝過程で重要な役割をしているアルデヒドデヒドロゲナーゼ（酵母ALDH）を70％阻害することが明らかになった。基質濃度を多くしてもALDH活性は上昇しないことから自殺基質反応機構の関与を認めた。

　さらにヒト肝細胞癌株（HepG2）のライセートのアセトアルデヒド酸化力を抑制することも明らかとなった。

（2）味覚嫌悪学習によるドリアンとアルコールの同時摂取影響

　次にラットを用いた動物実験において，**表4-7**に示すような味覚嫌悪学習と称される方法で，ドリアンとアルコールの同時摂取の影響を調べてみた。

　カテーテルで胃内へ体重100g当たり2.4gのドリアンの果肉を毎日給与した。その後，体重1kg当たり1.25gのエタノールを与えたところ，低体温症状が発現することを認めた。これは嫌酒薬（禁酒を促す効果を有する）のジスル

第4章 熱帯園芸作物の食品としての機能性について（弦間　洋）

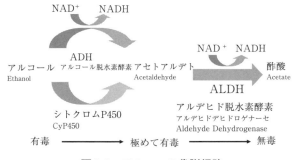

図4-1　アルコール代謝経路

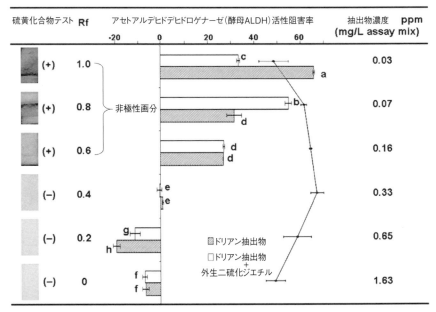

図4-2　ドリアン果実からの抽出物添加が酵母アセトアルデヒドデヒドロゲナーゼ活性に及ぼす影響

注：棒グラフに示されている異なる英文字間には，有意差がある。

図4-3 ラットを用いた味覚嫌悪学習試験

フィラムをアルコールと同時摂取した場合の現象（DER反応）と同様であった。生理食塩水で薄めた20％エタノールを腹腔内接種すると、ドリアン果肉を与えたラットの血中アセトアルデヒド含量の低下速度が劣り、エタノールの接種のないラットではその影響がなかった。キャベツとアルコール摂取区では同様な結果が得られたが、低体温症状を示す程度はドリアンとアルコール摂取区と比べ、軽度であった。

　以上から、アセトアルデヒド分解の異常が有害効果の要因、すなわちDER様反応であるとした。このように、ドリアン果実が放出する特有の芳香成分としての硫黄化合物について、そのアルコール嫌忌特性の生化学・病因学的解析から、$in\ vitro$系および$in\ vivo$系でドリアン果実の果肉成分がALDH酵素活性阻害作用を有すること、その機構は酵素自殺反応機構であること、ドリアン果肉の投与により実験動物ラットの血中アルデヒド分解が異常となることが明らかとなった。かつてグレープフルーツが様々な医薬品と相互作用を示し、同時摂取で意図しない効果を生み出すことが報告された。これはグレープフルーツ果肉に含まれるフラノクマリン類が薬物代謝酵素（解毒酵素）のシトクロムP450を阻害する作用によるものであり、特にカルシウム拮抗剤という系統の高血圧治療薬などが強く影響を受ける。このほかにシクロスポリン・ベンゾジアゾピン系風邪薬でも主作用、副作用ともに効果が効き過ぎることがある。フラノクマリン類は他のカンキツ類にも含まれ

第4章 熱帯園芸作物の食品としての機能性について（弦間　洋）

表 4-7　ラットを用いた味覚嫌悪学習試験の内容

処理区	施用内容（30～58日間）	ドリアンの給餌テスト		
		初期段階(31～35日)	処理前期(36～38日)	処理（49～58日：隔日処理）
対照区	1%カルボキシメチルセルロース	水（自由摂取）	水（1時間のみ施用）	0.2%サッカリン，0.9%生理食塩水
アルコール区	1%カルボキシメチルセルロース	水，10%アルコール	水（1時間のみ施用）	0.2%サッカリン，生理食塩水にアルコールを混入(1.25/体重kg)
キャベツ＋アルコール区	上記にキャベツ0.8gを混入	水，10%アルコール	水（1時間のみ施用）	0.2%サッカリン，生理食塩水にアルコールを混入(1.25/体重kg)
ドリアン＋アルコール区	上記にドリアン果肉k0.8gを混入	水，10%アルコール	水（1時間のみ施用）	0.2%サッカリン，生理食塩水にアルコールを混入(1.25/体重kg)

注：キャベツ＋アルコール区は，キャベツなどアブラナ科野菜に含まれるフェネチルイソチオシアネートがALDH活性を阻害するという既往の報告を参考として試験したものである。

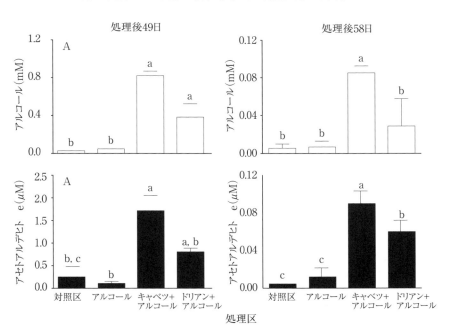

図4-4　ドリアンとアルコールの同時給与したラットの血中アルコール・アセトアルデヒド濃度

注：棒グラフに示されている異なる英文字間には，有意差がある。

るが，その含有量は種類で異なる。ウンシュウミカンにはほとんど含有しないとされている。この事例と同様，薬品やアルコールとの同時摂取時の相互関係，すなわち食品としての健康被害等のリスクについては，論議の対象とされていない現状に警鐘を鳴らすと同時に，新しい食品の安全性ガイドライン策定に重要な資料と言える。

第3節　国際食品規格と果実の安全性ガイドライン

　国際的な政府間機関として国際食品規格（コーデックス規格）の策定等を行うコーデックス委員会がある。その役割は，消費者の健康の保護，食品の公正な貿易の確保等を目的として，個別品目の規格について検討を行うもので，例えばある食品の規格を決めたり，害のある物質の量の限度を決めたり，衛生的に取り扱う方法を決めたり世界の消費者の健康を保護し，公正な食品貿易の実施を促進することである。我が国も1966年より加盟している。熱帯には園芸作物を含め未利用資源が多く，今後，これらを利用する機会が多くなるとき，抗酸化性をはじめとする生体調節機能のみならず，是非，上記のリスクについても考慮しながら，取扱いに関して十分な心構えをもち，安全性ガイドラインを策定するなど，熱帯園芸作物を広く有用していただきたい。

参考文献
［1］Bautista, O.K. (ed) (1994) Introduction to tropical horticulture. pp.598. SEAMEO and UPLB, the Philippines.
［2］宇山恵子（2014）『医者も教えてくれなかった実はすごいフルーツの力』講談社，191p.
［3］Takebayashi, J., Oki, T., Watanabe, J., Yamasaki, K., Chen, J., Sato-Furukawa,M., Tsubota-Utsugi,M., Taku,K.,Goto,K., Matsumoto, T. and Ishim, Y. (2013) Hydrophilic antioxidant capacities of vegetables and fruits commonly consumed in Japan and estimated average daily intake of hydrophilic antioxidants from these foods. J. Food Composition Anal. 29:25-31.
［4］Haytowitz, D.B. and Bhagwat, S. (2010) USDA database for the oxygen

radical absorbance capacity (ORAC) of selected foods, Release 2. U.S.D.A. Beltsville Human Nutrition Research Center. Available at http://www.ars.usda.gov/nutrientdata（2015年8月2日アクセス）

[5] 須田郁夫・沖智之・増田真美・小林美緒・永井沙樹・比屋根理恵・宮重俊一（2005）「沖縄県産果実類・野菜類のポリフェノール含量とラジカル消去活性」『日本食品科学工学会誌』52, pp.462～471。

[6] 杉浦明ら編（2008）『果実の事典』朝倉書店，622p。

[7] 大東宏（1996）『熱帯果樹栽培ハンドブック』国際農林業協力協会，499p。

[8] 岩佐俊吉（2001）『図説熱帯の果樹』養賢堂，617p。

[9] Maninang, J.S., Lizada, M.C. and Gemma, H. (2009) Inhibition of aldehyde dehydrogenase enzyme by Durian (*Durio zibethinus Murray*) fruit extract. Food Chem. 117:352-355.

[10] Maninang, J. S., Lizada, M. C. and Gemma, H. (2012) The influence of durian (*Durio zibethinus Murray cv. Monthong*) on conditioned taste aversion to ethanol. Food Chem.131:706-712.

[11] Parvez, S. S., Parvez, M. M., Nishihara, E., Gemma, H. and Fujii, Y. (2003) *Tamarindus indica* L. leaf is a source of allelopathic substance. Plant Growth Regul. 40:107-115.

第 **5** 章
96億人を養うために
―熱帯作物育種の役割―

パチャキル　バビル

第1節　作物育種の役割

　2050年の世界人口は96億人を超えると推測されており，その大部分は熱帯地域に位置する発展途上国で増えることが予想されている。この人口をささえるには2050年までに現在よりも約70％の食料増産が必要であると推測されている［1］。一方で，作物の単位面積当たりの収量は伸び悩んでいる。さらに，気候変動やトウモロコシやサトウキビなどを始めとするエネルギー資源としての作物の需要増加に伴い，増え続ける人口を養うために必要な食用作物生産量の確保が困難になりつつある。近い将来起こり得る深刻な食料不足を回避するためには，栽培技術の改善や品種改良による熱帯地域における作物生産性の向上が急務となっている。特に，世界の飢餓人口約8億人の大半が住むサブサハラアフリカおよび南アジアにおける作物生産性の向上は喫緊の課題である。これらの地域，特にサブサハラアフリカにおいては，急激に増加する人口を養うために，これまで栽培面積の拡大により必要な食料を確保してきた。西アフリカ地域の主食作物の1つであるヤムイモを例にみてみると，同地域における急激な人口増加に伴い，1993年から2013年の20年間にヤムイモの生産量は1.9倍に増加し，栽培面積は1.7倍に拡大した（**図5-1**）。一方で，西アフリカ地域におけるこの20年間のヤムイモの単位面積当たりの収量は伸び悩んでおり，生産量の増加は栽培面積の拡大によると言える。し

74　第1部　熱帯の環境と発展の可能性

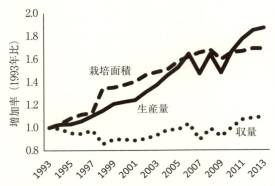

図5-1　西アフリカ地域におけるヤムイモの生産量，栽培面積および単位面積当たりの収量の1993年から2013年までの変化（FAOSTAT 2015）。

かし，栽培面積の拡大による作物の生産量の増加には限度があり，増え続ける食料需要に応えるには，栽培技術の改善に加え，品種改良による作物の生産性の向上が必須となる。つまり，96億人を養うためには，熱帯作物の育種が不可欠なのである。本章の第2節ではコムギおよびイネの育種により生産性を飛躍的に向上させ，1960年代の食料危機を救った「緑の革命」を振り返り，第3節では，熱帯作物の生産性の向上に役立つ品種改良の主要な方法について解説し，特に近年発展途上国の食料問題の切り札として注目されている技術を中心に取り上げることにする。

第2節　作物育種が救った食糧危機

　1950年代から1960年代にかけて南アジアや東南アジアなどの発展途上国における急激な人口増加に伴って発生した食料不足の解決を目指して，メキシコにある国際トウモロコシ・コムギ改良センター（CIMMYT）およびフィリピンにある国際イネ研究所（IRRI）においてコムギおよびイネの半矮性育種が行われた。半矮性とは穂の大きさは確保されたままで成熟期における草丈が正常型よりも短くなる形質を指し，半矮性遺伝子を持つ品種は，耐倒

伏性や肥料反応性にすぐれ，化学肥料の大量投与による収量の飛躍的な向上を可能にした．IRRIで行われたイネの半矮性育種では，台湾在来の半矮性品種'低脚烏尖'とインドネシアの品種'Peta'との交雑から，「ミラクルライス」と呼ばれる半矮性品種'IR8'が育成され，南アジアや東南アジアの単位面積当たり収量の飛躍的な向上による食料不足の解決に貢献した．一方，CIMMYTでコムギの半矮性育種に用いた「メキシコ系半矮性品種群」の半矮性遺伝子は日本品種「農林10号」（図5-2）に由来する．農林10号は，愛媛県立農事試験場で交配された「ターキ

図 5-2　コムギの半矮性品種の育成に用いられた日本の半矮性コムギ品種「農林 10 号」（右）およびその片親の草丈が高いコムギ品種「ターキーレッド」（左）．

ーレッド」と「フルツ達磨」の雑種後代から，岩手県立農事試験場で選抜・育成され1935年に登録された品種である．CIMMYTで育成されたコムギの半矮性品種がインドやパキスタンに導入されたことによりコムギの生産性が飛躍的に向上し，これらの地域における食料不足の解決に大きな役割を果たした．

　1960年代に南アジアを中心に発生した飢餓問題の解決に貢献したコムギおよびイネの半矮性育種は「緑の革命」と称され，コムギの半矮性品種を育成したノーマン・E・ボーローグ博士にノーベル平和賞（1970年）が授与された．コムギやイネ以外の作物においても，半矮性は重要な形質であり，半矮性系統の育成が重要な育種目標となっている．熱帯地域の重要な主食作物である，ヤムイモにおいても支柱が不要な矮性品種が求められており，インドの国立イモ類研究所が中心となってヤムイモの矮性系統（図5-3）の育成に取組んでいる．

図 5-3　インド国立イモ類研究所で維持管理されているヤムイモの一種ホワイトギニアヤムの矮性系統（右）。矮性系統は左の通常の品種よりも極端に草丈が短く支柱がなくても十分な収量が得られる。

第 3 節　種々の作物育種法

1）遺伝資源と品種改良

　品種改良による作物の生産性の向上には多様な遺伝的変異を持つ遺伝資源が不可欠である。国際農業研究協議グループ（CGIAR）[1]の傘下にある国際農業研究機関が中心となって発展途上国において重要な作物の遺伝資源の収集および保存が行われている。インドにある国際半乾燥熱帯作物研究所（ICRISAT）ではマメ類や雑穀類を中心に約11万点が保存されている。また，西アフリカのナイジェリアにある国際熱帯農業研究所（IITA）では，ヤムイモなどを中心に約2万8,000系統の遺伝資源が維持・管理されている（図

（1）「国際農業研究協議グループ」とは開発途上国における食料の安全保障，貧困の撲滅，天然資源の保全管理の促進を目指す共同体であり，その傘下には，15の国際研究機関がある。

図 5-4 ナイジェリアにある国際熱帯農業研究所で保存されているヤムイモの遺伝資源。

5-4）。

　遺伝資源を育種素材として品種改良に用いるためには収量や耐病性などの重要な形質の評価が必要である。さらに，これらの遺伝資源，特に栄養繁殖性作物の遺伝資源を維持するには膨大な費用と労力が必要である。遺伝資源をより効率的に品種改良に利用できるために提案されたのがコアコレクションおよびミニコアコレクションの概念である。コアコレクションとは，遺伝資源の多様性を十分維持したまま系統数を母集団の10％前後に縮小した遺伝資源のサブセットのことを指す。ミニコアコレクションとは，コアコレクションの大きさをさらに10％前後に縮小したサブセットのことを指す。CGIARの傘下にあるほとんどの農業研究機関において主要作物のコアコレクションおよびミニコアコレクションが作出されており品種改良に利用されている。

2）種属間交雑による品種改良

同じ種内の品種間の交配により得られた集団から優良な個体を選抜する種内品種間交雑は，品種改良に利用できる変異幅が狭いという欠点がある。作物の飛躍的な改良を行うには，より幅広い変異が利用できる属間交雑および種間交雑が有効である。種間交雑による品種改良の代表的な熱帯作物として砂糖やバイオエタノールの原料として利用されているサトウキビがある。現在，製糖用として主に栽培されているサトウキビ経済品種（*Sacharum* Hybrid spp.）は，高貴種（*S. officinarum*）とその近縁野生種である*S. spontaneum*の種間交雑によって成立したものである。近年，サトウキビの育種素材として耐乾性や耐病性およびバイオマス生産性が優れる近縁属のエリアンサス（図5-5）が注目されており，インド，中国，オーストラリア，日本などの研究機関が中心となってサトウキビとエリアンサスの属間交雑に

図 5-5　サトウキビの近縁属植物のエリアンサス（*Erianthus arundinaceus*）。低肥沃度などの不良環境においても地上部の生育が旺盛なエリアンサスはサトウキビのバイオマス生産性向上の育種素材として注目されている。

よる品種改良が進められている。

アフリカにおいて徐々に普及しつつあるネリカ（NERICA：New Rice for Africa）も種間交雑により得たものである。ネリカはアジアイネ（*Oryza sativa*）と生物的および非生物的ストレスに対する耐性を持つアフリカイネ（*O. glaberrima*）の種間交雑から選抜したものであり，在来陸稲品種に比べて生育期間が短いことや雑草との競合に強いなどが特徴である。

3）倍数性育種

作物の染色体数は原則としてそれぞれの種に固有であり，近縁種属間では基本染色体数[2]を単位として倍数関係が見られる。このような関係を倍数性といい，基本染色体数を2セット持つ個体を2倍体，3セット持つ個体を3倍体などという。近縁種属間のみではなく，広範囲の熱帯地域に分布するヤムイモの一種ダイジョ（*Dioscorea alata*）や西アフリカ地域の主食作物であるホワイトギニアヤム（*D. rotundata*）のように種内に倍数性変異が見られる場合もある。基本染色体数を$x=20$とした場合，ダイジョ種内には2倍体（$2n=40$），3倍体（$2n=60$），4倍体（$2n=80$）の3種類の倍数性があることが知られている［2］。このように作物に見られる倍数性の現象を利用して新品種を育成する手法を倍数性育種という。

自然界に存在するダイジョの3倍体品種は2倍体および4倍体と比較して，光合成器官である葉が大きくなり（**口絵5-1**），収量も優れることが知られている。インドの国立イモ類研究所ではダイジョの2倍体と4倍体の交雑により3倍体品種を作出する育種が行われている。

ユリ科のイヌサフランに含まれるアルカロイドの一種コルヒチンを用いて染色体数を人為的に操作することも可能である。筆者らはコルヒチン処理によるダイジョ［3］およびホワイトギニアヤム［4］の2倍体から人為4倍体を作出する技術の確立に成功し，得られた人為倍数体の農業形質の評価を

---

(2)「基本染色体数」とは生物がその生活機能を維持し，子孫を継続するために必要な最小限度の染色体数のことを指す。

ナイジェリアにある国際熱帯農業研究所と共同で実施している。

4）雑種強勢を利用した品種改良

近交系統[3]間の交雑により得られた一代雑種品種は両親よりも生育が旺盛で、生産力も高いという現象を雑種強勢という。雑種強勢を利用することにより作物によって15〜50％［5］の収量増が期待できる。品種改良に雑種強勢を利用した代表的な作物としてトウモロコシがある。また、中国において開発され、実用化されたハイブリッドライスも雑種強勢を利用しており、従来の育種法と比べて20〜30％の収量増が可能になった。ハイブリッドライスの栽培がもっとも盛んな中国における栽培面積はイネ栽培面積の50％以上を占める。中国のほかにインド、バングラデシュ、ベトナム、フィリピンなどでも栽培されており、それぞれの国においてイネ栽培面積の10％前後を占める。

5）遺伝子組換え技術を利用した品種改良

遺伝子工学の手法を用いて外来遺伝子を新たな生物種に入れることを遺伝子組換えといい、この技術により作出された作物を遺伝子組換え作物という。交雑育種や倍数性育種などの従来の育種法では、作物に新しく導入できる形質に限度がある。遺伝子組換え技術を用いることにより、属や種の壁を超えて、必要とする形質を作物に迅速に導入することができる。1994年にアメリカで認可された日持ちの良いトマト品種フレーバーセーバーが遺伝子組換え技術により最初に実用化された品種である。その後、土壌微生物由来の殺虫タンパク質（Btタンパク質）を作る遺伝子が組み込まれたBtトウモロコシやBtワタ（ボールガード・ワタ）などが開発され実用化されている。Btタンパク質は、一部の昆虫のみに対し毒性を示すが、他の生物に毒性を示さないことから生物農薬としても利用されている。また、ラウンドアップという

（3）「近交系統」とは近親交配を繰り返すことにより得られる系統を指す。

除草剤に対して抵抗性を持つ除草剤耐性組換えダイズ（ラウンドアップレディ）が遺伝子組換え作物の中で最大の栽培面積になっており，その割合は全世界の遺伝子組換え作物の栽培面積の半分以上を占める。

途上国において深刻な問題となっているビタミンA不足による子供の失明の解決策として育成されたゴールデンライスも遺伝子組換え作物である。ゴールデンライスは遺伝子組換えによりビタミンAの前駆体であるβカロテンを含む遺伝子をコメに組み込んでいる。

遺伝子組換え技術は従来の育種法よりも迅速に必要な形質を作物に導入することは可能であるが，健康に対する安全性や生態系に及ぼす影響を評価し，実用化するには従来の育種法と同等またはそれ以上の時間と費用がかかるという欠点がある。

6）DNAマーカー選抜による品種改良

重要な農業形質[4]のほとんどは複数の遺伝子の支配を受ける量的形質[5]であり，栽培環境の影響を受けやすい。種々の品種改良の手法により得られた集団の農業形質を評価し，優良個体を選抜するには多大な労力と時間を要する。特に，ヤムイモのように栽培期間が8ヶ月前後と長く，収穫対象部位が地下にある作物の農業形質の評価には膨大な圃場面積と労力が必要であり，特に困難である。近年，有用形質を支配する遺伝子と密接に連鎖するDNAマーカーの開発が盛んに行われており，これらDNAマーカーを選抜指標とするマーカー選抜技術（MAS：marker-assisted selection）が育種の現場で使われている。DNAマーカーを用いることにより，交雑により得られた集団の幼苗期に優良個体の選抜が可能であり，大幅なコストダウンに繋がる。

（4）「農業形質」品種の多様な形質のうち，収量などのように直接収益に結びつくもので生産者にとって重要な形質を指す。
（5）「量的形質」とはイモの収量に関係する一個体あたりのイモの重さ，イモ個数などのように数または量で表される形質のことを指す。品種改良の対象とする農業形質のほとんどは量的形質である。

82　第1部　熱帯の環境と発展の可能性

図5-6　インド中央農業研究所の作物育種部門に設置されているサーマルサイクラー。インドを始めとする多くの途上国においてDNAマーカー選抜による品種改良が普及しつつある。

DNAマーカー選抜は，微量なDNAを大量に増幅するサーマルサイクラー（図5-6）さえあれば可能であり，途上国の育種の現場においても徐々に普及しつつある。

7）　全ゲノム情報を用いた育種技術

　品種改良のターゲットとなる有用形質を支配する遺伝子を同定し，その遺伝子と密接に連鎖するDNAマーカーを開発するためには，遺伝子を構成するDNAの塩基配列を読むシークエンスの技術が必要である。1975年に報告されたサンガー法は現在でも広く使われている代表的なシークエンス技術であるが，技術の進展により，サンガー法よりも膨大なシーケンシング反応を同時に実行できる次世代シーケンシング（NGS：Next Generation Sequencing）の技術がこの数年の間に急速に広まった。次世代シーケンシング技術を用いることによって植物の全ゲノムを比較的短時間に解読できる

第5章 96億人を養うために（パチャキル　バビル）　　83

図5-7　東京農業大学生物資源ゲノム解析センターに設置されている次世代シーケンサー。

ようになっており，2015年時点で既に100種類以上の植物の全ゲノムが解読されている。現在，イネをはじめとする作物の全ゲノム情報に基づいたMut-MapやQtl-seqなど種々の育種法が開発されており，品種改良をより効率的にできるようになりつつある。

参考文献
[1] Tester M., Langridge P. (2010) Breeding technologies to increase crop production in a changing world, Science 327: pp.818-822.
[2] BabIl P. K., Irie K., Shiwachi H., Ye T. T., Toyohara H., Fujimaki H. (2010) Ploidy variation and their effects on leaf and stoma traits of water yam (*Dioscorea alata* L.) collected in Myanmar, Tropical Agriculture and Development 54: pp.132-139.
[3] Babil P. K., Funayama C., Iijima K., Irie K., Shiwachi H., Toyohara H., Fujimaki H. (2011) Effective induction of polyploidy by *in vitro* treatment with colchicine and characterization of induced polyploid variants in water

yam (*Dioscorea alata* L.) Tropical Agriculture and Development 55: 142-147.
[4] Babil P., Iino M., Kashihara Y., Matsumoto R., Kikuno H., Lopez-Montes A., Shiwachi H. (2016) Somatic polyploidization and characterization of induced polyploids of *Dioscorea rotundata* and *Dioscorea cayenensis*, African Journal of Biotechnology 15: 2098-2105.
[5] Fu D., Xiao M., Hayward A., Fu Y., Liu G., Jiang G., Zhang H. (2014) Utilization of crop heterosis: a review, Euphytica 197: pp.161-173.

第6章
組織培養が果たす役割
―途上国での事例,そして今後の展望―

真田　篤史

第1節　組織培養の発展の流れ

　「組織培養」と聞いたとき,人々はどのような印象を受けるだろうか？一昔前では,SF映画に出てくるようなクローン人間の複製のようなことを想像する人もいたかもしれないが,現在ではiPS細胞の作製や遺伝子組み換え作物の育成など,動植物を含め様々な分野で基礎技術として用いられている。

　植物組織培養とは,植物の組織の一部を,人工的に調整された培養培地,生育環境（温度,照明など）のもとで無菌的に育てることで,新たな組織および器官を再生させる技術である。植物組織培養の歴史は,1902年のHaberlandtによる単離培養細胞の試みが起点として考えられるが,その前提として1667年のHookeによる細胞の発見と,1838年のSchleidenによる細胞説の提唱が大きな意味を持つ。Hookeは,コルクの組織を顕微鏡で観察することにより,それらを規則的に構成する細胞の存在を明らかにし,Schleidenによって細胞は単なる構造的な単位ではなく,生命の基本単位として認識されるようになった。そして,Haberlandtは細胞説の概念に従って1902年に単離細胞の培養を試みるに至った。その後,1934年にはWhiteにより器官培養の成功（トマトの根端切片の増殖）,1939年にWhite（タバコの癒傷組織）,Gautheret（ニンジン）およびNobecourt（ニンジン）が,そ

れぞれ組織培養に成功している。特に，GautheretとNobecourtの成功については，植物成長促進物質として1934年に同定されたIAA（インドール酢酸）の役割が非常に大きく，これ以降も多くの種類の植物成長調節物質が単独あるいは組み合わせて培養培地に添加され，組織培養の発展に寄与してきた。さらに，1954年にMuirらが細胞培養の技術を初めて確立し，1965年にはVasilとHildebrandtによって植物細胞の分化全能性[1]が証明された。また，1962年には，MurashigeとSkoogによってMS培地が発表され，この培地は現在に至るまで最も一般的な組織培養の基本培地として用いられている。したがって，植物の細胞・組織培養に関する基礎的な研究は，1960年代の半ばをもって概ね終了していたと考えられる。

1960年代後半以降は，植物組織培養は基礎研究の域を出て，ある目的を達成するための一技術として用いられるようになり，葯培養や胚培養，茎頂培養やプロトプラストの培養など，多種多様な培養技術が多くの植物体で試されるようになった。そして現在，先進諸国では害虫抵抗性や除草剤耐性などの付与のために遺伝子組み換え作物を育成するための基礎技術として利用されているほか，ウイルスや様々な病気に感染していない無病苗の育成，種苗の大量増殖などに用いられている。

ところで，これら組織培養技術の利用は先進国に限られたことなのだろうか？　これまで組織培養技術の確立に関する研究は，先進国で行われてきたものが多いが，途上国の農業の現場においても組織培養技術が利用されるケースは少なくない。そこで，途上国においてどのような場面で，どのような目的で組織培養が利用されているかについて説明するのが，本章の趣旨である。

本章では，まず植物組織培養の一般的な技術について，それらの利用が考

---

(1) 分化全能性：植物は，受精卵のみならず，すべての細胞がすべての組織や器官に分化する能力を有している。この性質は，試験管内での組織の大量増殖や，ウイルスフリー植物体の育成など，植物バイオテクノロジーの基礎となっている。

えられる研究分野ごとに紹介する。そして，植物組織培養技術が途上国で実際に用いられている事例を紹介しながら，途上国の農業に果たす役割について解説する。また，現在あるいは将来，植物組織培養に期待される役割についても紹介する。

第2節　植物組織培養の基礎技術

植物組織培養は，外植片，培地，培養環境などによって発達様相が異なってくる。そのため，目的とする培養物を得るためには，それに適した外植片，培地や培養環境を用意しなければならない。まずは，それらと培養との関係について簡単に説明する。

1）植物組織培養を行う上での諸要因

（1）外植片

外植片とは，組織培養の材料となるすべてのものを指す。植物の場合は，ほぼすべての細胞，組織や器官が外植片として使用可能であり，成長点や節部切片，根端，葯や花粉，胚や胚珠などが挙げられる。

（2）培地

培地は，外植片が吸収するための養分を蓄える場所であると同時に，容器内で成長した培養物を安定させる支持体の役割も果たしている。そのため，培地の組成としては，栄養源として無機塩類および有機物，植物成長調節剤などが含まれ，支持体としては寒天やゲランガムが使用される。

培地の無機塩類組成は，基本的には植物の生育に必須とされる16の元素に基づき構成されている。初めに植物組織培養を試みたHaberlandtは，1860年代に調整されたKnopの水耕栽培用培養液に基づいて培地を作成したとされる。現在では，1962年に調整されたMS培地（**表6-1**）が最も一般的に使用されているが，MS培地はタバコの培養細胞を迅速に増殖させるために調

表6-1 MS培地に含まれる各種成分とその成分量および濃度

	mg/ℓ	μM		mg/ℓ	μM
KNO₃	1,900.0	18,800	CuSO4・5H2O	0.025	0.1
NH₄NO₃	1,650.0	20,600	CoCl2・6H2O	0.025	0.1
CaCl₂・2H₂O	440.0	3,000	FeSO4・7H2O	27.8	100
MgSO₄・7H₂O	370.0	1,500	Na2・EDTA	37.3	100
KH₂PO₄	170.0	1,250	ニコチン酸	0.5	
H₃BO₃	6.2	100	ピリドキシン塩酸	0.5	
MnSO₄・H₂O	16.9	100	チアミン塩酸	0.1	
ZnSO₄・7H₂O	8.0	30	グリシン	2.0	
KI	0.83	5	ミオイノシトール	100.0	
Na₂MoO₄・2H₂O	0.25	1	ショ糖	30.0	

資料：Murashige and Skoog, 1962 ［1］．

整された培地で，窒素をはじめとした無機塩類含量が非常に多いのが特徴である。そのため，場合によってはMS培地の無機塩類を半分に薄めた培地が用いられることもある。

　支持体としては，寒天やゲランガムが用いられるのが一般的である。寒天は，容易かつ安価に入手できるが，ゲル化後の培地は白濁するため，培地中の組織の発達状況が観察しづらい。一方で，ゲランガムはゲル化後の培地が透明となるため，発根など器官の発達を観察するのに適している。

（3）培養環境

　培養環境は，主に温度と照明を調整し，外植片の発達の速度や方向性を調整することができる。温度は25℃前後で培養されることが多いが，外植片の由来となる植物の生育適温が培養物の生育にも適することが多いため，植物によって温度を調整することが必要である。照明に関しては，その培養目的によって要否が異なる。例えば，細胞培養やカルス培養であれば照明は不要であり，むしろ暗黒条件の方が細胞やカルスの増殖が促進されることもあるが，カルスから不定芽の形成を誘導する場合は，低くとも4,000lx程度の照明が必要となる。また，試験管内での花芽分化を誘導する際にも，その植物が本来もつ日長条件への反応性に基づいて照明時間を調整する必要がある。

以上を踏まえたうえで，植物を対象にして行われる組織培養の方法について説明する。

2）植物組織培養の目的と手法

　植物組織培養の技術は，その目的によって様々な方法が考えられる（図6-1）。ここでは，育種，繁殖および保存と大きく3つの目的に分類し，その目的で主に用いられる代表的な手法について説明する。

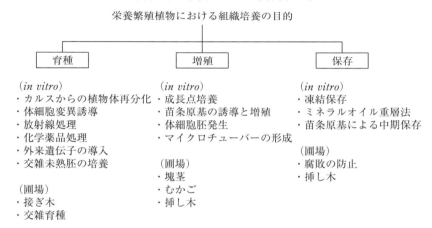

図6-1　栄養繁殖作物における組織培養の目的とその手法

（1）育種

①カルス培養

　カルスは，そのまま増殖する以外に，植物体として再分化させる可能性も秘めている。カルスの増殖率は非常に大きく，植物によっては植物体の再分化条件も確立されている。そのため，非常に大きな増殖率につながることもあるが，カルスから再分化した植物体は変異の発生率が非常に高く，その変異を積極的に選抜・利用して，新品種として養成することが可能である。

　筆者は，熱帯原産のイモの一種であるヤムイモにおいて，葉柄からカルスの形成を誘導し，その後の植物体再分化に関する研究を行った（図6-2）が，

90　第1部　熱帯の環境と発展の可能性

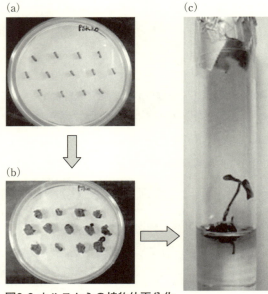

(a) 葉柄をMS培地に2,4-D 2mg/ℓ, PSK-a注 20nMを添加した培地で培養し，カルスの形成を誘導
(b) 形成されたカルスを同様の培地で継代培養
(c) 再分化した植物体は,低濃度でオーキシンを添加したMS培地で培養し，発根を誘導する

（注）PSK-a：PSK-a (phytosulfokine-a) とは，アスパラガスの培養葉肉細胞のコンディショニング培地から単離された細胞分裂促進ペプチド（Matsubayashi et al., 1996）[2]である。新しい植物成長調節剤として，近年組織培養への利用が増えている。

図6-2 カルスからの植物体再分化

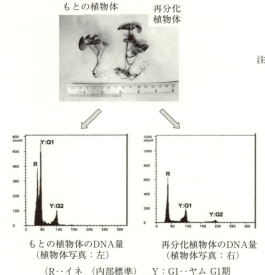

注：フローサイトメトリー：フローサイトメトリーとは，蛍光染色した核の相対的DNA量を個々の細胞ごとに計測できる解析法である。多数の細胞の相対的DNA量を迅速かつ正確に測定することができ，再現性も高いため，植物における倍数性変異の検出や倍数体育種への応用が期待できる。

もとの植物体のDNA量
（植物体写真：左）

再分化植物体のDNA量
（植物体写真：右）

（R‥イネ（内部標準）　　Y：G1‥ヤム G1期
　　　　　　　　　　　　Y：G2‥ヤム G2期）

図6-3　フローサイトメトリー(注)による相対的DNA量の測定

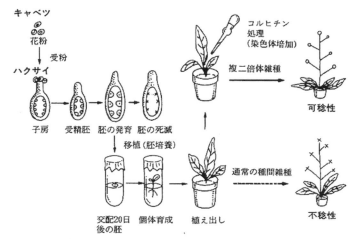

図6-4 胚培養を利用したハクラン（ハクサイ×キャベツ）の育成
資料：西［3］

得られた再分化植物体はもとの植物体と比べ，赤色が濃く，大きさも大きくなった。その要因として，カルス形成あるいは増殖時に倍数性変異が生じ，その変異した細胞から植物体が再分化したと考えられた。実際に，再分化した植物体のDNA量をフローサイトメトリーにより測定した結果，もとの植物体と比べて，変異した植物体のDNA量は倍加していた（**図6-3**）。

②胚培養

子房の中に発達した，あるいは発達中の未熟な胚を摘出して培養し，植物体を再生させる方法である。近縁な植物体であれば自然交配や人工的な交配で発芽力のある種子が形成されるため容易に雑種を育成することができるが，遠縁植物同士では，未熟胚はできても種子が形成されず，雑種の育成が困難であることが多い。そのような時に，胚培養で未熟胚を救済し，胚の発達を促進させて，雑種植物体を育成する（**図6-4**）。

③遺伝子組み換え

現在，世界中では多くの遺伝子組み換え作物が育成され，人々の口に入っている。その方法としては，アグロバクテリウム法，パーティクルガン法，

エレクトロポレーション法などが主流であった。現在では，害虫が消化できない遺伝子や，除草剤に耐性のある遺伝子が組み込まれるなど，作物の防除に関する育種が多いように感じられる。

遺伝子組み換えについては，賛否両論ある。著者のスタンスは明言できないが，流通する作物がどちらの作物であるかを明確に表記し，消費者がそれを確実に選べる環境を整備することが大事であると考える。

(2) 繁殖

①成長点培養

植物体の茎頂および腋芽には，幼葉とその原基に覆われた成長点と近傍組織が存在する。それらは，植物体のなかでも最も分裂の盛んな部位のひとつである。成長点培養の大きな特徴として，遺伝的な安定性が極めて高い（**表6-2**）。また，ウイルス罹病植物体からウイルスフリー植物体を作成することも可能である（**表6-3**）ため，多くの場合，これを出発点として培養を開始することが望ましい。

表6-2　培養手法と遺伝的な安定性

実用的技術	基本的現象	変異 (注)
メリクロン	茎頂培養	○
苗条原基	茎頂培養	○
マルチプルシュート	腋芽形成	◎
不定胚形成（人工種子）	不定胚形成	△
マイクロチューバー	塊茎形成	◎
不定芽形成	不定芽形成	△

資料：駒嶺ら，1990 [4]
注：増殖過程での遺伝的変異の可能性を概念的に示す。
　　◎：かなり安定，○：変異が低い頻度だが見られる。
　　△：変異がしばしば見られる。

②節培養

植物体の茎は，葉の着生する葉柄が着生する節により構成されていることが多く，また，節部には茎の先端が何かしらの影響で障害をうけたときに新たに生育するための新しい芽（腋芽）が存在する。その芽を含む節部切片を切り取り，殺菌した後に培地へ置床することで，新しい植物体を再生させることができる。この技術は，一般的に栄養繁殖植物で行われる挿し木と同じものであるが，それを無菌的に行うことができ，試験管内で好栄養条件，最適生育環境条件下で行うことにより，通常の挿し木と比べると非常に大量かつ迅速に増殖させることができる。

表6-3 主なウイルスフリー植物の得られた茎頂の大きさ

植物名	ウイルスまたはウイルス病症状名	ウイルスフリー植物の得られた茎頂の大きさ(mm)
サツマイモ	サツマイモ斑紋モザイクウイルス サツマイモ縮葉モザイクウイルス サツマイモモトルウイルス	≦0.5〜2.0 =1〜2 =0.2〜1.0
ジャガイモ	ジャガイモXウイルス ジャガイモYウイルス ジャガイモFウイルス ジャガイモSウイルス ジャガイモリーフロールウイルス	≦0.2〜0.5 ≦1〜2 =0.2〜0.25 ≦0.2〜0.3 ≦1〜3
イチゴ	イチゴモトルウイルス イチゴクリンクルウイルス イチゴマイルドイエローエッジウイルス イチゴベインバンディングウイルス	≦0.2〜1.0
ニンニク	モザイク症状	=0.3〜1.0
ユリ	キュウリモザイクウイルス ユリモトルウイルス	≦1〜2 ≦1〜2
ペチュニア	タバコモザイクウイルス	≦0.1〜0.26
ダリア	ダリアモザイクウイルス	≦0.7〜1.4
アイリス	モザイク症状	=0.25〜0.45
キク	トマトモザイクウイルス	=1
カーネーション	カーネーションモトルウイルス カーネーションレタントウイルスもしくは カーネーションバインモトルウイルス	≦0.5〜1.4 =0.2〜1.0

資料：森ら，1968［5］；大澤，1994［6］をもとに作成．

③体細胞胚発生

　植物の細胞は，分化全能性を有する．そのため，一旦体細胞に分化した後でも脱分化してカルス化し，胚発生のように再分化することが可能である．体細胞の数は無限に存在するため，胚の分化，植物体への再生条件さえ明らかであれば非常に高い増殖率を示し，発達した胚は高分子化合物などでコーティングすることにより人工種子への応用も可能である．ただし，発生運命の決まっている細胞から，脱分化を経て再分化するため，遺伝的な安定性が比較的低いのが特徴である．

④苗条原基

　苗条原基は，ハプロパップスという高等植物の中で最も染色体数の少ない植物体で染色体の研究を行う際に偶然形成された成長点様組織の塊である．苗条原基の形成は，成長点を液体培地(2)内で1分2回転程度の速度で回転

(2)液体培地：ゲル化剤により固められた固形培地に対し，ゲル化剤を添加しないで液状のまま使用する培地である．懸濁培養や回転培養等で使用される．

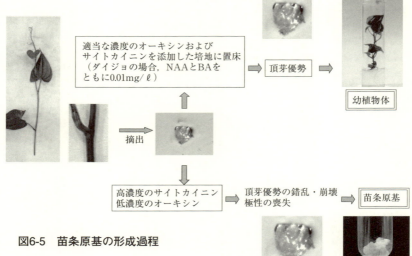

図6-5　苗条原基の形成過程

させることにより，形成される（**図6-5**）。苗条原基は成長点の塊であり，そこから植物体が再生してくるため，遺伝的な変異の発生が生じにくく，かつ回転培養することで非常に増殖率が高く，大量かつ安定的に植物体を増殖させることが可能である。一方で，苗条原基の形成条件は，植物体によってはまだ確立されておらず，今後の技術普及に関してはそれらの解決が重要である。

⑤マイクロチューバー

マイクロチューバーとは，培養容器内で形成された小塊茎のことで，ジャガイモの無病苗生産のために発達した技術である（**図6-6**）。ジャガイモは，栄養繁殖

図6-6　マイクロチューバー
上）試験管内で形成されたマイクロチューバー大きさは5mmから10mm程度
下）マイクロチューバーから萌芽した植物体

のため増殖率が低く，万が一病気などが種イモ内に存在した場合次の世代まで引き継いでしまう。そのため，ジャガイモの大量かつ迅速な無病苗を養成することを目的として本技術が開発された。また，組織的にはジャガイモの塊茎と同様であり，栄養的に形成されるため，遺伝的には極めて安定した増殖技術である。

3）保存

　すべての作物は，それ自身の利用のほかに，育種素材としての利用が考えられる。また，現時点では未利用の場合でも，将来的に必要性が生じる可能性も考えられる。そのため，すべての作物のもつ遺伝子は，「資源」とみなすことが可能である。特徴的な形質を持った遺伝資源は，一度消滅してしまうと，全く同じ形質を持った作物を育成することは不可能である。すなわち，有用な育種素材の候補が失われてしまうことを意味し，これを保全することの意義は非常に大きい。

　現在，世界中に遺伝資源を保全するための研究施設が存在し，日本にもジーンバンクが存在する。種子繁殖性の作物は，低温，低湿度，低酸素濃度の環境下で半永久的に保存させることができるが，栄養繁殖性の作物は圃場での保護を余儀なくされており，甚大な労力を要する。

　組織培養技術を用いる場合，成長点や苗条原基などは，植物体の増殖のために利用されるが，それらをミネラルオイル重層法のような培地上での中期的保存や，凍結保存のような半永久的な保存にも利用することができる。

　以上が，組織培養の利用の主な目的と手法である。それでは，このような技術が実際に途上国で利用されているのだろうか？　以下に，現場で用いられる組織培養の事例を2つ紹介する。

第3節　途上国における組織培養の実用例

1) ヤムイモ

　ヤムイモ（*Dioscorea spp.*）は，世界中で食用作物として栽培されており，特に西アフリカでは主食作物となる国々もあるため，非常に重要な作物である。ナイジェリアのイバダンに所在するIITAでは，ヤムイモの生産性向上，新品種の開発，遺伝資源の保存などを目的とした研究が行われており，研究所で保管する種苗の国内外における配布も行っている。ヤムイモは主に栄養繁殖により増殖するため，国内における種苗の配布は塊茎で行われるが，近隣諸国との品種の交換に関しては，他の植物でも同様であるが植物防疫上の観点から，非常に慎重に行わなければならない。そのため，IITAでは，ヤムイモの成長点からウイルスフリー苗を作出し，それを*in vitro*で節培養により継代・増殖して，国際的な種苗の増殖に利用している（**口絵6-1，図6-7**）。また，マイクロチューバーの作出も行っており，同様に国際的な種

図6-7　IITA培養施設にて無菌操作を行う研究所スタッフ

苗の増殖に利用されるが，マイクロチューバーの場合は，それを土に埋めることで直接植物体を生育させることが可能なため，より簡便な方法である。これにより，IITAで選抜あるいは育成された優良なヤムイモの品種は，近隣諸国へ普及され，その国の農業や人々の食生活を支えている。

一方，ヤムイモにおいては，組織培養技術が種苗の増殖と無病苗の配布のみでなく，遺伝資源の保存においても非常に有用である。なぜなら，通常であればヤムイモを保存する場合，塊茎を保存することになるが，長期間の保存ができず，毎年のように栽培し塊茎を更新しなければならない。また塊茎自体が非常に大きいために場所も広く要する。一方で，組織培養により試験管苗を繰り返し継代して保存する場合，塊茎による保存に比べてコストはかかるものの，省力・省スペースで保存することができる。なお，試験管苗の保存は，培養環境（特に温度）の設定や培地組成（銅の添加）により，生育をゆるやかにした中期貯蔵も可能である上，成長点などを凍結させて保存すれば，半永久的に品種を保存することが可能である。IITAでは現在，約3,200品種のヤムイモを保有しており，これらを遺伝資源として保存するためには組織培養が欠かせない技術となっている。

2）ナツメヤシ

ナツメヤシ（*Phoenix dactylifera* L.）は，5000年以上前からすでに栽培の記録が残っており，現在においても北アフリカや中東で食用として非常に重要な作物である。その果実（date）は，ドライフルーツとして食されるほか，かつては醸造原料にもなっていたようで，利用方法も様々である。これらの地域でナツメヤシが重宝される理由のひとつは，ナツメヤシが乾燥に強く，これらの場所でも栽培可能であるからである。一般的には風媒による自然授粉も可能であるが，ナツメヤシは雌雄異株であり，果実として消費されるのは雌株のみであるため，栽培面積のうち1割に満たない場所で雄株を栽培し，雄花を利用して人工授粉させることも可能である。

このナツメヤシの増殖については，種子繁殖が行われることもある。しか

98　第1部　熱帯の環境と発展の可能性

図6-8　ジブチでみられる農場の1例
　　　　ワジの近くに農場が造成されることが多い

し，種子の場合は品質が安定しないため，一般的には株元のサッカー[3]を利用する株分けによる栄養繁殖が行われる。しかし，栄養繁殖は極めて増殖率が低いため，安定した品質を大量に増殖させるために組織培養が用いられている。これらの技術はエジプトやチュニジアなどでかなり発達しているが，ここでは著者が研究のため訪れたジブチ共和国（以下ジブチ）の例を挙げる。

　ジブチは，アフリカ大陸の北東部に位置し，世界で最も気温が高くなる国の一つで，40℃を超えることもしばしばである。年間降雨量はわずか100～150mmと極めて少なく，降雨量が年によってまばらで，しかもその雨が1日で降ってしまうこともあるなど，降雨の変動が大きい。湿度が非常に低いため，乾いた熱風が吹き，国土の多くが砂漠に覆われ，その砂漠のほとんどは，土壌の上に玄武岩が露出する岩砂漠である。そのような国でも，ワジ[4]

---

(3) サッカー（sucker）：バナナやナツメヤシは，地中に塊茎を持つ。その塊茎の腋芽部分が発達することにより，次世代の新しい芽が地上へ現れる。これをサッカー（sucker），あるいは吸芽と呼ぶ。
(4) ワジ：ワジとは，雨季に一時的に水が流れるものの，それ以外の時には流水の跡のみが見える涸れ川である。年間を通して降水量が蒸発量より少ない高温乾燥地でみられる。

図 6-9　農場内で栽培されるナツメヤシ
（左）規則的に並ぶナツメヤシはその大きな葉で日陰を作り，強い日差しから栽培されている作物を守る役割も果たす。
（右）株本から生じる吸芽。一般的には，これを分けて増殖させる。

図 6-10　CERD の培養施設を見学したときの様子。真ん中が当時の CERD 所長。

流域の比較的地下水位が高い地域では，井戸を掘って農業を行う人々が存在する（図6-8）。自然環境が非常に厳しいため，ある程度の水が確保できても栽培可能な作物は限られるが，ナツメヤシはそのような環境でも栽培が可能で，ジブチにおいて重要な換金作物のひとつとなっている（図6-9）。

　ジブチにおけるナツメヤシの組織培養はCERD（Center for Study and Research of Djibouti）と呼ばれる機関で行われており，品種保存の役割も

果たしている（**図6-10**）。CERDで養成された*in vitro*苗は，順化後ジブチ国内の農場で栽培されている。

第4節　今後の農業において組織培養に期待される役割

　近年，バナナの新パナマ病の流行により，フィリピンをはじめとしたバナナ産地はその脅威に脅かされている。バナナは，1970年代に主流の栽培品種であったグロスミッチェルがパナマ病により壊滅的な打撃を受けた過去があり，今回の問題はバナナ関係者にとって解決すべき最優先・最重要課題である。新パナマ病は土壌伝染性病害であり，その対策としては植物病理学的なアプローチや，根本的な問題として耕種的手法の見直しなどを講じる必要があるが，その他の1対策として組織培養による無病苗の養成と繁殖が挙げられる。

　バナナは地中の塊茎から発生する吸芽（sucker）を分割して増殖する栄養繁殖性作物であり，ウイルス病による被害も多かったため，ウイルスフリー化を目的とした組織培養苗の育成など，基礎的な培養技術が比較的進んでいる作物である。キャベンディッシュの無病苗育成および増殖に，組織培養は大いに貢献すると考えられる。

　また，組織培養技術が今後ますます貢献する分野として，熱帯・亜熱帯地域に分布する極めて多様な遺伝資源の保存への応用が考えられる。熱帯・亜熱帯地域は，有用な樹木作物や希少なラン類など様々な遺伝資源の宝庫であるが，熱帯林の伐採に伴い貴重な遺伝資源は徐々に失われている。それらはもともと増殖が困難であったり，増殖率が低いものも多く，現在東南アジアや中南米などで，組織培養技術も含めた遺伝資源保存とその評価に関する活動が盛んに行われている。

　組織培養は，技術自体は非常に容易なものが多く，その環境が整えば途上国での利用もさらに広がるものと考えられる。特に，無病苗の大量かつ迅速

な増殖や，遺伝資源の保存では，大きく貢献すると考えられる。組織培養の基礎を理解しておくことは，国際協力の様々な場面で役立つことがあることを頭の片隅にでも置いてもらえればと思う。

引用文献

[1] Murashige T. and F. Skoog (1962) A revised medium for rapid growth and bio assays with Tobacco tissue cultures, Physiologia Plantarum, 15, pp.473-497.
[2] Matsubayashi Y. and Y. Sakagami (1996) phytosulfokine, sulfated peptides that induce the proliferation of single mesophyll cells of Asparagus officinales L. Proc. Nat. Acad. Sci. USA 93, pp.7623-7627.
[3] 西貞夫 (1982)「植物の新品種を創る」『現代化学』pp.31〜37。
[4] 駒嶺穆編 (1990)『植物バイオテクノロジー事典』朝倉書店。
[5] 森寛一・浜屋悦治・小川奎・野村良邦 (1968)「組織培養法によるウイルス罹病植物の無毒化（第4報）」『関東東山病害虫研究会年報』15，pp.72〜73。
[6] 大澤勝次 (1994)『植物バイテクの基礎知識』農山漁村文化協会。

参考文献

[1] 古川仁朗 (2004)『図解植物バイオテクノロジー』実教出版。
[2] 駒嶺穆・野村港二 (1998)『植物細胞工学入門』学会出版センター

第7章
熱帯作物を病気から守れ！
―始まった植物医科学への展開―

夏秋　啓子

第1節　バナナに不治の病が発生？

　2016年5月，NHKテレビが「新パナマ病」というバナナ[(1)]の病気が世界に広がっていることを報じた。この最初の報道のあと，数日間のうちに，複数の民放テレビ番組，また，新聞や週刊誌などからの取材申し込みが東京農業大学にあったが，将来，バナナが食べられなくなるのではという懸念，バナナの病気がそんなに大きな被害をもたらすのかという驚き，蔓延を防ぐ方法はないのかという疑問から，この「新パナマ病」が高い関心を集めたようであった。

　「新パナマ病」というからには，「パナマ病」が存在する。中米のパナマなどで発生し，当時の一番人気だったバナナの品種「グロス　ミッチェル」を壊滅状態に追いやったのが「パナマ病」で，これが，およそ100年余り前のこと。その病原は菌類（フザリウム菌；学名は*Fusaium oxysporum* f.sp. *cubense*，略称はFoc）であり，土壌伝染性の病害である。その後，「パナマ病」に強い品種として「キャベンディッシュ」が選ばれ，現在では世界中に流通している。私たちがスーパーマーケットなどで買うバナナは，産地は異なってもほとんどがこの「キャベンディッシュ」である。しかし，しばらく前か

（1）バナナはバショウ科の草本。多くは，3倍体のため，種ができず，栄養繁殖する。

ら、この「キャベンディッシュ」に感染する強力な変異株「トロピカルフォー（TR4）」が東南アジアに発生して「新パナマ病」を引き起こし、オーストラリア、中東、さらにはアフリカにも広まったことから、大騒ぎとなったわけだ。

マスコミが騒ぐのには、しかし、訳がある。日本ではあまり話題にならなかったが、すでにFAO（ファオ；国連食糧農業機関）が、この病気が生産者、販売者、さらにバナナ産業により生計を立てているすべての家族に大きな影響があるとし、世界のバナナが壊滅状態になるという最悪のシナリオを避けるためのアクションを各国がとるべきだ、と警告を発している。「新パナマ病」は、おいしいバナナが食べられなくなるという単純な問題ではなく、熱帯に位置する途上国の多くにかかわり、その経済や社会に与える影響が大きい（**図7-1**）。すなわち、バナナの「新パナマ病」は世界中で取り組むべき課題なのだ。

図 7-1　貴重な遺伝資源であるバナナを病害から守ることは大きな課題。ミャンマーにて

第2節　専門家に聞いてみよう

バナナの「新パナマ病」だけではない。様々な病気の発生が、農作物の生産において大きな阻害要因となっている。私たちが病院に行きお医者さんの診断を受けるように、植物の病気の診断をしたり研究をしたりするのは、植物病理学者である。植物の病気の専門家、すなわち「緑のお医者さん」であ

る植物病理学者は，今まで，様々な植物の病気に対してどのように対応してきたのだろうか。植物の病気が歴史を変えるほどの被害を与えることすらある。「世界の歴史を変えた12の病気」（Sherman, 2007）という本では，11のヒトの病気とともに，ジャガイモ疫病があげられているくらいなのだ。

　ヒトであれ植物であれ，病気の原因が微生物であることが科学的に理解されるようになったのは，19世紀になってからである。顕微鏡の改良や微生物学の発達が，アイルランドで大飢饉をもたらしたジャガイモの疫病[2]や，アジアのコーヒー栽培に壊滅的被害をあたえたコーヒーさび病[3]が微生物によることをあきらかにした。その後，ヨーロッパのタバコのモザイク病が植物ウイルスによることも報告されたが，その発見は，動物ウイルスよりも早かった。日本の研究者土居養二は，謎とされていたクワ萎縮病が，ファイトプラズマという特別な細菌の仲間によることを世界に先駆けて報告した。どのような微生物あるいは病原体が病気を起こすのかを研究することがまず重要であり，これは病原学とも呼ばれる。

　病原が明らかになってくると，いわゆる病気の三要素（環境，植物，病原）について研究が進んでいく。どのような環境で病気は起きやすいのか，どのような状態の植物あるいは品種が病気にかかるのか，病原はどこにいて，どう増殖するのか……これらはいずれも防除に直結する重要情報である。これらの情報に基づいて開発される病原を検出する技術や，病原を制御する農薬などの様々な手法とその普及は，農業と直結した課題といえる。さらに，病原が海外から侵入しないようにする植物検疫の制度も発達した。

　そして，微生物学や病原学が分子生物学と結びついた今，病原の分子生物学的検出や遺伝的多様性の解析，植物が病原に対して示す抵抗性のメカニズム，さらには遺伝子組換え技術の防除への利用へと進んでいる（図7-2）。

（2）疫病（えきびょう）：土の中にいる病原菌による重要病害で，葉に茶色の斑点（壊疽＝えそ）を生じ，次第に植物が枯れる。
（3）コーヒーさび病は，セイロン（今のスリランカ）での大発生に続き，当時のアジア各地のコーヒー農園で蔓延した。その結果，コーヒーの主な産地は中南米に移った。

一方,地球環境の保全,安全で安心な食料への消費者の強い要望は世界的な流れであり,途上国であれ先進国であれ,変わりはない。そして,農業人口の減少や高齢化,激しい気候の変動など,農業をとりまく社会環境や自然環境の急速な変化は,より一層の農業・農村・農民への支援の必要性を示している。

図7-2　内閣府食品安全委員会などで「安全である」と評価され,2011年から国内での販売も可能になった遺伝子組換えパパイア。当然ながら味や品質に,違いは無い。ウイルス病の被害が大きかったハワイのパパイア産業を守った技術といえる。

農作物の安定生産には,これらを配慮した病害防除が求められていることは言うまでもない。「緑のお医者さん」である植物病理学者にも大きな期待がかかっている。

第3節　アフリカでイネのウイルス発生！

　アフリカの人たちが何を食べているのか,考えたことはあるだろうか？ヤムイモやキャッサバなどのイモ類,バナナ,トウモロコシ,ソルガムなど様々な主食があり,それぞれに伝統の食文化がある。バナナといってもデザートに食べる甘いバナナではなく,つぶして蒸したり,スープに入れたりと,私たちの感覚からすると"イモ"に近いのが面白い。その中で近年,アフリカでも稲作に力が入るようになった(図7-3)。アラビア世界の影響を受けている

図7-3　ウガンダでランチ。ご飯,バナナをつぶしたマトケ,イモ,キャベツ……そして魚のトマトスープ。

第 7 章　熱帯作物を病気から守れ！　（夏秋　啓子）　*107*

東アフリカなどでは，ビリヤーニあるいはピラフのようなコメ料理がすでに存在しているが，さらに，貯蔵性がある換金作物としてもイネが注目されるようになった。そして，稲作の阻害要因として，病害，とくにアフリカにしか存在しないウイルス，*Rice yellow mottle virus*（ライスイエローモットルウイルス：RYMV）による被害が問題となったのである。

図 7-4　RYMV によるイネの病徴。葉にかすり状の縞模様が出現し，黄色くなる。

　RYMVは植物ウイルスである。その大きさ[4]は，直径が28nmであり，電子顕微鏡という特殊な装置を使わないと観察することができない。その構造は遺伝情報を担う核酸（RNA）とそれを包むたんぱく質（CP）からなる単純なもので，細胞さえ有していない[5]。こんなに小さいウイルスであるが，これがイネに感染すると，イネの葉に黄色いかすり状の縞模様を作り，草丈を低くし，ひどい場合は枯死させてしまう（図7-4）。

　さて，それではこのRYMVの被害を止めるためには，何が必要だろうか。「緑のお医者さん」である植物病理学者はどんな研究をしているのだろうか。RYMVの研究は以下のようにスタートする。RYMVの研究をするために，まずは一緒にアフリカに出かけてみよう（コラム7-1）。

（4）ウイルスなどの大きさを表すのは，nm（ナノメートル）という単位。1ナノメートルは1000万分の1cm。したがって，直径28cmのボールがあるとすれば，球形で直径28nmのRYMVは，1000万倍するとそのボールと同じ大きさになる。逆に，直径28cmのボールを1000万倍してみると，直径2,800kmとなる。

（5）したがって，厳密にはウイルスは生物ではない。そのため，ウイルスは微生物ではなく病原体と呼ばれることもある。

コラム7-1　RYMVの研究，アフリカでスタート！

●どこで発生しているのか，いつから発生しているのか
- ▶現地を訪問して，病気の発生調査を行います。RYMVが発生していない地域や国では侵入を警戒する処置をとります。
- ▶RYMVはすでに，アフリカの各国で発生していますが，発生していない地域では，今後の侵入に警戒が必要になります。幸い，まだアジアではRYMVは発生していません。

●どんな被害がでているのか
- ▶RYMVによる典型的な病徴や，収量に与える影響を調べます。病徴や被害の様子が明らかになると，農民の関心を集めて注意を促すことができます。行政も防除に努めます。
- ▶RYMVがイネに感染する時期が早いほど，被害は大きくなります。典型的な病徴はポスターなどにして，教育・普及にも役立てます。

●このウイルスはどのように伝染し，広まっていくのか
- ▶ウイルスは自分では移動できません。RYMVがイネからイネに伝染する仕組みを解明します。昆虫が運ぶのか？　水や土を介して伝染するのか？　種子を介して伝染するのか，などを調べます。
- ▶伝染方法が分かれば，これ以上の伝染拡大，蔓延を防ぐ方法を考えることができます。
- ▶ハムシの仲間が，イネからイネへRYMVを運ぶことはすでに，明らかにされています。さらに，RYMVに感染したイネのひこばえ[i]は100％，RYMVに感染しており，次の季節の感染源になります。そのほか，RYMV感染イネの根が残っている土や水，RYMV感染イネに触れた鎌など農機具も，RYMVで汚染され，RYMVを健康なイネに運ぶ恐れがあることが明らかになりました。さらに，RYMV感染イネの葉を食害したバッタの口も，RYMVで汚染され，RYMVを運ぶ可能性があることがわかってきました。幸い，感染イネから採った種子は，RYMVで汚染されていません。稲わらも，完全に乾燥して1か月程度たてば，RYMVは感染性を失うことが示されました。

●この他に，このウイルスが感染するのは，イネだけか？　あるいは，イネの品種によって感受性あるいは抵抗性に違いがあるか？　なども調べていきます。アフリカイネの中には，抵抗性遺伝子を持つ品種[ii]があることがわかりました。これらを使って，アフリカの環境に合い，収量も多く，RYMVに抵抗性の新しい品種開発が進められています。

....

(i) 刈り取ったイネの，土中に残った根から再び生えてくるイネ。
(ii) 抵抗性を持つ品種があっても，それだけで喜んで栽培されるとは限らない。収量，味，さらにそのほかの病害に対する抵抗性などが適切でなければ受け入れられない。抵抗性品種の育種が必要な理由は，そこにある。

　現場での調査や研究だけでなく，それを支える基礎的な研究は，研究室で行う必要がある。例えば，RYMVのウイルス粒子の形や大きさを電子顕微鏡で観察する（**図7-5**）。透過型電子顕微鏡（TEM）を使い，ウイルス粒子をリンタングステン酸（PTA）で染色すれば，その形や大きさが観察できる。超薄切片法では，植物細胞を厚さ50nmの薄さに切り，植物細胞内のどこにウイルスがいるかも調べることができる。RYMVは球形，直径28nmの粒子で，植物細胞にたくさん存在しているのが，容易に観察される。

　次に，血清学的診断を実施する。RYMVをウサギに注射すると，ウサギの体内にRYMVに対する抗体が出現する。抗体はRYMVと特異的に結合するたんぱく質で，これを使ってRYMVの検出を行うことができ，これを血清学的診断という。一番よく使われる血清学的診断法は，ELISA（エライザ）法で，たくさんのイネ試料から短時間にRYMVを検出することができ，圃場診断や抵抗性品種の作出に活用されている。

　研究室ではさらに，ウイルスの遺伝情報を解明する。ウイルスにも遺伝子があるので，この遺伝子を構成

図7-5　東京農業大学の電子顕微鏡でRYMVのウイルス粒子を観察する留学生。

する核酸（RNAあるいはDNA）は塩基（Aアデニン，Tチミン，Cシトシン，そしてTチミン）が並んでおり，この塩基の並び方（シークエンス）は，それぞれのウイルスに固有である。RYMVについても，この塩基の並び方を調べ，ほかのウイルスと比較したり，異なる場所で採集したRYMVと比較したりすることで，進化の道筋を考察することまで可能である。遺伝情報は，RYMVの検出技術にも適用できる。RYMVの遺伝情報を利用したウイルスの検出法としては，PCR法がよく使われている。少ないウイルス量であっても検出できる高い感度が期待できる技術である。

　RYMVによる病害はアフリカの稲作にとって，菌類病であるいもち病とともに重要である。RYMVが蔓延しにくい栽培法の普及や抵抗性品種の開発に，「緑のお医者さん」である植物病理学者は貢献している。研究室における分子生物学など最先端の学問や技術と，アフリカの現場における発生の様子，稲作の方法，農家の人々の理解などを結び付けるところが，「緑のお医者さん」である植物病理学者に求められていることであり，とくに，途上国の農村・農業の発展に貢献しようとする国際農業開発学の分野では，忘れてはならないポイントである。

第4節　天然ゴム農園は広がる

　パラゴムノキ（学名は，*Hevea brasiliensis*（ヘベア　ブラジリエンシス））という樹木から得られる乳液（ラテックス）を加工したものが天然ゴムである。パラゴムノキの学名にブラジリエンシスとあることからも想像できるように，その原産地はブラジルであるが，これがアジアに持ち込まれ，現在ではタイ，インドネシアそしてマレーシアが天然ゴムの主要生産国となっている。工業的に作られる合成ゴムもあるが，自動車のタイヤ，飛行機のタイヤなどの高品質なタイヤには，天然ゴムは欠かせない素材とされている。

　パラゴムノキで問題となる病気は複数あるが，アジアのゴム農園への侵入が警戒されているのはSouth American leaf blight（南米葉枯病）という菌

類病（病原菌は*Microcyclus ulei*（マイクロサイクラス　ウレイ）），そして，すでに蔓延して問題となっているのがパラゴムノキ根白腐病（ねしろぐされびょう）である。根白腐病もまた菌類病で，その病原菌は*Rigidoporus microporus*（リジドポーラス　マイクロポーラス）という。根白腐病にかかったパラゴムノキは，葉が次第に黄色くなったり，落葉したりして弱っていき，枯死してしまう。枯死したパラゴムノキには，根白腐病菌が直径20cmはあろうかという大きなキノコ（6）を作る。健康なら20年近くもラテックスを収穫できるパラゴムノキなので，途中で枯死されてしまったら経済的な被害が大きい。また病気はゴム園内で伝染するので，病気を早く発見して病樹を治療あるいは除去しなくてはならない。

　さて，ここはインドネシアのスマトラ島。インドネシアでも2番目に大きく，世界でも6番目に大きな島であり，日本の国土全体よりもさらに大きい。企業が経営する大規模なゴム農園の一つを訪ねてみよう。1910年代に生産を開始したこの農園は，パラゴムノキを植林し，ゴムの採取や加工を約5,000人の従業員で行っているという。面積は約1万8,000ha。インドネシアの一般のゴム農家の規模が1〜2ha程度ということであるから，その規模や生産性の高さが想像できよう。この大規模なゴム園に一歩入ると，見渡す限りパラゴムノキが整然と植えられているのに驚く（**図7-6**）。車で1時間走っても，区画ごとに高さや太さがそろったパラゴムノキが続く。下草もほとんどなく，思ったより歩きやすい。そして，人工的に傷をつけた幹からは，少しずつラテックスが流れでて，お椀のような容器に集められている（**図7-7**）。タッパーと呼ばれる木の幹に傷をつける人，そして，さらにお椀からゴムを集めるたくさんの人の手が欠かせない大規模なゴム農園の周辺では，従業員たちの家が並び，店があり，子供たちのための学校までが作られていることも多い。地域を支える大きな産業であることがわかる。

　パラゴムノキ農園を見学させてもらって，びっくりしたこと，それは，病

（6）キノコは菌類（カビ）の一部から形成される。キノコには胞子ができて，胞子が飛散することにより，菌類がさらに蔓延する。

112　第1部　熱帯の環境と発展の可能性

図 7-6　インドネシアスマトラ島の大規模ゴム園。

図 7-7　ゴムノキに傷をつけてラテックスを集めている。

気を見分ける訓練を受けた女性たちがグループで農園内を毎日見回っているということである。広い農園を毎日歩いてまわり，病樹を発見すると，皆でその根元を掘り返し，病原菌に感染した根を掘り取り，切り口には農薬を塗布していく[7]。そして，掘った穴をまた埋め戻すという重労働である（図7-8）。病樹1本だけでは無い。1本の病樹があれば，その周囲，6本の根元も掘って，感染の有無を確認するのだ。この6本の中にまた病樹があれば，その周囲の6本をさらに堀り上げていく。土を介しての，病気の蔓延を恐れてのことである。訓練と経験とにより，病気の発見率は高く，見落としなどの誤診（？）率は低いとのことであった。大切な農作物であるパラゴムノキを守るために，人手や手間は惜しめないのである。とはいえ，将来にわたって，このような人海作戦が続けられる保証はない。確実でより簡便な病害診断法，治療法，あるいは予防法が，今後，ますます必要になってくると考えられる。

---

[7] 白根腐病菌はまず根に感染し，根の周りを白い菌糸の膜で覆ってしまう。

一方，緑のお医者さんである植物病理学者としては，この労力を軽くし，また，診断を確実にするための技術開発が課題となる。東京農業大学でも，日本やインドネシアの大学と協力して，研究を進めてきた。たとえば，パラゴムノキに白根腐病を起こす病原菌は，インドネシアでもマレーシアでも同じ菌で，同じ遺伝子を持っているのか？　土の中や，パラゴムノキから確実に病原菌を検出する方法はないか？　遺伝子を使った診断方法はないだろうか？　などである。農薬だけに頼らないで，病原菌を制

図 7-8　感染が疑われるゴムノキの根元を掘り，病根を除去，農薬を塗布後，穴を埋め戻す。

御する方法についても研究している。たとえば，病原菌に寄生する菌（菌寄生菌）を使った防除法[8]などにも，可能性がある。このような様々な研究は着実に進んでおり，その成果がパラゴムノキの生産寿命を延ばすことに貢献するものと，期待されている。

第5節　その果物，持ち込めません

連休や夏休み。たくさんの人々が，たくさんのお土産とともに，海外旅行から帰国する。種，苗，切り花，さらに，珍しい熱帯の果物などを，家族や職場へのおみやげに持って帰りたい，と思う人もたくさんいるに違いない。しかし，どこの国でも，原則として野菜や果物，種，苗，花など，植物の持ち込みは禁じられている。そのために，空港の植物検疫カウンターにおいて

---

(8) 菌類に寄生する菌類，あるいは抗菌物質をつくる菌類などを利用し，いわば善玉菌の力によって病原菌をコントロールしようとする方法である。

残念ながら，持ち込みを止められてしまう人が，後を絶たない。海外から問題なく持ち込めるのは，ティーバッグや木工品など，植物を原料としていても高度に加工されたものだけである。また，一部の果物で持ち込むことができる種類があるにはあるが，それらの持ち込むことができるとされる果物でも，入国時の税関検査の前に，植物検疫カウンターで輸入検査を受ける必要がある。これはすべて，海外から予期せぬ病原菌や害虫が，日本に持ち込まれ，日本の農業を脅かすようになるのを恐れてのことである。海外からの防波堤となっているのは，空港だけではない。日本中の港にも，予期せぬ病原の侵入に目を光らせる植物防疫官がいる。

海外からの持ち込みだけではない。一部の植物については，国内移動も制限されている。例えば，沖縄県全域および鹿児島県の一部の島嶼で得られたタンカン，ポンカンなどの柑橘類は，移動規制を受けている。これは，カンキツグリーニング病という難病を，既発生地以外に蔓延させないためである。

今までになかった病気，これをエマージングディジーズ（emerging disease）という。エマージングディジーズは，しばしば急速に蔓延し，対応が遅れることによって大きな経済的被害をもたらす。また，一度，侵入してしまうと，その防除は容易ではなく，経済的にも，労力的にも負担は大きい。しかし，このような侵入事例は，海外でも，日本でも知られている。

2009年4月，梅の里，梅まつりなどでの賑わいでも知られる青梅市内のウメから，日本で長く侵入を警戒していたウイルスが検出された。ウイルスの名前はウメ輪紋ウイルス（略号はPPV）（図7-9）。多くの国々のモモや

図7-9　ウメの輪紋病。蔓延防止のために，行政，住民そして科学者が協力している。

スモモに被害をもたらしているが、もちろん日本では初の発生確認であった。そのため、農林水産省による緊急防除が行われた。ウイルス病にかかったウメの木を治す農薬は無い。そのため、青梅市だけでも、およそ3万本を超えるウメを伐採した。ウメ以外の植物への感染の有無、ウイルスを運ぶアブラムシの調査なども行われた。この緊急防除を見ると、まず、侵入防止、早期発見が大切であること、次に、適切なウイルス検出法の確立、伝搬法への理解など植物病理学的な検討の重要性が理解できる。それだけではない。市民への広報、緊急防除を実行するための法的整備、各自治体、生産者や関係団体の協力が欠かせないことがわかる。緑のお医者さんである植物病理学者は、その取り組みに科学的な裏付けを行う役割を果たしているといえよう。

第6節　キャッサバを救え

　植物の病気は、一国だけの問題ではない。2016年からは東南アジア、とくにタイ、カンボジア、ベトナムを中心とした地域で、キャッサバの健全な育成に対応すべく、新しい国際協力プロジェクトがスタートし、東京農業大学もその一員となっている。それは、国立研究開発法人科学技術振興機構（JST）と独立行政法人国際協力機構（JICA）が共同で実施している、地球規模課題解決と将来的な社会実装に向けて日本と開発途上国の研究者が共同で研究を行う研究プログラムであるSATREPS（サトレップス）である。研究のタイトルは「ベトナム、カンボジア、タイにおけるキャッサバの侵入病害虫対策に基づく持続的生産システムの開発と普及」。植物病理学の分野では、「病害の同定とモニタリングシステムの確立」を取り組むべき課題とし、ベトナム、カンボジア、タイのキャッサバ病害の発生生態を理解し、検出・診断法を確立して防除に役立つ研究をしようとするものである。

　キャッサバは、約2,000万haを超える栽培がおこなわれ、いまや世界第5位の重要な食用作物になっている。その用途は、家畜の飼料、ヒトの食料としてだけではなく、さまざまに加工されたり、さらには、バイオ燃料の原料

としても利用されている⁽⁹⁾。東南アジアの多くでは、小規模な生産農家がキャッサバ生産に従事しているが、東南アジアメコン圏では約300万人の農家が生産に関わり、30億ドルの経済効果をもたらしているといわれている。そのため、キャッサバの安定生産を実現することは、農家の生活安定と地域経済に大きく貢献しうるといえよう。日本は、でんぷんやバイオ燃料としてキャッサバを利用するため、

図7-10　ウガンダで観察した、キャッサバのモザイク病。カンボジアでの発生が報告され、アジアでの拡大が懸念される。

日本では生産はしていないものの、キャッサバは日本にとっての戦略作物といえる。その重要性が理解されるとともに、広域に頻発する病虫害に対する対策が求められるようになった。

　カンボジアのあるキャッサバ農場に、植物ウイルスによるモザイク病[10]が発生しているという情報が入った。筆者らのチームは、カンボジア、さらに隣国であるベトナムからの研究者とともに、早速、その農場を訪問した。広い、キャッサバ農場。農場に入ると、あちこちにモザイク病が発生しているのが認められる。アフリカですでに発生しているキャッサバのモザイク病（図7-10）がはじめて東南アジアで発生している現場[11]を見た瞬間であった。ベトナム国境にも近いこの村のキャッサバにモザイク病が発生したというこ

---

(9) キャッサバのでんぷんから作られたタピオカは、菓子などにもよく使われる。
(10) モザイク病とは、葉の色が、緑色の濃淡が混ざった状態になること。ウイルスの感染により葉の葉緑体が破壊されることによって起きる病徴である。
(11) 2016年3月まで、キャッサバのモザイク病はアフリカでは蔓延、そのほか、インドとスリランカの一部で発生しているだけであった。しかし2016年3月に、カンボジアでの発生が論文として報告された。筆者らがカンボジアでモザイク病を観察したのは、2016年の8月であった。

とは，ウイルスがどこからか侵入したということになる。それは，どこからなのか。筆者らのチームは，続いて，今度はベトナム側からカンボジア国境に近いキャッサバ畑の調査も行った。この調査の範囲では，ウイルスによるモザイク病の発生は認められなかったが，一方で，東南アジアで問題となっているてんぐ巣病が，同地域ではじめて発生していること[12]を観察した。

てんぐ巣病とは，面白い名前である。茎が短く，葉も小さく茂るように生えるので，遠くから見ると，あたかも想像上の生き物であるてんぐ（天狗）の巣のようだ，ということで名づけられた病名である。英語では，魔女の箒（ほうき）という。英語圏にてんぐはいないから，こちらは魔女の箒のようだというのである。れっきとした伝染病で，多くの場合，その病原は，ファイトプラズマという細菌の一種であることが知られている。ベトナムやカンボジアのキャッサバでも，てんぐ巣病が発生して被害が出ている。しかし，その病原の詳細や，発生生態はよくわかっていない。

SATREPSによる研究プロジェクト「ベトナム，カンボジア，タイにおけるキャッサバの侵入病害虫対策に基づく持続的生産システムの開発と普及」では，このように新たに侵入したり，問題が拡大したりしているモザイク病やてんぐ巣病の防除に向けて，日本と，関係国が一丸となっての取り組みをはじめている。このような国際協力型の研究プロジェクトは数多くあり，多くの植物病理学者が参加，貢献している。国際協力型の研究プロジェクトでは，語学力だけでなく，チームワーク力なども求められる資質である。もちろん，問題解決に必要な情報や実験技術を有していなくてはならない。植物病理学では，顕微鏡観察からバイオテクノロジーを駆使した分子生物学的実験まで，さまざまな実験技術が使われている。緑のお医者さんとしては，研究の目的に合わせて，また，途上国と先進国では異なる研究環境を考慮して，適切な技術を選び，問題の解決に取り組む必要があろう。

---

[12] ベトナムでの発生はすでに報告されている。しかし，ベトナムのどの県や地域に発生しているかは，まだ完全には明らかになっていない。

第7節　植物病理学が目指すもの

　大学において植物病理学を学ぶ目標としては，1．植物の病気あるいは植物病理学にかかわる基礎的な知識を習得し，用語なども正しく使えるようになること，とくに，2．植物の病原について基礎的な知識を習得し，植物に病気を起こす個々の病原体の性質について正しく理解すること，3．植物の病原の検出法や，病気の診断法について，現場で利用するための基礎的な知識を有するようになること，4．植物の病気の防除法について，現場で利用するための基礎的な知識を有するようになること，さらに，5．植物の病気について，自ら調べたり，あるいは他人に説明したりできるようになること，があげられる。大学院では，植物病理学にかかわり未解決あるいは未解明の課題に向けて，それぞれの研究に自ら取り組むこととなる。東京農業大学は「農学栄えて，農業滅びる」の警句を念頭に，現場を忘れない研究を行うことが求められている。そのため，東京農業大学における植物医科学，あるいは熱帯・亜熱帯の途上国の教育や研究を行う国際農業開発学科における植物病理学は，"病気の""理由"を明らかにする単なる学問ではなく，植物の病気に悩む農家や生産者に解決の手段を提示する緑のお医者さんとしての姿勢が欠かせない。植物病理学がさらに植物医科学へと展開していく必要性はそこにある。

さらに勉強するために
［1］植物医科学（上）（2008）養賢堂
［2］植物ウイルス学（2009）朝倉書店
［3］植物病理学（2010）文永堂
［4］アメリカ植物病理学会ホームページ（英語）http://www.apsnet.org/Pages/default.aspx

第 **8** 章
畜産業が環境に与えるインパクト

入江　満美

第 1 節　栄養不足が引き起こす問題と農業

　ニューヨーク国連食料農業機関によると，世界の飢餓人口は 8 億500人で，9 人に 1 人の割合となっている。また，1 つ以上の微量栄養成分が欠乏している人口は約20億人になるとの報告もある［1］。

　肥満と栄養過多による慢性的な病気は先進国のみにみられるのでなく，より多い人口を抱える発展途上国においても見られる。しかし，栄養過多による病気が拡大を見せているにもかかわらず，一方では，多くの国々は栄養不足による病気に苦しみ続けている。慢性的な栄養不足は健康に関わるリスクを増加させている。長期にわたって食料からのカロリー摂取が不十分であると，病気に対する免疫システムの低下，罹病率や死亡率の増加が特に幼い子供に引き起こされる［2］。カロリー不足の長期化は，人の学習能力や仕事のパフォーマンスを低下させ，それらの結果として，人を貧困に陥れることになる［3］。

　微量栄養成分の不足も人を衰弱させる点で類似している。鉄，ヨウ素，ビタミン A と亜鉛の 4 つの栄養不足は，最も広がっていると考えられており，初期の脳の発達を阻害し，免疫システムを低下させ，罹病率と死亡率を増加させ，人の仕事の能力を低下させるとされている。慢性的な栄養不足を伴って，このような栄養成分の不足は貧困のサイクルを促進させることになる［4］。

Kiessらは全ての食料安全問題は，食料の入手可能性，食料へのアクセス（手ごろな価格で），食料の選択，この3つの要因の産物であるとしている［5］。しかし，これら3つの要因の重要性は時間と国とで大きく異なる。例えば，食料が手ごろな価格で入手でき，食料が充分にある日本のような地域では，何を食べるかという食の選択が重要な要因であるが，食料が相対的に高価な地域もしくは供給不足の地域では食料へのアクセスや入手可能性の方が重要である。このように，貧困は慢性的な栄養不足と微量栄養素の不足が第一要因となって引き起こされることは広く合意が得られており，容易に理解できる［6］。

Haddadら［7］が指摘するように，実際に飢餓と貧困は非常に強く関連している。他方，飢餓問題の解決法には農業は無関係であるとの意見もある。しかし，農業は慢性的な栄養不足と微量栄養素の不足の両方のタイプの栄養欠乏を緩和するために重大な役割がある。まず，20世紀後半に世界の一人当たりの食料の入手可能性は向上したが，多くの国において，全ての人を養うための充分なカロリーを満たす食料供給は，未だ不足している。次に，多くの国が用いている食料供給を改善する方法は，長期間の微量栄養素の欠乏を栄養補助や栄養強化プログラムによって減少もしくは改善することが欠かせないが，これらは永遠に続くものではない［8］［9］。3つめに，そのような食料を基礎とした解決方法は家庭の収入を向上させ，貧困を緩和する助けになる［5］。充分な食料供給は適切な栄養と健康のために必要である。食料供給と健康のために農業はどのように対応してゆくべきなのか？

第2節　私たちの食の変化

私たちの食品摂取の傾向はどう変化してきたのであろうか？　1961年から2013年までの世界の穀物と肉の生産量を人口で除して，人の食の好みの長期変化をみると（**図8-1**），穀物の消費量が頭打ちし，鈍化しているのに対し，肉の消費量は増加傾向が続いている。このことから，今後も私たちの肉の消

第8章　畜産業が環境に与えるインパクト（入江　満美）　　121

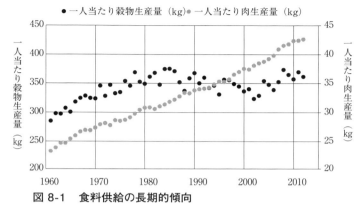

図8-1　食料供給の長期的傾向
注：年間1人当たり穀物生産量および肉の生産量。

費量は増加することが予測される。平均的な食事では年間一人当たり少なくとも10〜20kgの肉を摂取しているとされている。近年，世界の平均牛乳供給量は年間一人当たり80ℓであり，肉の2010年代の平均入手可能量は図8-1が示すように40kg台である。

　ところで，私たち人間の畜産物摂取量はどれくらいが適切なのであろうか？　スタンフォードによると，チンパンジーのグループは小型のサルのコロブスやさらに小さい他の動物を食べるが，これは年間4〜11kgの肉に相当するという［10］［11］。チンパンジーの体重の比率から人の肉摂取量を算出すると，6〜17kg/年となる。これは産業革命以前の年間一人当たり肉消費量にちょうど一致する範囲である。

　一人当たりの年間肉摂取量の最低範囲である5〜10kgという量は肉の摂食頻度が1週間に1以下で，比較的多く消費するのは祭事などの時だけという農民社会に共通している。畜産物の摂取量が多いのは，放牧社会と，より裕福な温帯で混合農業を行っている地域にみられる。すべての裕福な西側社会では肉と乳製品摂取量は非常に多い。牛乳の一人当たり年間供給量は300ℓを超え，食肉量は70〜100kgの範囲であり，これらの畜産物摂取量は多くの貧困国に比較すると著しく多い。世界の平均的な国々の30〜40億人の

人々も相当量の畜産業の拡大を求めている。この要求を満たすために，草地のより良い管理が行われるのと同様にラテンアメリカ，アフリカやアジアでは森林伐採による生産拡大が行われている。

第3節　畜産業の必要性

　畜産は，世界の食物エネルギーとたんぱく質の供給に必要かつ重要な役割を果たしており，人間にとって摂取が不可欠な食物ではないものの，摂取が望ましく，かつ嗜好される食物である。適切な量の食肉類，乳類および卵は，たんぱく質と必須微量栄養素を包括的かつ消化しやすい形で摂取できる貴重な栄養源である。
　一方，その摂取過多は，冠状動脈性心疾患，がん，脳梗塞，糖尿病，高血圧，肥満など食事に関連して引き起こされる問題につながる恐れもある［12］。鉄分をはじめとする大切な栄養素は，植物性食品よりも食肉や乳，卵の方が摂取しやすい［13］。
　畜産は，人間の収穫物の可食部との競合がない飼料に含まれる非食用のたんぱく質を食用に変換することにより，世界の食用たんぱく質の供給増加に貢献している。鉄分は妊娠中や授乳中の女性の健康と，幼児の身体面，認知面の発達に欠かせない栄養素であるが，これが不足している人の数は世界でおよそ40〜50億人にも達する［14］。したがって動物性食品が手頃な価格で入手しやすくなれば，多くの貧困層の栄養状態と健康を格段に向上させることにつながる。家畜は持続的農業システムのために欠くことのできない部分をなしている。
　牛，羊，ヤギなどを放牧する土地は作物を栽培する畑に適した利用ができる土地ではない。半乾燥の草地は畑地には使用が難しい傾斜地で，山がちである。世界の土地被覆図（口絵8-1）をみると，作物の栽培ができない草地，灌木植生や植生が疎らなところで畜産業が行われていることが読み取れる。世界の牧草地，放牧地の総面積は耕作地面積をはるかに上回っている。さら

に牧草は栽培体系の中でも土壌浸食防止や土壌の質の向上，マメ科牧草を輪作体系の中に組み込んだ場合には土壌肥沃度が増加することが知られている[15][16][17]。世界の農地利用（**図8-2**および**口絵8-2**）を見ると，世界の農地の70％近くが家畜飼料である牧草の生産に利用されており，人の食料作物用農地面積の割合を大きく上回っていることがわかる。

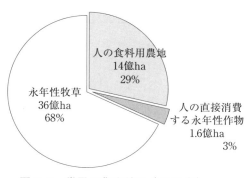

図 8-2　世界の農地利用（2013 年）

注：http://fenix.fao.org/faostat/beta/en/#data/RL より著者作図

第4節　世界の畜産物生産の傾向

　畜産由来のタンパク質摂取量は地域・所得により大きな差があることがわかる（**口絵8-3**および**表8-1**）。畜産物の生産レベルは東アジア，東南アジア，ラテンアメリカおよびカリブ諸国では急激に増加している。一方，サブサハラアフリカでは生産量増加は非常に遅い。人口が急速に増加していることから，家畜生産性が低い発展途上国においては，畜産物の生産量を確保するのは困難である。発展途上国の中でも，サブサハラアフリカと南アジアはラテンアメリカとカリブ諸国に比較し，一人当たり畜産物生産量は非常に低い[18]。畜産物の摂取量は低所得国ほど低い傾向がある。タンパク質摂取量の地域間の大きな違いは，魚介類摂取量ではなく，肉およびバターを除く牛乳摂取量に見られる。アメリカ，オセアニア，ヨーロッパではタンパク質の適正摂取量に占める畜産物由来の食品から摂取する割合が70％を超え，オセアニア地域では2011年には100％を超えており，高い割合で畜産物からタンパク質を摂取している。2001年から2011年のタンパク質摂取量の変化をみると，

表8-1 一人当たりタンパク質供給量 (g/人/日)

	年	魚介類	肉	バターを除く牛乳	合計	タンパク質の適正摂取量に占める割合
アジア	2001	4.85	8.08	4.09	17.02	29
	2011	5.82	10.32	5.67	21.81	38
アフリカ	2001	2.49	5.85	3.55	11.89	21
	2011	3.11	7.06	4.28	14.45	25
アメリカ	2001	3.37	27.66	14.24	45.27	78
	2011	3.67	29.24	14.85	47.76	82
オセアニア	2001	5.72	34.41	15.14	55.27	95
	2011	6.43	39.03	16.73	62.19	107
ヨーロッパ	2001	5.9	24.26	18.26	48.42	83
	2011	6.61	25.64	19.25	51.5	89
低所得食料不足国	2001	1.78	2.7	4.85	9.33	16
	2011	2.18	3.05	6.14	11.37	20

資料：http://fenix.fao.org/faostat/beta/en/#data/CL より作表。
注：推奨される摂取量は58g/人/日

表8-2 世界の家畜飼養数の50年間の傾向

家畜種	家畜数（百万）						相対的増加率（％）
	1961年	1970年	1980年	1990年	2000年	2010年	2010/1961
牛	942	1,082	1,216	1,297	1,303	1,469	156
水牛	89	107	122	148	164	193	217
羊	994	1,061	1,096	1,206	1,059	1,128	113
山羊	349	376	462	585	752	972	279
豚	406	547	798	857	856	973	240
鶏	3,891	5,216	7,214	10,680	14,379	20,309	522

資料：FAO STAT より筆者作成。

　すべての地域で畜産物由来のタンパク質摂取量が増加していることから，今後も畜産物由来のタンパク質摂取量が増加することが予測される。

　さて，畜産物からのタンパク質摂取量が増加傾向であるが，私たちはどの家畜からタンパク質を得ているのであろうか？　1961年から2010年の世界の家畜飼養数の傾向（**表8-2**）をみてみよう。全ての畜種で飼養頭数が増加している。最も増加率が大きいのは鶏であり，1961年比で522％に増加しており，増加傾向が継続している。次に増加率が大きいのは山羊，豚，水牛である。牛と羊は，相対的増加率がそれぞれ156％と113％と増加しているものの，この間，世界の人口が2倍以上に増加していることを考慮すると，増加率は小さい。

次に，今後の肉消費量の伸びを地域ごとにみるために，国民一人当たりGDPと肉消費量の関係を見てみよう。地域ごとの一人当たりGDPと一人当たり年間肉供給量の関係から（**図8-3**），北アメリカとオセアニアは肉供給量120kg/年/人前後で頭打ちの傾向がみられるが，その他のどの地域においても，GDPが増加するほど，肉の供給量が増加する傾向がみられる。さらに，地域ごとの肉供給量に大きな違いがみられる。例えば，北アメリカの肉供給量はアフリカの肉供給量の約8倍である。

今後，増加が予測されるのは**図8-3**より南アメリカ，アフリカ，アジアである。これらの地域の肉の需要を満たすためには，牧草地をより効果的に管理することと，家畜飼料の餌の効率を最大化することが最も重要である。それにもかかわらず，人間が直接消費する食料作物が家畜飼料として使用される割合は増加傾向にある。その割合の変化は1900年にはわずか世界の穀物の10％が飼料として使用される程度であったものが，1950年代には20％を超え[19]，現在では世界の穀物消費のうちの約36％が餌として使用されており，雑穀が餌に仕向けられている。先進国においては雑穀のほとんどが餌に仕向けられているが，途上国でもそれに追いついてきており，10年前には世界の雑穀の飼料への仕向け量は30％であったが，現在では42％を占めるにいたっている。世界の餌消費量に雑穀が占める割合は増加を続けており，2050年までに56％に増加する見込みである。これに対し，先進国の畜産部門の成長はさほど大きくない見通しである。途上国はすでに先進国を肉生産量で上回っており，牛乳生産量も次の10年以内に先進国の牛乳生産量を上回ると予測されている。先進国では餌の消費量が伸びない見通しで，バイオ燃料分野など非食用目的で雑穀の消費拡大が見込まれる[20]。

世界の肉需要の継続的な増加は穀物が飼料として家畜に供給される割合の増加を意味している。畜産業の土壌と水への負荷を低減させ，飼料の割合を適正化し，環境へのインパクトを低減することが必要である[21]。持続可能性を考えるとき，農業の主な環境へのインパクトは自然生態系から農業への土地利用変化と農業で使用する栄養塩等から与えられる。農業からの栄養

126　第1部　熱帯の環境と発展の可能性

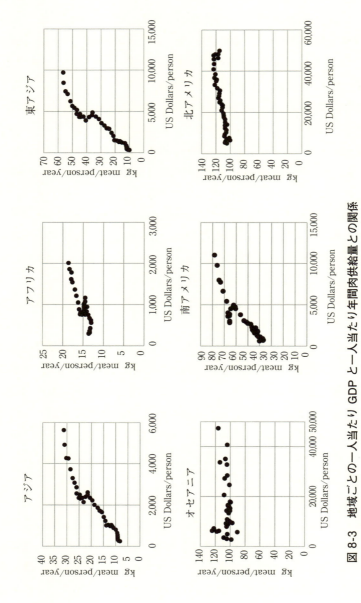

図 8-3　地域ごとの一人当たり GDP と一人当たり年間肉供給量との関係

注：一人当たり GDP は http://unstats.un.org/unsd/snaama/dnllist.asp，一人当たり肉消費量は http://faostat3.fao.org/browse/M/MK/E より筆者が作図

塩や，農薬，特に生物濃縮する，もしくは農業に使用する難分解性の有機汚染物質は，水を汚染し，陸域生物の生息地と地下水を汚染する。農業で使用する肥料成分，家畜や人の排泄物は，農場内にとどまらず，生態系内に，水に溶け込んで，もしくは大気に拡散する。

第5節　畜産の高密度飼育化が環境に与えるインパクト

　ここでは，家畜の環境への影響に注目したい。畜産業は土地，水，栄養塩とバイオマスを含めた自然資源が環境にやさしく使用されるかどうかの鍵を握る重要な位置を占めている。近年の予測から，乾燥させたバイオマスのうち，家畜に使用されるものの重量は47～70億トンと見積もられており，これは世界の植物性バイオマス使用量の60％近くに相当する［22］。1kgの肉の生産に3～10kgの穀類が必要である。過去50年間に世界の一人当たりの肉消費量は87％以上増加しており，世界の一人当たりGDPの増加に伴い，増加傾向である（図8-3）。一方，世界の一人当たり穀類の生産量は停滞もしくは下降し，脅かされている（図8-1）。家畜生産は何千もの牛や豚，10万羽以上の鶏がひとつの施設で穀類を与えられて育てられる工業的規模になっている［23］。

　大規模施設は生産の効率面で経済的に競争力を持つ［24］。しかし，健康と環境へのコストはより正しく，その持続可能農業に及ぼす影響までが評価されなければならない。高密度の家畜生産は病気を増加させ，しばしば，新しい抗生物質に耐性の病気を出現させ，家畜排泄物に関連して大気・地下水・表面水の汚染を引き起こす。畜産業は人為由来アンモニアと一酸化二窒素の世界の発生量のうち，40％を排出していると見積もられている［25］。

　近年の畜産業は動物の病気による壊滅的な損失に対し，脆弱である。例えば，1997年のインフルエンザA型（H5N1）は，香港の養鶏施設で拡大し，6人の人命を奪い，120万羽以上の鳥を処分させた。イギリスでは口蹄疫が広がり，1967年には44万頭の動物の処分を，2001年には120万頭の処分を招

いた。1996年，狂牛病は1,100万頭の動物のと殺処分を招いた。

多頭飼育の施設では，病気を防ぐために，人間が使用するのと同じ抗生物質を家畜には治療必要量より少ない量を与える。これら病気を避けるために使用される抗生物質の世界の生産量は，人間に用いられる医薬品量より大きな割合を占めている。抗生物質に抵抗性のあるサルモネラ，カンピロバクターや大腸菌は人に対しても病原性があり，鶏や牛の生産が大規模に行われているところでは共通して抗生物質の使用が増加している［26］。

高密度飼育の大きな問題点は家畜糞尿の取り扱いと処理である。家畜糞のため池は高濃度の硫化水素や他の毒性を持つガスを放出する。揮発性のアンモニアガスは，その地域の窒素降下量を大きく増加させ，家畜糞に含まれる栄養塩類や病原体によって表面水及び地下水を汚染する。人間の排泄物が適切に処理されなければならないのと同様に，家畜の排泄物は健康と環境へのリスクの問題がある。大量に発生した家畜排泄物は，その農地への施用量に制限が設けられているところもあり，将来，さらに大きな環境ストレスを引き起こすことが予想されている。また，家畜は大量の有機性廃棄物の生産者であるが，その排泄物は育種法，家畜の大きさ，餌の品質，体調によって大きく異なるため，家畜の排泄について単純に把握することはできない。一方，家畜排泄物は堆肥化によって，植物の病原体の含まれていない，作物の肥料になり得る。そして，それが適切な量とタイミングで施用されれば，肥料成分が溶脱する量を最小限に抑えることができる。栄養成分を循環させることで化学肥料への依存を低減し，さらに家畜飼育と作物生産を地域で組み合わせることによって，より効率的に地域内循環させることができる。

さて，家畜排泄物は，どの家畜から多く排泄されているのであろうか。ここでは窒素を指標として，窒素排泄量を畜種間で比較してみよう。**表8-3**はオエネマ［27］のデータを元に作成した家畜からの窒素排泄量を畜種ごとに示した。窒素排泄量が最も多いのは牛で全窒素排泄量の56％，ついで羊12％，豚11％，鶏9％，山羊8％，馬5％と続く。先の**表8-2**より，馬を除く畜種は今後も増加傾向を示していることから，全世界での窒素排泄量は増加する

表8-3 家畜からの窒素排泄量 1996年

畜種	牛	山羊	馬	羊	豚	鶏	合計
窒素排泄量（TgN）	52	7.1	4.3	11.1	10.4	8.6	93.6
総量に占める割合（％）	56	8	5	12	11	9	100

資料：Oene Oenema（2006）Nitrogen budgets and losses in livestock systems, International Congress Series 1293, pp.262-271.

表8-4 家畜1頭あたりの窒素排泄量

畜種	乳牛	その他の牛	豚	採卵鶏	ブロイラー	羊	山羊	七面鳥	その他の家禽
窒素排泄量（kgN/羽頭/年）	111	52	9.9	0.74	0.73	8	6.6	2.9	0.9

資料：Y. Hou, et al., (2016) Feed use and nitrogen excretion of livestock in EU-27, Agriculture, Ecosystems and Environment 218, pp. 232-244.
注：数値はEU27カ国の値を加重平均した平均値を示す。

ことが予測される。Bouwmanらは，世界の化学肥料中の窒素量と家畜排泄物の窒素量は2000年には83，92（Tg/年）であったが，2050年にはそれぞれ104，139（Tg/年）になると予測している。家畜排泄物の窒素量は化学肥料の窒素量をすでに超えており，その大きさがわかる［28］。

次に，1頭羽あたりの年間窒素排泄量を比較してみよう。ここではY. Houら［29］がEU27カ国それぞれについて求めた畜種ごとの窒素排泄量を元に比較したい。表8-4より1頭羽あたり最大の窒素を排泄するのは乳牛で111kg，ついでその他の牛52kgであり，乳牛はその他の牛の2倍以上の窒素を排泄している。牛の次に窒素排泄量が大きいのは豚であるが，10kg未満で，これは乳牛の10％にも満たない。そこで豚9.9kg＞羊8kg＞山羊6.6kg＞七面鳥2.9kg＞採卵鶏0.74kg・ブロイラー 0.73kg＞その他家禽0.9kgの順となり，飼育頭羽数は鶏が圧倒的に多いが，1羽あたりの体重が軽いことなどから窒素排泄量は牛に比較し格段に少なくなる。窒素負荷量を抑えるためには，窒素排泄量から，その影響が最大の牛の餌管理をどのように行うかが大きな課題となる。

第6節　家畜の餌の利用効率

今後，増加が見込まれる高密度飼育による家畜から環境への負荷を小さく抑えつつ，生産するためには，一頭当たりの排泄量や排泄物の適正利用のみならず，餌の利用効率の向上が必要不可欠である。家畜の餌の利用効率 [30] を畜種毎に比較し，環境への負荷を考えたい。

ここで，家畜の餌の利用効率を見積もるためにモデルを考える。家畜は餌をもらって肉やミルクを生産物として製造する。この間，与えられた餌をインプットとし，これに対し，牛乳と鶏卵や肉という生産物のアウトプットが得られ，餌とアウトプットとの差は全て排泄物とみなす。与えた餌の窒素に対して，得られた生産物中の窒素濃度を求め，飼料として与えた窒素がどの程度生産物に転換されたかを窒素利用効率とする。つまり，窒素利用効率が高いほど，与えた飼料中の窒素が効率よく家畜の生産物の重量増加に寄与したことになる。ここで牛乳と卵は，それぞれ母牛と親鶏を育てるまでの餌は考慮に入れておらず，すでに母牛と親鶏という牛乳と卵の生産者がいるものとして考える。これに対し，他の畜産物は生まれてから出荷される体重に成長するまでを考える。

表8-5を見ると，窒素の転換効率が最も高いのは牛乳，ついで卵・コイである。実際には母牛は乾乳期と妊娠期があり，その間は搾乳できないので，常にこの窒素転換効率ではないが，搾乳期間は非常に高い割合で与えられた餌中の窒素を牛乳に転換していることがわかる。コイは表中，唯一の魚類で，変温動物であるため，体温を維持するために使用されるエネルギーが少なく，

表 8-5　窒素転換効率の畜種間比較

	牛乳	卵	コイ	ブロイラー	豚	肉牛
餌の転換効率（餌 kg/生体重 1kg）	0.7	3.8	1.5	2.3	5.9	12.7
可食部 1kg あたりの餌の重量 kg	0.7	4.2	2.3	4.2	10.7	31.7
可食部重あたりの蛋白質含有率（％）	3.5	13.0	18.0	20.0	14.0	15.0
蛋白質転換効率（％）	40.0	30.0	30.0	25.0	13.0	5.0

高い窒素転換効率を示している。次に，恒温動物について，生まれたときから出荷されるまでで比較すると，ブロイラー＞豚＞肉牛の順に高い窒素転換効率を示している。

　飼料の重要な要素として熱量（脂質）がある。脂肪は過剰に摂取した際，体に蓄積される。一方，タンパク質（窒素）は過剰に摂取すると，体にストックしておくことができないため，過剰摂取した分は体外に排泄されることになる。そのため，窒素の排泄量を抑え家畜排泄物からの環境へのインパクトを抑えるには，窒素を抑えた飼料を家畜に与えることがひとつの有効な方法になる。しかし，これまでの畜産の大きなトレンドは，反芻動物も非反芻動物もより多くの穀物を与えて生産量を増加させ，コストを削減することに努めてきた。例えばブロイラーは高いタンパク質含量の飼料を食べて出荷までの期間を短縮し（アメリカの場合，1960年代は72日で出荷していたが，1995年には48日で出荷している），出荷体重は大きくしている（アメリカの場合，1960年代に1.8kgで出荷していたが1995年には2.2kgで出荷している）[31]。今後も増加する畜産物の需要を満たすためには環境への窒素負荷を減らして生産を行うことが不可欠である。窒素負荷を減らす方法には飼料へのアミノ酸の添加や成長ホルモンの投与，ストレプトマイセスの添加なども効果があることが示されている。

　放牧による畜産物生産は生産性面での問題を除くと，生態系サービスを粗放的に使用した飼育方法であるといえる。放牧された家畜はフィールドで育つ植物を消費し，植物はフィールドにまかれた家畜の排泄物が循環されることによって生育する。牧草地における反芻動物生産は低品質の牧草を高タンパク質の人の食料に転換する非常に高効率の反芻胃を持つ利点がある。適切に飼育・管理されるなら，草地-反芻動物の生態系は最少限の環境へのインパクトで高タンパク質を製造する持続可能な方法であるといえる。そのため，今後の畜産は，穀類を与えて，より短期間に大量生産することを求めるこれまでの畜産から，放牧など牧草を活用した環境へのインパクトを最小限に抑えた畜産に転換していくべきである。

適切に家畜排泄物を堆肥化・メタン発酵など処理した場合にはその施用により，化学肥料と同等もしくはそれ以上の穀物や牧草収量が得られることが示されている［32］。しかし，多頭飼育で集約的畜産の場合は，低コストの化学肥料の方が大量の家畜排泄物堆肥化物を施用するよりも利点が多い。生の家畜排泄物は，その肥料成分が窒素で0.5〜1.5%，リンで0.1〜0.2%と，高濃度に肥料成分を含む化学肥料に比較し非常に低く，その取扱いや運搬と施用コストが高いという問題がある。多くのケースでは堆肥化物の輸送費用が堆肥の施用範囲を制限しており，その施用範囲は堆肥製造場所から半径数km以内になる［33］。

先に家畜排泄物による窒素汚染が顕在化したヨーロッパでは家畜排泄物の農地還元に補助金が支払われるなど，積極的な利用が進められた。このように，特に集約的畜産が行われる地域では家畜排泄物の肥料成分を活用し，農地に還元し，化学肥料を減らすための補助金の仕組みが必要である。

また，私たちは，自分の食べ物を生産することが環境に強いインパクトを与えることを知ることが重要である。具体的な行動として，環境への負荷を低減するよう環境に配慮し，家畜排泄物等を積極的に利用し，化学肥料の使用割合を減らすことが推進されるよう，適切な農法で栽培された農作物を購入する事が必要である。

参考文献

［1］Graham, R. D. and R. M. Welch. (2000) Plant food micronutrient composition and human nutrition. Communications in *Soil Science and Plant Analysis* 31 (11-14) pp.1627-1640.

［2］Foster, P., and H. D. Leathers (1999) *The world food problem*. Lynne Rienner Publishers, Boulder, Colorado. 411p.

［3］Dasgupta, P. (1998) *The economics of food*, pp. 19-36. In J. C. Waterlow, D. G. Armstrang, L. Fowden, and R. Riley (ed.) *Feeding a world population of more than eight billion people*, Oxford University Press, New York. 280p.

［4］Welch, R. M. and R. D. Graham (1999) A new paradigm for world agriculture: Meeting human needs, *Field Crops Research* 60 pp.1-10.

［5］Kiess, L., R. Moench-Pfanner, and M. W Bloem. (2001) Food-based strategy Available at http://fnb.sagepub.com/content/22/4/436.full.pdf（2016年10月

24日アクセス）
[6]Hulse, J. H. (1995) *Science, agriculture, & food security*, NRCR Research Press, Ottawa, Ontario, Canada 242p.
[7]Haddad, L., P. Webb., and A. Slack (1997) Trouble down on the farm: What role for agriculture in meeting "food needs" in the next twenty years. *Am. J. Agric. Econ.* 79（5）pp.1476-1479.
[8]Ali, M., and S. C. S. Tsou. 1997 Combating micronutrient deficiencies thorough vegetables: A neglected food frontier in Asia, *Food Policy* 22（1）pp.17-38.
[9]Amoaful, E. F. (2001) Planning a national food-based strategy for sustainable control of vitamin‐A deficiency in Ghana: Steps toward transition from supplementation, *Food Nutri. Bull.* 22（4）pp.361-365.
[10]Stanford, C. B. (1996) The hunting ecology of wild chimpanzees: implications for the evolutionary ecology of Pliocene hominids, *American Anthropologist* 98, pp.96-113.
[11]Stanford, C. B. (1998) *Chimpanzee and Red Colobus*, Cambridge, Mass.: Harvard University Press.
[12]Frazao, E. (1999) High costs of poor eating patterns in the United States. 5-32. *In* E. Frazao (ed.) *American's eating habits: Changes and consequences* (AIB-750). Washington, DC. USDA Economic Research Service.
[13]Neumann et al., Animal Source Foods Improve Dietary Quality, Micronutrient Status, Growth and Cognitive Function in Kenyan School Children: Background, Study Design and Baseline Findings, *J. Nutr.* 133: 3941S-3949S, 2003.
[14]Mason, J., J. Rivers and C. Helwig (2005) Recent Trends in Malnutrition in Developing Regions: Vitamin A deficiency, anemia, iodine deficiency, and child underweight, *Food and Nutrition Bulletin*, 26, pp.28-34.
[15]Entz M. H. et al., (1995) Rotational benefits of forage crops in Canadian prairie cropping systems, *J. Prod. Agric.* 8, pp.521-529.
[16]Entz, M. H. et al., (2002) Potential of forages to diversify cropping systems in the northern Great Plains, *Agron. J.* 94, pp.240-250.
[17]Graham, R. D. and R. M. Welch (2002) Plant food micronutrient composition and human nutrition. Communications in *Soil Science and Plant Analysis* 31（11-14）pp.1627-1640.
[18]FAO (2012) World Livestock 2011 Livestock in food security available at http://www.fao.org/docrep/014/i2373e/i2373e.pdf（2016年9月23日アクセス）
[19]Vaclav Smil (2002) *Feeding the World A challenge for the Twenty-First Century*, The MIT Press Cambridge, Massachusetts, London, England p360.
[20]Nikos Alexandratos and Jelle Bruinsma (2012) Global Perspective Studies

Team *WORLD AGRICULTURE TOWARDS 2030/2050* The 2012 Revision ESA Working Paper No.12-03 June 2012 Agricultural Development Economics Division Food and Agriculture Organization of the United Nations.

[21] Tilman, D., Clark., (2014) Global diets link environmental sustainability and human health. *Nature* 515, pp.518-522 doi: http://dx.doi.org/10.1038/nature 13959（2016年9月23日アクセス）

[22] Krausmann, F., Erb, K.-H., Gingrich, S., Lauk, C., Haberl, H., (2008) Global patterns of socioeconomic biomass flows in the year 2000: A comprehensive assessment of supply, consumption and constrains, *Ecol. Econ.* 65, pp.471-487.

[23] David Tilman et al., (2002) *Nature*, 418, Agricultural sustainability and intensive production practices, pp.671-677.

[24] Martin, L. (2000) Costs of production of market hogs. *Western Hog J.* (Banff Pork Semin. 2000 Spec. Edn) 24.

[25] J. N. Galloway et al., (2004) Nitrogen Cycles: Past, Present, and Future, *Biogeochemistry*, 70, 2, pp.153-226.

[26] Smith, K. E. et al. (1999) Quinolone-resistant Campylobacter jejuni infections in Minnesota, 1992-1998. *New Engl. J.* Med. 340, 1525-1532.

[27] Oene Oenema (2006) Nitrogen budgets and losses in livestock systems *International Congress Series* 1293, pp.262-271.

[28] Lex Bouwman et al. (2013) Exploring global changes in nitrogen and phosphorus cycles in agriculture induced by livestock production over the 1900-2050 period, *PNAS*, 110, 52, pp.20882-20887.

[29] Y. Hou, et al., (2016) Feed use and nitrogen excretion of livestock in EU-27, *Agriculture, Ecosystems and Environment* 218, pp.232-244.

[30] Vaclav Smil (2002) Nitrogen and Food Production: Proteins for Human Diets, Ambio, 31, 2, *Optimizing Nitrogen Management in Food and Energy Productions, and Environmental Change*（Mar., 2002）, pp.126-131.

[31] Rinehart, K. E. (1996) Environmental challenges as related to animal agriculture-poultry In *Nutrient Management of Food Animals to Enhance and Protect the Environment*, E. T. Kornegay, ed., pp.21-28 Boca Ration, Fla.:Lewis.

[32] Choudhury, M., et al. (1996) Review of the use of swine manure in crop production *Waste Management & Research* 14, pp.581-595.

[33] Sims, J. T., and D. C. Wolf (1994) Poultry waste management: agricultural and environmental issue, *Advances in Agronomy* 52, pp.1-63.

[34] FAO (2008) Land Degradation Assessment in Drylands Land Use system maps http://www.fao.org/nr/lada/images/stories/LUSMapsv1_1/high/lus_wrld.jpg

第 9 章
農業開発をめぐる野生動物との軋轢と共存

足達　太郎

第1節　野生動物はなぜ害虫や害獣になるのか

　最近，野生動物によるトラブルが多い。クマにおそわれたというニュースをよくきくし，列車とシカの衝突事故がふえているという記事も目にする。シカやイノシシに田畑をあらされたという話もよくあり，害虫によって農作物に被害が生じたというケースは世界各地で昔からある（口絵9-1）。害獣や害虫のために，食料の供給がおびやかされるとすれば，こまったことだ。
　いっぽう，野生動物はまもるべき存在でもある。古来日本では，野生動物はけもの（獣）・とり（鳥）・うお（魚）・むし（虫）に分類され，身近な存在として人びとはこれらとむきあってきた[1]。世界各地の寓話や言いつたえなどに登場し，人間にしたしまれてきた野生動物も多い。近年，個体数が急速に減少し，絶滅したり，絶滅が危惧されたりしている動物種のなかには，日本のトキなどのように，種の保全というだけでなく，地域社会や文化のシンボル的な存在となっているものもある［1］。
　あるときには被害の原因となり，またあるときには保全の対象ともなる。そんな野生動物と人間が共存していくことは，はたして可能なのだろうか。有害なものは駆除し，希少価値があるものや無害なものは保護したらよい

---

(1) 19世紀後半に欧米から分類学が導入されるまでの，動物の一般的なわけかたである。「けもの」はおもに哺乳類，「とり」はおもに鳥類，「うお」はおもに魚類，「むし」はそのほかの陸生・水生の小動物を意味する。

──こう，おもわれるむきもあるかもしれないが，問題はそれほど単純ではない。前述のトキは，江戸時代のおわりごろまで，田畑をふみあらす害鳥としてあつかわれていた［2］。いっぽう，かつてはほとんど無害だったツマグロヨコバイや斑点米カメムシ類のような「ただの虫」が，何らかのきっかけによって重要害虫になったという事例も知られている［3］［4］。

農業や人間生活に害をおよぼす動物は，害虫や害獣（そのほか害鳥や害魚）などとよばれているが，野生動物はなぜ，そしていつから，人間に害をおよぼす存在になったのだろうか。このようなよび名をつくったのは人間なのだから，こうした言葉ができた背景や定義もあらいなおしてみるべきかもしれない。

そこで本章では，人間に害をおよぼす野生動物のなかから，とくに害虫と害獣をとりあげ，その定義を経済的な側面から見なおすとともに，防除や管理といった概念についてあきらかにする。つぎに，過去から現在まで，農業の現場で人間は害虫に対してどう認識し，どのようにふるまってきたのかを概観する。また，獣害の現状について日本とアフリカの事例を紹介する。最後に，人間が野生動物との軋轢(あつれき)を克服し，共存の道をあゆんでいくにはどうしたらよいのかをかんがえてみたい。

第2節　害虫・害獣とは何か

1）害虫・害獣の数と収穫との関係

昆虫や哺乳類など，野生動物が田畑などの耕作地に出現したら，耕作している人間は，そうした動物たちによる被害をふせぐために，何らかの対策をおこなう。しかし，野生動物があらわれれば，かならず被害が生じるのだろうか。そもそも「被害」とは何だろう。

図9-1は，農作物を加害する野生節足動物，すなわち害虫の密度と収穫量の関係を4つの類型にわけてしめしたものである。基本的にはAのように害虫密度が増加するのにしたがって収穫量は減少していく。しかし，果菜類の

果実をたべる虫のように，収穫部位を直接加害する場合は，Bのように害虫が低密度でも収穫量は激減する。いっぽう，果菜類の葉をたべる虫は，収穫部位を直接加害しないが，密度が増加すると葉が食いつくされ，光合成に支障がでて，Cのように収穫が一気に減少する。

おもしろいのはDである。害虫密度が0のときよりも，害虫がすこしいたほうが，収穫量が増加している。これは，害虫が加害すると，作物の補償作用によって茎の本数や着花数がふえたり，虫によって花粉がはこばれ結実数を増加する場合である。実際，害虫とされているもののなかにも，ハナムグリ類などのように，作物の授粉に貢献するポリネーター（送粉者）の役割をはたすものがいる［5］。害虫がいるからといって，一様に収穫が減少するわけではなく，場合によっては害虫の存在によって収穫がふえることもありうる。

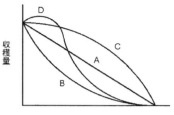

図 9-1　作物の収穫量と害虫密度との関係。A：害虫密度の増加にしたがって，収穫量が一定の比率で減少する場合。B：害虫が低密度のときに減少率が大きい場合。C：害虫が高密度のときに減少率が大きい場合。D：害虫密度が 0 よりも少し高いときに収穫量が大きい場合。

2）防除の費用と利益

害虫を防除する際には，費用を考慮する必要がある。防除を実施するには，農薬などの資材を購入したり，人をやとったりするための費用がかかる。たとえ資材をつかわず，自力で防除をおこなうとしても，そのための時間はかかり，労働や時間はコストとして金銭に換算される。いっぽう収穫した作物を市場などで売却してえられた代金は利益となる。防除にどれだけ費用をかけ，どれだけ利益があげられるかが問題だ。

防除によって害虫密度がさがれば，上述のとおり基本的には収穫量が増加して利益もふえる。だが，防除にかかった費用を利益がすこしでも上まわら

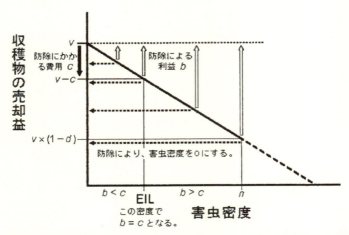

図 9-2　害虫密度と防除による利益と費用の関係。単位面積あたりの防除にかかる費用が c、害虫の最大密度が n、収穫物の最大価値（＝害虫密度 0 のときの利益）が v、害虫密度最大時の被害率が d であるとき、経済的被害許容水準は、EIL＝$(c \times n) / (v \times d)$ でもとめられる。たとえば面積10aの圃場で c＝2000円、n＝8000頭、v＝50000円、d＝40％（0.4）の場合、EIL＝800頭となる。これよりひくい害虫密度のときに防除を実施すると、防除による費用は利益を上まわる。

なければ、金銭的に損をすることになる。

　一般に、防除による利益とそれにかかる費用がひとしくなる害虫密度を、経済的被害許容水準（economic injury level, EIL）という（図9-2）。圃場にいる害虫密度がEILを上まわるときには、防除の利益は費用よりも大きく、下まわるときには、防除の利益は費用よりも小さい。害虫密度がEILを下まわっているということは、害虫がいても経済的な被害は生じていないということになる[2]。

---

(2) ただしこれは、あくまでも理論上の説明である。害虫密度と利益の関係は、実際には**図9-1**のBやCのように、直線的な関係にはならないことが多い。また、収穫量が多いことは、かならずしも利益の増大にはむすびつかない。商品の価値は、市場全体の動向や消費者の心理などにも左右されるからである。とはいえ、害虫密度が十分にひくければ、経済的な被害が生じないことは事実である。

3）防除から管理へ

　上述したとおり，圃場に野生動物がいたからといって，かならずしも防除をするべきとはかぎらない。防除すべきか否かは，害虫や害獣の数できまる。害虫密度をかぎりなく0に近づけようと，殺虫剤を大量に散布したりすると，後述するように，害虫に薬剤抵抗性が発達して殺虫剤がきかなくなったり，害虫の天敵となる節足動物やポリネーターがいなくなったりして，収穫量の減少をまねくおそれがある。

　「防除」という言葉はそもそも，予防と駆除をあわせたものである。害虫や害獣の発生をあらかじめ防止し，それでも発生したら除去するという意味である。そこには，害虫や害獣をゼロに──すなわち殲滅しようというニュアンスがふくまれている[3]。近年はこれが不適切なことと認識されるようになり，防除のかわりに「管理」という言葉がつかわれるようになっている。管理には，害虫や害獣の数をできるだけ少ない水準に維持し，経済的な被害が生じないようにするという意味あいがこめられている。

　この言葉は，対象を明示して「害虫管理」や「野生動物管理」などのようにもつかわれる。さらには，対症療法的に害虫だけを管理の対象とみなすのではなく，害虫密度に影響およぼす天敵や植生もふくめた「総合的害虫管理」（integrated pest management：IPM）という用語が世界的につかわれている。IPMの目的は，害虫個体群を経済的な被害が生じるレベル以下におさえるこ

---

[3] 日本の農業生産現場では，作物の病気をふせぐ殺菌剤だけでなく，害虫防除のために殺虫剤を散布することも，なぜか「消毒」と表現する。食料の生産過程からあらゆる生きものを異物として排除しようとするかんがえかたや実践を，「消毒思想」とよんでいる。

[4] 1967に採択されたFAO専門家パネルの定義によれば，総合的害虫管理（IPM）とは，「周辺環境と害虫の個体群動態にかんがみ，あらゆる適切な技術や方法をできるかぎり有効な形で活用し，経済的被害が生じるレベル以下に害虫個体数を維持するための害虫管理システム」のことである。これ以降もIPMにはさまざまな定義があたえられており，近年は環境への配慮や生態系保全を重要な目的としてあげているものが多い。

とである[4]。害虫がいても被害が生じないのであれば、それはもはや害虫ではない。「ただの虫」だ。

第3節　害虫防除の起源と歴史

1）農耕のはじまりと作物保護

　わたしたち——現生人類であるホモ・サピエンス——の祖先は、野生の動物と植物に食料を依存していた。ところが約1万2000年前、急激な寒冷化と乾燥化にみまわれ、食料を安定的にえる必要にせまられた人類は、植物を栽培し、動物を飼養することをはじめた［6］。

　栽培する植物は、そだてるのが比較的容易で、なおかつ栄養豊富でたべやすい種が最初にえらばれたことだろう。何世代にもわたって「そだてやすい」「たべやすい」といった形質を選抜するうちに、そうした形質はますます顕著になり、「作物」が誕生した。作物は通常、だれかに播種したり収穫したりしてもらわなければ、繁殖することができない。植物がその繁殖を完全に人間に依存するようになったときに、作物がうまれたともいえるだろう［7］。

　植物が作物となる際に、人間に依存するようになったもうひとつの重要なことは、野生動物からの防御である。野生植物は元来、ヒトをふくむ野生動物からの食害を回避するために、体にとげをはやしたり、栄養豊富な部位を地下にかくしたり、不快な味やにおいをもつ成分や毒を体内にたくわえたりといった物理的・化学的な防御機構をそなえている［8］。しかし、このような防御機構は、人間にとっての「たべやすさ」からすれば不要であり、栽培化の過程で消失していった。だが、人間にとってたべやすいということは、野生動物にとっても同様である。人類は、自分たちがたべるためにそだてている作物が、ほかの野生動物にたべられないよう、まもらなければならなくなったのである。

　先史時代の人類が、どのように作物を保護していたのかを知る手がかりはほとんどない。哺乳動物や鳥類に対しては、現在も熱帯地域でみられるよう

に，石をなげたり，大きな音をたてて追いはらったり，狩猟のための道具をつかって捕獲していたとおもわれる（**口絵9-2**）。

いっぽう，昆虫をはじめとする節足動物による食害は，あまり問題にならなかったようだ。初期の農耕は，さまざまな作物が一緒にそだてられ，1回または数回ごとに，耕作地を放棄してあらたな場所に移動するものであった[5]。このような粗放な農法のもとでは，節足動物はあまり増殖できず，人が手間をかけて防除するほどの被害はなかっただろう。つまり，害虫密度がEILを下まわっていたとかんがえられるのである。

2）神だのみと創意工夫

文字による記録がのこされている時代になると，害虫やその防除にかんする史料がかなりある。「旧約聖書」には，おびただしい数のトビバッタの大群がエジプト全土をおそい，木や草を食いつくしたという記述がある［9］[6]。このバッタはサバクトビバッタとかんがえられ，現在もアフリカから西アジアにかけて，数年から数十年おきに大発生し，発生地域の食料生産に甚大な被害をおよぼしている。

紀元前2500年ごろには，メソポタミアのシュメール人が昆虫を駆除するために硫黄をもちいたという記録がある［10］。3世紀の中国では，果樹を加

---

(5) 移動式農耕は，しばしば森林への火いれをともなうことから，焼畑農法ともよばれる。焼畑農法は現在も熱帯地域などでみられるが，害虫が問題になっているという事例は少ない。火いれによる加熱が害虫の繁殖をおさえるのに役だっているという指摘もある。
(6) 日本語訳の「旧約聖書」では，英語のlocustが「いなご」と訳されているが，これは誤訳である。イナゴ類もバッタの仲間ではあるが，トビバッタ類とちがって大群をつくって飛来することはない。
(7) 生物的防除（biological control）とは，害虫や害獣の天敵を利用してこれらの密度をさげる防除法のことである。利用される天敵の種類は，微生物から哺乳動物までさまざまであり，害虫や害獣をとらえてたべる捕食者，寄生して最後にころす捕食寄生性天敵，感染して病気をひきおこす病原微生物などがある。生物的防除は，総合的害虫管理の重要な要素として位置づけられている。

害するカメムシ類などの防除につかうため，ツムギアリの一種の巣が販売されていたという［11］。もっともはやい生物的防除の事例のひとつであろう[7]。

このような先駆的な防除技術の記録があるいっぽうで，一般の人びとは，害虫をどのように見ていたのだろうか。中世ヨーロッパでは，作物や果樹をあらす害虫は宗教裁判にかけられ，キリスト教会から破門を宣告された害虫は，教区からの退去を命じられたという［12］。日本では，害虫をもたらすのは死者の霊であるとされ，その退散を神仏にねがうため，「虫おくり」や「虫追い」といった行事がおこなわれた（口絵9-3左上）［13］。

こうした事例をみると，当時の人びとは，農作物に被害をおよぼすような害虫の大発生を，「悪魔の仕わざ」や「死者のたたり」などという人智のおよばない現象とかんがえていたことがうかがわれる。そもそも「害虫防除」という発想がなく，あえて虫たちを目の敵にすることもなかったようだ。日本にはもともと，生きものの属性をあらわすものとして，「害虫」という言葉はなく，水田に発生する虫はすべて「いなむし（蝗）」とよばれていた［14］。

近代にはいると，神だのみ以外にも，合理的な方法で害虫防除がおこなわれるようになる。日本では江戸時代，新田開発がさかんになり，備中鍬や千歯こきといった農具や，油粕や干鰯（ほしか）などの肥料がつかわれるようになり，農業生産性が向上した。害虫の大発生によって飢饉がおこることもたびたびあったが[8]，農具や肥料などと同様，人びとの叡智と創意工夫がさまざまな防除技術をもたらした。

そうした技術のなかでも有名なものに，イネの害虫に対する注油法がある。ウンカなどの害虫が発生している水田に油をそそいでから，竹竿などでイネから害虫をはらいおとす。水におちた害虫は，気門が油膜でふさがれ，窒息死する。江戸幕府は害虫の大発生にそなえるため，この方法を採用することを全国の代官に布令したという（口絵9-3下）［15］。

（8）江戸時代中期の1732年におこった享保の大飢饉では，西日本を中心にウンカが大発生し，イネに甚大な被害をもたらした。約100万人が餓死し，250万人が飢餓におちいったといわれる。

3）戦争と害虫

　虫たちの発生を，農業生産を阻害する脅威として多くの人びとが認識するようになったのは，近代以降のことである。20世紀に化学肥料が登場するとともに，多収性の作物が育成され，耕地面積あたりの作物の収穫量は飛躍的に増大した[9]。それまで，太陽，水，土壌といった自然のめぐみにゆだねられていた農業は，化学肥料や農薬，多収性の種子といった生産財を多量に投入すればするほど，多くの生産物がえられるシステムになった。いわば農業の工業化である。

　集約化された圃場では，虫たちは栄養価の高い餌に容易にありつけるため，旺盛な繁殖力を発揮するようになった。いっぽう，工業の発達によって農薬など防除資材のコストは相対的に低下した。図9-2でみられるとおり，防除のコストがさがれば，EILは低くなる傾向がある。つまり工業化には，「ただの虫」が害虫化することを，後おしするはたらきがあるといえるだろう。

　農業が工業化する背景には戦争があった。化学肥料の製造によって勃興したヨーロッパの化学工業は，第一次世界大戦中に毒ガスなどの化学兵器の開発競争でさらに発展した。そうした技術の蓄積によって戦後，化学合成殺虫剤がうまれた［16］。そのほかにも，戦車と農業用トラクター，戦闘機と航空農薬散布など，近代的農業に欠かせない技術の多くは，戦争との密接なかかわりをもとにうみだされたのである。

　戦争と農業とのかかわりは，害虫防除にもさまざまな影響をおよぼした。ひとつはイメージにかんするものである。政府のキャンペーンや殺虫剤の広告などで，虫たちは殲滅すべき敵にみたてられ，新兵器を総動員してたたか

---

(9) 化学肥料は1906年にハーバー（Fritz Haber, 1868～1934）とボッシュ（Carl Bosch, 1874～1940）によって量産化の技術が開発された。多収性作物品種は1940～60年代にボーローグ（Norman Ernest Borlaug, 1914～2009）らによって育成され，「緑の革命」とよばれた。20世紀における農業技術上のこれらの革新をあわせて，「種子・肥料革命」とよぶ。

う相手とみなされた。「人類の敵」としての害虫の誕生である [17]。

　総力戦により当事国が食糧増産にとりくむなか，いくつかの特定の昆虫種が，重要害虫として認識されるようになった。第一次世界大戦中のスマトラ島では，プランテーションによるタバコ生産者がマメ科作物への転作をおこなったところ，それまで見られなかったマメノメイガという害虫が発生し，その名が知られるようになった [18]。また，国際的な物資輸送の増加にともない，マメコガネ（ダイズ）・ヨーロッパアワノメイガ（トウモロコシ）・ワタミゾウムシ（ワタ）などといったローカルな害虫が，国境をこえて世界じゅうにひろまっていった。

4）害虫と環境問題

　第二次大戦後，世界的な食料増産態勢のなかで，化学合成殺虫剤の消費量は飛躍的にのびた。とくにDDTをはじめとする有機塩素系殺虫剤は，世界的な食糧増産のおりから，各国の農業生産現場で大量に使用された。こうした殺虫剤は，散布後は生きものがほとんどのこらないほど「すばらしい」効果をしめした。しかし，その陰では重大な問題が進行していたのである。

コラム9-1　カーソンと「沈黙の春」

　「沈黙の春」の著者であるレイチェル・カーソン（Rachel Louise Carson, 1907〜1964）は，アメリカの科学ジャーナリストである。大学院で生物学の教育をうけた彼女は，農薬が生態系におよぼす影響にかんする当時最新の学術論文を多数よみこんで本書をかきあげた。出版の際には，農薬メーカーや業界団体から執拗な妨害にあったという。やがてケネディ大統領（当時）の目にとまり，農薬問題が政策にとりあげられることになったのだが，大企業からの圧力にひとりで立ちむかった勇気には括目させられる。執筆中に癌をわずらい，出版からわずか1年半後に亡くなった。

　1962年に「沈黙の春」という一冊の本がアメリカで出版された。この本は，化学合成殺虫剤の弊害をあきらかにしたものだった。農薬の濫用がつづけば，

生態系が破壊されて野生動物が死にたえ，人間も健康では生きられない世界がおとずれると警鐘をならしたのである（**コラム9-1**）[19]。

化学農薬にはまた，抵抗性の問題がある。抵抗性とは害虫が殺虫剤の作用を回避する能力のことである。害虫個体群のなかに抵抗性をもった個体がわずかでもいれば（変異），同一の殺虫剤を長期間にわたってくりかえし散布することによって，抵抗性をもたない個体は淘汰される（選択）。そのような抵抗性がいくらかでも次世代にも受けつがれるならば（遺伝），生物進化の原理によって，ほとんどの個体が抵抗性をもつようになり，薬剤がきかなくなってしまう。それでもさらに殺虫剤をつかいつづけると，天敵がいなくなり，薬剤の散布によってかえって害虫がふえてしまう誘導多発生とよばれる現象もみられる。

環境問題への人びとの関心のたかまりを背景に，1970年代以降先進国では，DDTなど環境への影響が大きい化学農薬の使用を禁止した。しかし，途上国の多くでは，その後もこうした農薬の使用がつづけられ，健康被害や生態系への影響が問題となっている。先進国においても，「環境にやさしい」とされるあらたな化学農薬の開発がつづけられているが，人体や生態系への影響は，ながい時間がたってからはじめて顕在化することが多く，不安視する人びとも多い。「食の安全・安心」についての関心が大きなたかまりをみせているが，裏をかえせば，かぎりない不安の時代にわたしたちは生きているといえるのではないだろうか[10]。

---

(10) 日本にはコメの等級制度があり，カメムシ類の吸汁によって生じる斑点米の混入率が0.1％をこえると，1等米から2等米に格さげとなる。このため多くの農家は，カメムシに効果があるとされるネオニコチノイド系殺虫剤を散布している。この殺虫剤は，近年多発しているミツバチの群れの大量崩壊との関係が指摘されている。

第4節　獣害の現状と課題

1）日本の獣害問題

　日本では近年，シカ・イノシシ・サルなどの野生動物による農業被害が深刻である。2014年度のデータによれば，被害面積は約6万9,000haであり，これは日本の全耕地面積1.5％に相当する（図9-3）[20][21]。比率からすると小さいが，中山間地域に集中しているので，そうした地域では相当大きな被害をこうむっている。獣害のために耕作をあきらめ，耕作地が減少したために，データ上では被害面積がへっているという現実もある。

　近年の獣害の多発は，中山間地域(11)の過疎化がおもな原因といわれている。耕作放棄地が増加するとともに，里山の荒廃がすすみ，野生動物の活動域が耕作地にまで進出してきたという見かたである。獣害というのは，圃場全体があらされ，虫害以上に無残な様相を呈することが多く，収穫寸前で作物を台なしにされてしまうなど，精神的なダメージが大きい。そんなおもいをするくらいならと，多くの人びとが耕作を放棄してしまう。そうするとさらに，野生動物の活動域がひろがっていく。まさしく悪循環である。

　くわえて，狩猟免許をもった人が高齢化するいっぽうで，若年層の参入が少なく，駆除の機会が減少していることが，野生動物の個体数の増加につながっているという指摘もある。さらに，近年の気候温暖化によって，野生動物の繁殖力が増加しているという。

　政府としても，鳥獣保護法を改正して，高度な技術をもつ捕獲事業者を認定したり，狩猟免許の取得要件を緩和したりするなど対策をおこなっている。しかし，行政がいくらあとおしをしても，個人のレベルで獣害対策にとりく

---

(11) 中山間地域とは，平野部と山間部のあいだを意味する中間地域と山間地域をあわせた地域のことであり，日本の国土面積の約7割がこれに相当する。この地域には，全国の耕地面積の約4割，総農家数の約4割が立地しており，日本の農業のなかで重要な位置をしめている。

第9章　農業開発をめぐる野生動物との軋轢と共存（足達　太郎）

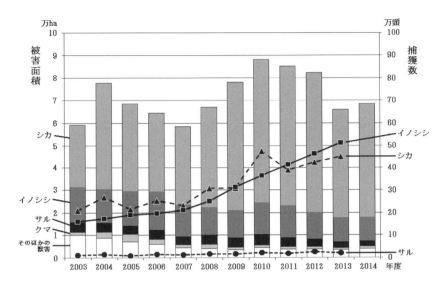

図 9-3　日本おける獣害による農業被害面積（棒グラフ、左目盛）と野生動物捕獲数（おれ線グラフ、右目盛）。参考文献番号 [20] [21] をもとに作図。

むには限界がある。地域ぐるみで捕獲した野生動物を食肉として加工したり、ジビエ料理をひろめようとするうごきもある[(12)]。しかし、現実的には対策がおいついておらず、捕獲獣の処理にこまって廃棄するケースが少なくない[22]。

2）ケニアの獣害問題

　野生動物による農業被害は、熱帯地域でも問題となっている。ここでは、野生動物の宝庫として知られる東アフリカのケニアについて見てみよう。
　ケニアの主要産業は農業である。2014年の生産額は167億ドル。GDPの27％、労働人口の40％以上をしめている[23]。輸出総額は58億ドル。その内訳は、茶、コーヒー、花卉など特定の農産物が約半分をしめる典型的なモノカルチャー

---

(12) ジビエ（gibier）とは、フランス語で食材用に捕獲された野生の鳥獣のこと。

経済である［24］。トウモロコシなど国内むけ食用作物の生産性は低く，食料の供給は不安定である。コーヒーや茶の栽培はおもに，イギリス植民地時代に白人が入植した標高1,500m以上の冷涼な高地でおこなわれている。こうした農産品目と産地のかたよりを是正し，農村部の貧困を解消するため，ケニア政府は広大な未利用地の農業開発をすすめている。

このような国情を背景に，近年多くの農民が，大都市からはなれた未開拓の土地にぞくぞくと入植している。しかし，こうした土地は，国立公園などの野生動物保護区に接していることが多い。そのため，あらたな入植地で動物による農業被害が頻繁にみられるようになった。アフリカゾウなど野生動物の多くは，餌をもとめて季節的な移動をおこなう。国立公園は広大であり，柵などでかこわれているわけではないから，野生動物は保護区の内外を自由に行き来できるのである（**口絵9-4**）。

農民たちは野生動物による被害に対処するため，案山子をたてたり，ロープや柵，側溝をもうけて動物の侵入をふせぐとともに，不寝番をしたり，完熟前に作物を収穫するといった対策を実施している。しかしこうした対策はコストがかかるうえ，あまり有効ではない［25］。

そもそも，東アフリカに野生動物が豊富なのは，自然地理学的な好条件にくわえて，歴代の政府による保護政策によるところが大きい。古来，東アフリカの人びとは，農耕や牧畜，狩猟採集などの生業をいとなみ，野生動物たちと共存してきた。

ところが19世紀末にイギリスなどの植民地になると，欧米人たちにはめずらしいこうした野生動物が，レクリエーションとしての狩猟，すなわちスポーツ・ハンティングの格好の標的となったのである。銃器をもちいた乱獲によって激減した野生動物を保護するため，植民地政庁は野生動物保護区をもうけ，保護区内でのハンティングを規制した。同時に，もともと保護区内に居住していた人びとの生業としての狩猟は密猟とみなされ，処罰の対象となった［26］。

現在ケニアには，野生動物を見物しに，毎年多くの外国人観光客がおとず

れる。観光業は農業，製造業につぐケニアのGDP第3位であり，野生動物は観光資源の大きな目玉になっている。国立公園の入場料は野生動物の管理と保全にあてられ，そのための行政機関として野生動物公社（KWS）が設置されている。KWSは，密猟をきびしくとりしまるいっぽうで，野生動物による農業や牧畜の被害対策にも責任をもっている。KWSの補償窓口には，作物や家畜の被害届が殺到しているが，実際に補償されるケースは非常に少なく，住民のあいだでは不満が鬱積している。ケニアではこの問題を「野生動物と人間との軋轢」（human-wildlife conflict）とよび，国民が高い関心をもつ重要な課題とされている。

3）野生動物との軋轢と共存

　日本とケニアの事例は対照的で，一見正反対のようにもみえる。しかし，野生動物と人間の境界が不明確になっているという点では，両事例とも共通しているといえよう。こうした不明確化の原因は，いずれも過疎化や大規模な入植といった地域社会の急激な構造変化である。

　両国でおこっている獣害問題に，第1節でのべたIPMのかんがえかたを適用するとどうなるだろうか。日本でもケニアでも，個々の農家のレベルで野生動物を管理するのは，費用がかかる割には利益が少なく，モチベーションをえがたい。したがって，野生動物管理の利益が費用を上まわるようにするためには，地域ぐるみのとりくみが必要である。その際には，農産物の売却益だけでなく，ジビエ料理や野生動物観光など，地域に特有の資源や景観の価値も利益としてかんがえる必要があるだろう。

　こうした経済的効果を検討することのほかに，野生動物と人間との関係をめぐる歴史についてもふりかえってみる必要がある。

　ケニアにくらす牧畜民であるマサイ人は，ライオンなどの肉食獣から家畜をまもるため，あるいは成人になるための儀式として，必要に応じて野生動物を狩猟してきた。そのため動物たちは，独特の赤い民族衣装をまとって平原をあるきまわるマサイたちをおそれるようになった［27］。牧畜民のこう

した生活習慣が，野生動物の保全に寄与してきたともかんがえられるのである。

いっぽう，日本の東北地方の山地で，狩猟を生業とするマタギとよばれる人たちには，猟で山にはいる際に，さまざまなきまりごとがある。たとえば，山にはいる前に1週間禁欲する，マタギの留守宅では枕を神棚にそなえる，「巻き狩り」とよばれる集団猟では，獣を仕とめたらクマなら頭，カモシカなら角を最初に銃をうった者がとり，あとはすべて平等に分配する——などといったこととともに，山神への信心をたやさないよう，常にいましめられる [28]。マタギのような熟練した集団による狩猟圧は，相当高いとかんがえられるが，このような多くのきまりごとは，乱獲をおさえる歯どめにもなっている。

こうしてみると，マサイやマタギの習慣やきまりごとは，儀式や信心という形をとりながら，実質的に野生動物と人間の生活圏の境界を明確にするはたらきがあることがわかる。野生動物との共存のありかたをかんがえるうえで，こうした事例は重要なヒントになるのではないだろうか。

第5節　野生動物と人類の未来

1）生態系サービスと農業

「人間は自然からめぐみをうけている」とよくいわれる。自然からのめぐみとは，言いかえると，さまざまな生物とそれらをとりまく環境，すなわち生態系によって人間生活にもたらされる恩恵のことであり，生態系サービスともよばれる（表9-1）[29]。農業についてみても，世界各地で栽培されているさまざま作物は生態系からもたらされた資源であり，それらを耕作する農業そのものも，表9-1で説明されている生態系の基盤サービスや調整サービスによってささえられている。

こうした生態系サービスをささえているのが生物の多様性である。地球上には現在，未知の種をふくめて約870万種もの生物が生息していると推測さ

表9-1 生態系サービスの区分

供給サービス 生態系よりもたらされる 物的資源	調整サービス 生態系の調節機能からえられる 利益	文化的サービス 生態系からえられる 非物質的な恩恵
食料，淡水，燃料，建築資材，繊維，生化学物質，遺伝資源など	気候調節，病気の抑制，天敵による害虫の抑制，キーストーン種による競争排除，水質浄化など	娯楽・教育，エコツーリズム，美観，精神的価値観，文化的遺産など
基盤的サービス 生態系をささえる機能		
土壌生成，栄養循環，植物による一次生産，天敵の餌となる「ただの虫」，昆虫や微生物による有機物の分解など		

Millennium Ecosystem Assessment（2003）より改変[29]。

れているが[30]，これらの種はすべて約40億年前に存在したひとつの祖先種から枝わかれしたものとかんがえられている。

しかし，生物種の増加は終始順調にすすんだわけではない。多くの種が短期間のうちに絶滅するという事変が，過去に何度かあったことが，地質学的な証拠からわかっている。なかでも，約2億5000万年前の古生代末におこったペルム紀の大量絶滅では，海生生物の96％，陸生脊椎動物の69％の種が絶滅したという[31]⁽¹³⁾。こうした大量絶滅は地球史上，これまでに5回あったとされているが，第6回目の大量絶滅が現在進行中であると多くの科学者がみとめている[32]。その最大の原因は，人類による農業開発である。

2）野生動物の絶滅と生物多様性の管理

農耕地の拡大によって，野生動物の生息地は近年減少の一途をたどっている。生育に適した場所の面積が小さくなれば，個体数は減少する。生息密度

---

(13) ペルム紀の大量絶滅の原因については，大規模な火山活動や超大陸パンゲアの形成，大規模な寒冷化，海洋の無酸素化など諸説あるが，特定されていない。
(14) 種間競争があるなかで，競争につよい種を選択的に捕食することによって，よわい種が排除されるのを抑制し，種多様性を維持するようなはたらきをもつ捕食者をキーストーン種とよぶ。

があるレベルを下まわると，繁殖できる可能性が低くなるとともに，少数の個体が死亡しただけも個体群にあたえるダメージが大きくなる。また，個体群内の遺伝的多様性が低くなり，環境の変化や病気に対する抵抗力がよわまる。これらの要因は相互に関連しているので，ある程度の個体数を下まわると一気に絶滅までつきすすんでいく。これを「絶滅の渦」という。

さらに，ある生物が絶滅すると，ほかの生物種にも影響がおよぶ。動物では，捕食者がほかの種を捕食することによって，個体数が適度に調節され，多数の種が共存できる場合がある。こうした捕食者が消滅すると，特定の種が他種を圧倒して増殖するようなり，生態系が崩壊したり，あらたな害虫や害獣が出現したりすることの一因ともなる[14]。

ある生物が，絶滅することなく長期間存続できる個体群密度の下限を，絶滅限界密度という。生物多様性を持続しつつ，野生動物が害虫や害獣にならようにするためには，あらゆる適切な手段をもちいて，動物の個体数を絶滅限界密度よりも高く，EILよりも低くなるように維持すればよい。これを総合的生物多様性管理（integrated biodiversity management：IBM）という（図9-4）[33]。IBMが実現できれば，害虫や害獣は無害な野生動物となるだろう。野生動物はおたがいに食ったり，食われたりしながらも，長期的にはすべての個体群が安定的に持続していくはずである。しかしこれは，あくまで理想

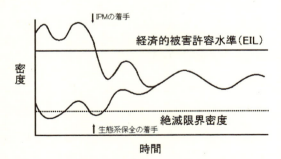

図9-4　総合的生物多様性管理（IBM）の目標と達成までの野生動物個体群密度の推移。桐谷（2004）より改変［33］。

的な状態であって，設定すべき目標である。これを実現するには，たとえばマサイやマタギなど，野生動物と共存してきた人びとの知恵にまなぶなど，創意工夫していくしかないだろう。

3）「マルサスの予言」と「成長の限界」

2011年10月，国連は世界の人口が70億人を突破したと発表した。推計によれば，2050年には少なくとも87億人，多ければ108億人に達するという［34］。これほど膨大な人口をやしなうだけの食料を供給することがはたして可能なのだろうか。

経済学者のマルサスは，18世紀初頭にその著書「人口論」のなかで，人口は制限されなければ幾何級数的に増加するが，食料は算術級数的にしか増加しないので，将来はかならず食料が不足して飢餓が生じ，人口増加が頭うちになると予言した［35］(15)。

世界人口のこれまでの推移をみると，農耕が開始された約1万2000年前には数百万程度だったが，紀元前13世紀ごろようやく1億に達する。その後はながらく，人口が倍増するのに1000年以上かかるペースだったのが，19世紀の産業革命のころから急増しはじめ，種子・肥料革命がおこった最近100年間では約4倍に増加している（**図9-5**）。ところが1975年以降，10年ごとの増加速度は，ほぼ8億人前後で推移している。これは現在の約70億の人口から倍増するのに，単純計算で約90年かかるペースであり，前世紀までとくらべると，人口増加がにぶってきているようにもみえる。

じつのところ，人口の増加に限界があるというのは，動物生態学の分野で

---

(15) マルサス（Thomas Robert Malthus, 1766 ～ 1834）はイギリスの経済学者。「人口論」は後世の人びとに大きな影響をあたえ，ダーウィン（1809 ～ 1882）が進化論を発想する際のヒントにもなったという。幾何級数的な増加とは，「1，2，4，8，16，……」のように，一定の数をかけていくようなふえかた。算術級数的な増加とは，「1，2，3，4，5，……」のように，一定の数をたしていくようなふえかたのことである。

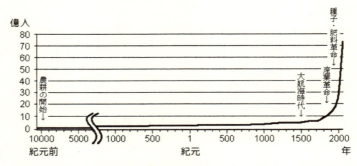

図 9-5 世界人口の推移（紀元前1万年〜2015年）。Oritz-Ospina and Roser（2016）をもとに作図 [36]。

表 9-2 過去100年間の世界人口の増加速度（1915年から2015年まで10年ごと）

期間	増加した人口
1915〜1925 年	1 億 5426 万 3616
1925〜1935 年	2 億 4501 万 4390
1935〜1945 年	1 億 6929 万 6682
1945〜1955 年	3 億 9172 万 1451
1955〜1965 年	5 億 6418 万 0596
1965〜1975 年	7 億 3890 万 4107
1975〜1985 年	7 億 9114 万 1341
1985〜1995 年	8 億 8258 万 2515
1995〜2005 年	7 億 8451 万 2766
2005〜2015 年	8 億 2983 万 6249
1915〜2015 年	55 億 5145 万 3713

Oritz-Ospina and Roser（2016）をもとに作表 [36]。

は常識である．生物の個体数は理論的にはネズミ算式にふえるはずである．だが実際には，環境や資源がかぎられているため，増加にはいずれブレーキがかかる．ショウジョウバエをガラス瓶のなかで飼育すると，はじめはさかんに増殖するが，ある程度の個体数に達すると，それ以上はふえず，ほぼ一定の個体数で安定する．この場合，飼育容器の大きさが制限となるからだ．より大きな容器で飼育すると個体数はふえるが，やはり一定の上限でとまる．ある生息環境における個体数増加の上限を環境収容力という（**コラム9-2**）．

　農耕の開始，産業革命，種子・肥料革命と，人類はより効率よく食料を供給する方法を開発し，その都度人口の上限をたかめてきた．しかし，農地をふくめて生存に必要な面積に制限があるという点では，人類もほかの野生動物と同様であり，人口増加の限界はかならずやってくるとかんがえるべきである．

　1972年に出版された「成長の限界」という本では，人口増加と経済成長が

第9章　農業開発をめぐる野生動物との軋轢と共存（足達　太郎）

このままつづけば，食料の不足や資源の枯渇，環境汚染の増大によって，カタストロフィー（地球規模の大変動による破局）がおとずれると予言している[37]。図9-6は，その予言にもとづく3とおりのシナリオを図示したものである。Aは，人口増加率や経済成長率を意図的に減少させて，人口が環境収容力にスムーズにおちつく場合である。Bは成長をとめられず，人口が環境収容力をこえてしまい，破局と回復をくりかえしながら，

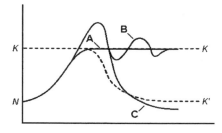

図 9-6　人口増加の限界とその後のシナリオ。実線は人口（N），破線は環境収容力（K）。A：人口増加率をおさえることによって，人口は環境収容力（K）付近でなめらかに安定。B：人口が環境収容力（K）を超過し，カタストロフィーと回復をくりかえしたのち安定。C：カタストロフィーのあと，環境悪化によって環境収容力が低下（K'）。人口は回復せず過去の水準まで激減。Meadows et al. (1972) より作図 [37]。

最終的に安定するという予想である。Cは資源の枯渇や環境の悪化によって環境収容力が低下し，産業革命以前の人口まで減少するというものである。

最後のシナリオは，いささか悲観的すぎるようにもおもえるが，かならずしも非現実的とはいえない。深刻な環境破壊によって社会や文明が崩壊した例は，歴史上枚挙に暇がない [38]。

コラム9-2　環境収容力とロジスティック方程式

　環境に制限があるときの生物の増殖は，以下のロジスティック方程式であらわすことができる。

$$\frac{dN}{dt} = rN\left(1 - \frac{N}{K}\right)$$

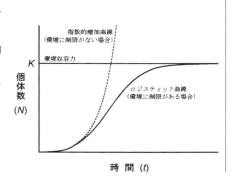

ここで，N は個体数，t は時間をあらわし，dN/dt は個体数の増加率で，グラフでは曲線の接線のかたむきをあらわす。r は内的自然増加率といい，生物が本来もっている繁殖能力にもとづく値である。K は環境収容力で，ある環境における個体数の最大限界値。この式では，N が増加して K に近づくほど，曲線のかたむきは 0，すなわち横軸との平行線に近づく。

この方程式であわらされる曲線は，生物の増殖だけでなく，たとえば家電製品の普及率など，制限がともなうさまざまな増加現象にあてはまるものである。

4）野生動物と人類の未来

現代文明を崩壊させるようなカタストロフィーとは何だろうか。「成長の限界」が出版された1970年代とくらべて，2010年代に生きるわたしたちは，より多くのカタストロフィーの予兆をあげることができるだろう。地球温暖化，海水面の上昇，原発事故……。農業についてみれば，灌漑による塩類の地表集積や，家畜や水田からのメタンガスの発生，化学農薬や肥料による生態系の破壊などがあげられよう。何よりも危惧すべきなのは，野生動物が絶滅の渦にまきこまれ，生物多様性が低下し，生態系サービスが機能しなくなることである。

そうならないためには，農業開発と人間生活のありかたを根本的にかえていく必要がある。人口問題を解決するために食料を増産するのではなく，その原因となっている貧困を解消することが重要である。先進国と途上国のあいだのさまざまな不公平を是正するとともに，資源をわかちあうことも必要だ。野生動物が生息する未利用地をこれ以上開発するべきではないし，野生動物を保護するための地域をもっと確保しなければならない。虫がついていない，きれいで「安心」できる食料をえるために，農薬で「消毒」をおこない，その農薬の安全性を心配している矛盾にも気づくべきである。長いあいだ慣れしたしんできた農業や生活をかえるのは困難なことかもしれない。それを克服するのに必要なのは，人類の叡智と勇気である。

参考文献

［1］佐藤春雄（1978）『はばたけ朱鷺——トキ保護の記録』研成社，pp.59 〜 111。
［2］同上，pp.35 〜 41。
［3］桐谷圭治（2004）『「ただの虫」を無視しない農業——生物多様性管理』築地書館，pp.46 〜 50。
［4］渡邊朋也・樋口博也（2006）「斑点米カメムシ類の近年の発生と課題」『植物防疫』60巻，pp.201 〜 203。
［5］Ostiguy, N.(2011) Pests and pollinators. *Nature Education Knowledge* 3(10): 3.
［6］Lieberman, D.E.（2013）*The Story of the Human Body: Evolution, Health and Disease*, Pantheon Books ［塩原通緒訳（2015）『人体600万年史——科学が明かす進化・健康・疾病（下）』早川書房，pp.11 〜 18］．
［7］Belwood, P.（2004）*First Farmers: The Origins of Agricultural Societies*, Wiley-Blackwell ［長田俊樹・佐藤洋一郎監訳（2008）『農耕起源の人類史』京都大学学術出版会，pp.69 〜 74］．
［8］Moles, A.T.（2013）Correlations between physical and chemical defences in plants: tradeoffs, syndromes, or just many different ways to skin a herbivorous cat? *New Phytologist* 198: 252-263.
［9］日本聖書協会（2014）「出エジプト記」10章15節『旧約聖書』（新共同訳）。http://www.bible.or.jp/read/titlechapter.html （2016年10月28日アクセス）
［10］小西正泰（1992）『虫の文化誌』朝日新聞社，193p。
［11］Konishi, M. and Ito, Y.（1973）Early entomology in East Asia. *History of Entomology*, Annual Reviews, pp.1-17.
［12］小西　前掲書，pp.196 〜 197。
［13］田中誠（2014）「害虫防除の民俗誌」『文化昆虫学事始め』創森社，pp.13 〜 35。
［14］大蔵永常（1826）「除蝗録　全」［小西正泰（現代語訳）（1977）『日本農書全集15』農山漁村文化協会，p.26］。
［15］小西正泰（1977）「除蝗録・解題」『日本農書全集15』農山漁村文化協会，p.110。
［16］瀬戸口明久（2009）『害虫の誕生——虫からみた日本史』筑摩書房，pp.150 〜 158。
［17］同上，pp.173 〜 179。
［18］Dietz, P.A.（1914）Het katjang vlindertje（het vermeende toa-toh-motje）. *Mededeelingen van het Deli-Proefstation te Medan* 8: 273-276.
［19］Carson, R.（1962）*Silent Spring*, Houghton Mifflin ［青樹簗一訳（1974）『沈黙の春』新潮社］．

[20] 農林水産省（2016）「鳥獣被害対策コーナー」
[21] 環境省（2016）「狩猟及び有害捕獲等による主な鳥獣の捕獲数」http://www.env.go.jp/nature/choju/docs/docs4/higai.pdf（2016年11月1日アクセス）
[22] 祖田修（2016）『鳥獣害——動物たちと，どう向きあうか』岩波書店，pp.102〜105。
[23] 農林水産省（2016）「ケニアの農林水産業概況」http://www.maff.go.jp/j/kokusai/kokusei/kaigai_nogyo/k_gaikyo/attach/pdf/ken-1.pdf（2016年11月29日アクセス）
[24] 外務省（2016）「ケニア基礎データ」http://www.mofa.go.jp/mofaj/area/kenya/data.html#section1（2016年11月1日アクセス）
[25] Musyoki, M.C.（2007）Human-wildlife conflict in Kenya: crop raiding by elephants and other wildlife in Mahiga 'B' village of Nyeri district. Abstract of Ph.D. thesis, Kyoto University, p.1574. http://repository.kulib.kyoto-u.ac.jp/dspace/bitstream/2433/137063/1/ytiik0045.pdf（2016年11月2日アクセス）
[26] 足達太郎（2012）「野生生物——保全と開発のはざまで」津田みわ・松田素二編著『ケニアを知るための55章』明石書店，pp.29〜33。
[27] Leakey, R. and Morell, V.（2001）*Wildlife Wars: My Fight to Save Africa's Natural Treasures*, St. Martin's Press［ケニアの大地を愛する会訳『アフリカゾウを護る闘い——ケニア野生生物公社総裁日記』コモンズ，pp.199-200］。
[28] 高橋文太郎（2012）「秋田マタギ資料」谷川健一・大和岩雄責任編集『山の漂泊民——サンカ・マタギ・木地屋』（民衆史の遺産 第1巻）大和書房，pp.279〜343。
[29] Millennium Ecosystem Assessment（2003）*Ecosystems and Human Well-being: A Framework for Assessment*, Island Press, p.5.
[30] Mora, C., Tittensor, D.P., Adl, S., Simpson, A.G.B., Worm, B.（2011）How many species are there on earth and in the ocean? *PLoS Biology* 9（8）: e1001127.
[31] 土屋健（2014）『石炭紀・ペルム紀の生物』技術評論社，pp.124〜137。
[32] Barnosky, A.D., Matzke, N., Tomiya, S., Wogan, G.O., Swartz, B., Quental, T.B., Marshall, C., McGuire, J.L., Lindsey, E.L., Maguire, K.C., Mersey, B. and Ferrer, E.A.（2011）Has the Earth's sixth mass extinction already arrived? *Nature* 471: 51-57.
[33] 桐谷 前掲書，pp.141〜167。
[34] United Nations（2015）*World Population Prospects: The 2015 Revision*, Volume 1: Comprehensive Tables, United Nations.
[35] Marthus, T.R.（1798-1826）*An Essay on the Principle of Population*［吉田秀

夫（1948）『各版對照　マルサス　人口論』春秋社，インターネット版＝青空文庫（2004）http://www.aozora.gr.jp/cards/001149/files/43551_17225.html（2016年11月2日アクセス）］

[36] Roser, M. and Ortiz-Ospina, E.（2016）*World Population Growth*, Our World In Data.org. https://ourworldindata.org/world-population-growth/（2016年10月12日アクセス）

[37] Meadows, D.H, Meadows, D.L, Randers, J, and Behrens III, W.W.（1972）*The Limits to Growth: A Report for the Club of Rome's Project on the Predicament of Mankind*, Universe Books［大来佐武郎監訳（1972）『成長の限界――ローマ・クラブ「人類の危機」レポート』ダイヤモンド社，pp.77〜81］．

[38] Diamond, J.（2005）*Collapse: How Societies Choose to Fail or Succeed*, Penguin Books［楡井浩一訳（2005）『文明崩壊――滅亡と存続の命運を分けるもの（上）』草思社］．

第 2 部

熱帯農業の発展手法を考える

第 **10** 章
途上国の貧困問題と開発経済学

高根 務

第1節 国が「貧困」かどうか，何を基準に決める？

　途上国についての報道や文献，国際機関やNGOのホームページには，「貧困（poverty）」の文字があふれている。だが例えば，「貧困とはどういう状態なのか？」，「貧困か貧困でないかはどうやって判断するのか？」，と問われたら，あなたは答えることができるだろうか。この章では，途上国の開発問題を語る時に頻繁に登場する「貧困」の判断基準や中身について，主に開発経済学[1]の視点から解説する。

　まず国と国の比較から考えてみよう。日本とケニアを比べたら，どちらの国が貧困だろうか？　この問に対して多くの人は，ケニアのほうが貧困だと答えるだろう。では何を基準にしてケニアのほうが貧困だと判断できるのか。

　国と国とを比較して，どちらがより貧困（あるいはより豊か）かを判断する際に最もよく使われる指標は，一人あたり国内総生産（Gross Domestic Income (GDP) per capita）や，一人あたり国民総所得（Gross National Income (GNI) per capita）である。国内総生産（GDP）とは，1年間にある国で生産された付加価値[2]の総和である。このGDPに海外からの所得の受取および海外への所得の送金を含めて計算したものがGNIであり，通常はGDPとGNIにそれほど大きな違いはない。

（1）より広く開発経済学を学びたい人は，章末の参考文献［1］〜［5］を参照のこと。

表10-1 一人あたり国民総所得を基準とした国の区分

区分	一人あたり国民総所得	国の例
低所得国	1,025ドル以下	アフガニスタン，エチオピア，ネパール，マラウイ，タンザニア
低位中所得国	1,026～4,035ドル	ケニア，ガーナ，バングラデシュ，インドネシア，ベトナム，ラオス
高位中所得国	4,036～12,475ドル	中国，ブラジル，メキシコ，マレーシア，南アフリカ，タイ，ロシア
高所得国	12,476ドル以上	日本，シンガポール，アメリカ，イギリス，アラブ首長国連邦

出所：世界銀行ホームページ。

　途上国の開発問題に大きな影響力を持つ世界銀行は，一人あたり国民総所得（GNI）を基準にして，各国を「低所得国」「低位中所得国」「高位中所得国」「高所得国」に分類している（表10-1）。この基準に従って先の問に答えると，ケニアの一人あたり国民総所得は1,340ドルで低位中所得国であるが，日本は36,680ドルで高所得国なのでケニアのほうがより貧困である，ということになる。一人あたり国民総所得は，ある国の総所得をその国の人口で割ったものであるから，国全体の経済力が大きくても，人口が多ければ一人あたり国民総所得は少なくなる。国全体の国民総所得が日本よりも大きい中国が，一人あたり国民総所得では日本より少ないのは，中国の人口が多いためである。逆に，アラブ首長国連邦は人口が比較的少ないのに石油輸出収入が多いため，一人あたり国民所得が大きく高所得国に分類されている[3]。

(2) 付加価値（value added）とは，生産したものの価値から原材料などの価値を引いた金額である。例えば農家が種や農薬を買って野菜を生産した場合，野菜を売って得た金額から種や農薬にかかった金額を引いた額が，野菜生産の付加価値となる。その野菜を使ってレストランが野菜サラダを客に提供した場合，その付加価値は野菜サラダの値段から原材料（野菜やドレッシング）の値段を引いた額となる。

(3) 2015年の国民総所得は，中国が1072万3,960ドル，日本が465万6,384ドルである。他方，同年の一人あたり国民総所得は，中国が7,820ドル，日本が3万6,680ドルである。またアラブ首長国連邦の一人あたり国民総所得は4万3,170ドルであり，日本より大きい（世界銀行のWorld Development Indicatorsによる）。

一人あたり国民総所得を基準にして国と国との貧困度合いを比較する際には，いくつか注意が必要である。まず，一人あたり国民総所得をそのまま使った場合，各国の物価の違いが考慮されていない。例えば物価の高い日本で100円を持っていてもまともな食料は買えないが，物価の安い途上国では十分な食料が買える。これはつまり，同じお金（所得）を持っている場合，日本よりも途上国のほうが豊かな生活ができるということである。したがって一人あたり国民総所得をそのまま使って比較すると，実際の生活レベルが正しく反映されないことになってしまう。この点を修正するために，各国の物価レベルを考慮して調整した一人あたり国民総所得も，国と国との比較の際によく使われる[4]。

　２つめの注意点は，一人あたり国民総所得からは国内の所得格差を知ることができないことである。一人あたり国民総所得は，国全体が作り上げた付加価値を単純に人口で割ったものであるため，富の分配が完全に平等であると仮定した場合の数値しか示していない。したがって例えば，ごく少数の富裕層が莫大な富を所有する一方で，大多数の国民が貧困にあえいでいるような場合でも，一人あたり国民総所得の数値が高くなることがありうる。

　最後の注意点は，一人あたり国民総所得は貧困や豊かさを「所得」という限られた側面から見ている指標にすぎないことである。いくら所得が高くても，医療サービスが劣悪で健康な生活が送れないような状態であれば，国民は幸福にはなれない。あるいは国民誰もが平等に教育を受ける機会が保障されていなければ，その国は豊かとはいえない。同様に，政府を批判するとすぐに警察に連行されてしまうような国の国民も幸福とはいえないだろう。一人あたり国民総所得は，数値を使った国際比較ができる点で優れた指標であるが，数値だけではとらえることのできない様々な視点が，途上国の貧困問題を考える際には必要である。

（４）各国の物価の違いを考慮して調整した数値は，「購買力平価調整済み（Purchasing Power Parity（PPP）adjusted）」と表記される。他方，この調整をしていない数値は「名目（nominal）」と表記される。

第2節　人が「貧困」かどうか，何を基準に決める？

前節では，「国」が貧困であるかどうかを判断するために使われる指標を説明した。それでは，「個人」や「世帯」(5)が貧困であるかどうかを判断するには，何を基準にすればいいのだろうか。あるいは，「国民のうち何パーセントが貧困状態にある」といった記述をよく見かけるが，どうやってそのような数値を導き出しているのだろうか。

ある個人や世帯（家計）が貧困かどうかを決める場合に使われる基準は，貧困ライン（poverty line）である。貧困ラインの考え方は非常に単純であり，ある一定の所得レベル（または消費レベル）を定めたうえで，そのレベルよりも所得（消費）額が低ければその個人や世帯は貧困であると判断される。このようにして貧困であると判断された国民の数が人口全体に占める割合は，貧困者率（poverty headcount ratio）と呼ばれる。

貧困ラインの決め方には，大きく分けて2つの方法がある。1つめは，貧困ラインを相対的に（他の人との比較にもとづいて）決める方法であり，日本などの先進国で採用されている。この方法ではまず図10-1のように，国民を所得が少ない人から順に左から並べていく。次に横軸のちょうど真ん中に位置する人の所得額（中央値と呼ばれる）を確認する。そしてその中央値の半分の金額を，貧困ラインと定める（例えば中央値が年間所得500万円であれば，年間所得250万円が貧困ラインとなる）。この方法で定める貧困ラインは年によって変動し，国民全体の所得レベルが上がって中央値が上昇すれば貧困ラインも上昇し，逆に国民全体の所得が低下して中央値が下がれば貧

（5）経済学では「家計」という用語もよく使われる。「世帯」と「家計」はいずれも，日々の生活を送る基本的な社会的単位を示す「household」の日本語訳である。どちらの日本語訳を使うかは研究者によって異なり，社会学や開発研究一般を志向する研究者は「世帯」という用語を，経済学を志向する研究者は「家計」という用語を使う傾向がある。

第10章　途上国の貧困問題と開発経済学（高根　務）　　*167*

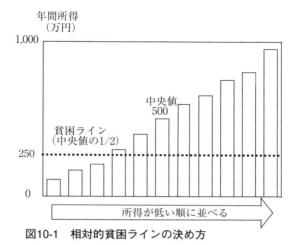

図10-1　相対的貧困ラインの決め方

困ラインも低下する。このように国民全体の所得レベルをもとに相対的に決められた貧困ラインは，相対的貧困ラインとも呼ばれる。

　貧困ラインを決めるもう一つの方法は，必要最低限の生活を送るために必要な金額を固定して決める方式で，主に途上国の貧困状況を測る際に使われる。この方法では，その国で最低限の衣食住を満たすために必要なモノやサービス（食料，服，住む場所，医療，教育など）をまず決め，それらを得るために必要な金額を計算し，その合計を貧困ラインの金額とする。この方法は，人間らしい最低限の生活を送るために必要な費用を基準にして貧困ラインを定めることから，ベーシックニーズ費用法（cost of basic needs method）と呼ばれることもある。さらに，衣食住のうち「食」に限って必要な金額を計算する方法もある。その場合は，生きるための最低限のカロリーを摂取するのに必要な食料の値段を基準として，貧困ラインを定める。このような設定方法は，食料エネルギー摂取法（food energy intake method）と呼ばれる。食料エネルギー摂取法で定めた貧困ラインは，極貧困ライン（extreme poverty line）あるいは絶対的貧困ライン（absolute poverty line）と呼ばれることもある。

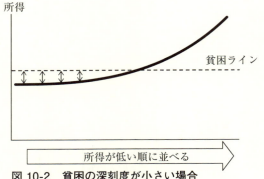

図 10-2　貧困の深刻度が小さい場合

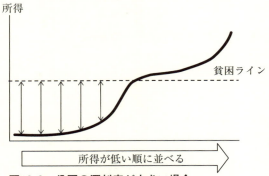

図10-3　貧困の深刻度が大きい場合

　このような方法で定めた貧困ラインを基準として，それよりも所得（消費）レベルが低い人を貧困者とし，全人口に占める貧困者数の割合が貧困者率となる。ここで注意しなければならないのは，貧困者率はあくまで貧困ライン以下の生活を送っている人が「どれぐらいいるか」を示す指標であって，貧困者の状況が「どれぐらい深刻か」については何も示していないことである。貧困者の状況の深刻度は「貧困の深さ（depth of poverty）」とも呼ばれ，貧困者の所得レベルと貧困ラインと間の差（gap）が大きいほど貧困状況は深刻である（**図10-2**，**図10-3**）。貧困の深さを測る指標としては貧困ギャップ率（poverty gap ratio）が使われており，この数値が大きい国は貧困の深刻度が大きいことになる。このように，貧困者率と貧困ギャップ率の両方を

見ることによって，その国の貧困の規模と深刻度の両方を知ることができる。

　貧困ラインの設定は，各国政府がそれぞれの国の現状に応じて個別におこなっている。国によって食べ物や生活必需品の内容および物価が異なるため，当然ながら貧困ラインの金額も国ごとに異なる。基準となる貧困ラインの金額が違っているのだから，例えば貧困者率の数値が同じだからといって，それらの国の貧困状況が同じとはいえない。貧困者率は，あくまでその国の貧困状況を示すものであって，国と国との比較には使えない。

　貧困状況について国と国との比較をおこなう場合は，国際貧困ライン（international poverty line）という，国際比較のために独自に定めた貧困ラインを使う。国際貧困ラインは世界の最貧国15カ国の貧困ラインの平均から算出され，2015年からは一日1.9ドル（各国の物価の違いを考慮した購買力平価調整済みの金額）と定められている。算出方法からわかるように，この数値は国際比較のために便宜的に定められたものであり，個別の国の貧困状況を知るには適さない。例えば，ある国で国際貧困ライン以下の生活をしている人の割合が40％だったとしても，それは衣食住が足りていない人が40％いるということではない。その国で衣食住が足りていない人がどれくらいいるかを知るためには，国際貧困ラインではなく，その国が独自に定めた貧困ライン（ベーシックニーズ費用法で計算したもの）を使わなくてはいけない。

第3節　貧困状況は変化する

　これまで説明してきた国民総所得や貧困ラインの数値は，一年を単位として計算されたものがほとんどである。一日あたりの数値で表されている場合は，一年分の数値を365で割って，一日あたりの数値を計算している。たとえば貧困ラインの設定にあたっては，一日あたり平均していくらの所得があれば基本的な衣食住が満たされるか，という考え方が基本となっている。しかし実際には，途上国の農村住民が一年を通じて継続的に所得を得ているわけではない。農業生産のサイクルや季節的な雇用労働の有無などに応じて，

人々の所得は季節的に変動しているからである。十分な所得がない貧困層は，この季節変動の影響を特に受けやすい。このように貧困の状況が季節的に大きく変化する現象は，貧困の季節性（seasonality of poverty）と呼ばれている。

貧困の季節性の実例を，東南部アフリカのマラウイの現状から具体的に見てみよう（図10-4～図10-6）。マラウイをはじめとする多くのアフリカの国々では，一年のうち雨季と乾季がはっきりと分かれており，農業生産は雨季の間に集中しておこなわれる。東南部アフリカではトウモロコシを主食としている国が多く[6]，マラウイの農村でもほとんどの農家が主食のトウモロコシを生産している。トウモロコシ生産は雨季がはじまる11月頃の種まきに始まり，雨季が終わる3月頃の収穫期まで続き，収穫期は年1回だけである。しかし土地不足のため農家1世帯あたりの作付面積は小さく，生産性を上げるための化学肥料なども高価で買えない農家が多いため，自分の家で1年間食べるのに必要な量のトウモロコ

図10-4 収穫直後のトウモロコシ貯蔵庫。家の屋根ほどの高さまでトウモロコシがいっぱいに詰まっており，この時期は自家消費用の食料が十分にある。

図10-5 マラウイの主食「シマ」を調理する様子。トウモロコシ粉を湯に溶いてつくる。

---

(6) 主食となるのはデンプン質が多い白いトウモロコシで，乾燥させた粒を粉にして湯でとき，「そばがき」のようにして食べる（図10-5）。

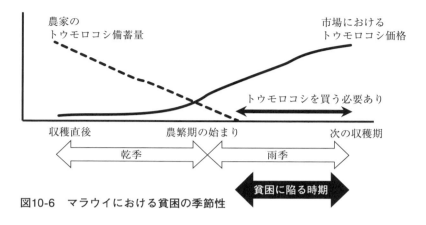

図10-6 マラウイにおける貧困の季節性

シを自家生産できない貧困農家も多い。畑での農作業は雨季の間は朝早くから夕方まで続くが，乾期になると農作業はほとんどなくなる。

このような一年の農業生産のサイクルに応じて，マラウイ農村住民の貧困状況も季節ごとに大きく変化する（**図10-6**）。1年のうち貧困状況が最も改善される季節は，収穫直後の時期である。この時期は主食のトウモロコシが豊富にあり，また市場でもトウモロコシが安く手に入る。そのため，ほとんどの農村住民が十分な量の主食を口にすることができる。また，雨季が終わって農閑期に入るため，きつい農作業をする必要もなくなり，住民はゆっくりと体を休めることができ，病気になる人も少ない。

しかし数ヶ月たって雨季が始まる11月頃になると，状況は徐々に悪化してくる。前回の収穫期にトウモロコシの収穫量が少なかった農家では，自宅に備蓄してあった自家消費用のトウモロコシが底をつきはじめ，不足する分を市場で購入しなければいけなくなる。しかし市場ではトウモロコシの供給が不足し始めるため，その値段は収穫期直後と比べてかなり高くなっており，お金のない貧困層は十分な量の主食を買うことができずに家族の栄養状態は悪化する。また農繁期が始まり畑仕事も忙しくなるため，貧困層の農家は空腹をかかえたまま，きつい農作業に長時間従事することになる。また雨季が本格化して雨が多くなるため，蚊が媒介するマラリアや感染症，不衛生な水

や食べ物が原因の下痢症などの病気にかかりやすくなる。未舗装の道路は雨のため泥川のようになって車が通れなくなり，病気になっても町の病院まで行くことができない。抵抗力の弱い乳幼児が，栄養不足と病気のために亡くなるケースが多くなるのもこの時期である。この厳しい状況は，雨季が終わって次の収穫期を迎える3月まで続く。このように貧困の季節性は，農業生産，食料価格，栄養状態，衛生状態，インフラの状況などが1年の中で時期によって変化し，それらが相互に影響し合って発生する。

　貧困の状況が変化する現象は，より長期の年単位の時間軸でも観察される。例えば，農業生産が天候に大きく依存している途上国の農村では，その年の雨の量や降る時期などによって作物の収穫量が大きく変わる。マラウイの例でいえば，通常の年は十分な量のトウモロコシを収穫できて貧困状況にない農家でも，来年の天候や収穫量がどうなるかは誰もわからない。またたとえ次の年の雨量が十分だったとしても，病虫害が発生して作物が全滅してしまうかもしれない。あるいは家族の主要な働き手が病気になって，農作業が十分できずに収穫量が激減してしまう可能性もある。子供が病気になって治療費がかさみ，貯めておいたお金がなくなったために化学肥料を買うことができず，収穫期に十分な収穫量が得られなくなるかもしれない。これらさまざまなリスクの1つでも現実になってしまうと，その年その農家は貧困状況に陥ってしまう。このように普段は貧困状況にない人が，特定の年や時期に何らかの理由によって短期的に貧困状況におちいることを，一時的貧困（transient poverty）と呼ぶ。一時的貧困に陥っている人に対する政策的な支援は，短期的・緊急的な支援によって現状の困難を乗り越える手助け[7]をし，次年度から通常の生活に戻れるようにすることが中心となる。

　一時的貧困に陥っても，その不運な年をなんとか乗り越えて次の年に通常の生活に戻ることができれば，貧困は短期的なものに終わらせることができる。しかし実際には，貧困状況が長期にわたって継続してしまう，慢性的貧

---

(7) たとえば緊急的な食料援助や期間限定の現金供与によって，困難な現状を切り抜けるよう支援することなどである。

困（chronic poverty）となるケースも多い。例えば干ばつや洪水で収穫量がゼロとなってしまった場合，食いつなぐために農家は土地を売って現金を手にしようとするかもしれない。土地を失った農家は次の年から農業生産をおこなうことができなくなり，低賃金の日雇い労働などで食いつなぐ困窮した生活を余儀なくされる。この家族の子供たちは貧困のため学校に通うことができず，子供が成人しても教育がないため高収入の職に就ける可能性は低い。このように長い時間にわたって続く慢性的貧困に対しては，一時的貧困に対しておこなうような短期的な支援では不十分であり，長期的な支援により慢性的貧困から抜け出す手助け[8]をする必要がある。

第4節　リスクと脆弱性

　上記のように，現在は貧困でない人でも，将来には一時的貧困や慢性的貧困に陥る危険がある。これは，途上国の農村住民が，多種多様なリスクに常にさらされているためである。農村住民が直面するリスクには，自然環境に関係するもの（干ばつ，洪水，病虫害），市場に関係するもの（農作物の価格暴落，食料価格の高騰，化学肥料の高騰），政治に関係するもの（内戦，紛争）など，さまざまなものがある。またリスクには，特定個人や個別世帯が直面するもの（家族の病気，特定の畑の病害）もあれば，地域全体を巻き込むもの（干ばつ，食料の値上がり，内戦）もある。

　このように多くのリスクに直面している農村住民は，可能な範囲でさまざまな対策を講じている。農村住民がリスクに対して講じる対策には，リスクにそなえて事前におこなうリスク管理戦略（risk management strategy）と，リスクが現実のものとなってしまった（開発経済学ではこれを「ショック」と表現する）際に事後的におこなう対処戦略（coping strategy）の，2種

---

(8) たとえば，貧困家庭を対象とした無償教育の供与や職業訓練などである。これらは将来，長期間にわたって所得向上を実現するための，人的資本（human capital）への投資でもある。

図10-7　リスク管理戦略と対処戦略

類がある（図10-7）。事前におこなうリスク管理戦略の代表的なものに，一つの所得源にたよらずに多くの所得源を確保することで，所得リスクを分散させる方法がある。たとえば複数の作物を同じ畑で生産する混作は，ある作物が病害に遭っても他の作物で食いつなぐという，リスク分散の側面をもつ。同じように，農業だけに頼るのではなく，行商や酒造りなど農業以外の所得源を確保しておくことによって，干ばつや洪水などの自然災害にそなえるのもリスク管理戦略の一つである。他方，不幸が実際におこってしまった場合の事後的な対処戦略には，日雇い労働や出稼ぎによる追加的な現金稼得，親類縁者からの支援獲得，家畜などの資産売却などがある。これら事後的な対処戦略には，良好な人間関係がないと成り立たないものも多い。いざという時に助けてくれる親類や村の有力者とのつきあいを普段から大切にしておくことは，村人が直面しているリスクやショックへの対応策という側面もある。

　リスクや貧困との関係で頻繁に登場する重要な概念に，脆弱性（ぜいじゃくせい，vulnerability）がある。より脆弱な個人や世帯は，多くのリスクに直面し，ショックを経験した時に深刻な貧困に陥る可能性が高く，一度貧困に陥るとなかなかそこから抜け出せない［6］（図10-8）。したがって脆弱性を克服するための政策支援は，これら3つの側面を改善する内容のものが望ましい。まず，農村住民が直面しているリスクを減らす方策としては，天水依存の農業における天候リスクを軽減するための灌漑整備が例として考えられる。次に，ショックを経験した世帯が深刻な貧困状態に陥らないようにする政策支援の例としては，保険[9]や緊急支援体制の整備[10]があげられる。

（9）例えば家族が病気になった際に安価に治療が受けられる健康保険，雨量不足に際して農家に補償金が支払われる天候保険などである。

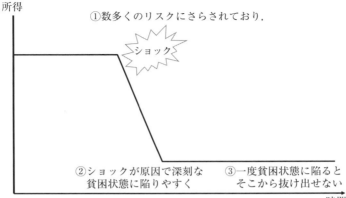

図10-8　脆弱な個人や世帯の特徴

最後に，貧困に陥ってしまった人々がそこから抜け出せるように支援する方策には，先に挙げた一時的貧困や慢性的貧困に対する支援策が例としてあげられる。これらの支援策はあくまで一例であり，重要なのは貧困状況の背後にあるリスクや脆弱性の相互関係を見きわめ，それらを軽減する対策を講じることである［7］。

参考文献
［1］黒崎卓・栗田匡相（2016）『ストーリーで学ぶ開発経済学：途上国の暮らしを考える』有斐閣。
［2］ジェトロ・アジア経済研究所，黒岩郁雄・高橋和志・山形辰史編（2015）『テキストブック開発経済学　第3版』有斐閣。
［3］戸堂康之（2015）『開発経済学入門』新世社。
［4］大塚啓二郎（2014）『なぜ貧しい国はなくならないのか：正しい開発戦略を考える』日本経済新聞出版社。
［5］バナジー，A. V., デュフロ，E.（2012）『貧乏人の経済学：もういちど貧困問題を根っこから考える』みすず書房。

---

(10)例えばFEWS NET（飢饉早期警戒システムネットワーク）のホームページでは，干ばつや食料不足に陥りそうな国や地域の状況をモニターし，援助団体や国際機関が迅速な緊急支援がおこなえるように情報提供している。

［6］Ellis, Frank（2000）*Rural Livelihoods and Diversity in Developing Countries*, Oxford, Oxford University Press, pp.62-63.

［7］絵所秀紀監修，国際協力機構（JICA）編著（2007）『人間の安全保障：貧困削減の新しい視点』国際協力出版会，pp.16 〜 28。

第11章
農産物流通の働きと国際協力

板垣　啓四郎

第1節　農産物の流通ってなに？

　農場で収穫された農産物が，集荷，輸送，保管され，包装，取引されて，消費者の手に届くまでの間を流通という。流通は英語でDistributionと表現される。例えば，流通センターというときには，Distribution Centerと表される。

　農産物の流通には，二つの流れがある。一つは物流といって，生産者から消費者に至る農産物の移動の流れを指し，もう一つは商流といって，売買などによって農産物の所有権が移転していく流れを指す。物流は文字通り物の流れなのでそれほど問題ないが，商流は少しわかりにくい。農産物を作った生産者が市場関係者（卸売業者や小売業者など）へ売り渡せば，農産物は購入した市場関係者の所有物になる。市場関係者が消費者へ売り渡せば，農産物は消費者の所有物になる。こうして農産物が売買を通じてだれのものになるか（所有者はだれか）を追った流れが商流である。売買の過程で情報の交換や代金の決済が伴っていくので，この動きも含めて商流ということもある[1]。より端的にいえば，商流はお金の流れといってよいのかもしれない。こうして，物の流れとお金の流れで流通が成り立っている。

　いうまでもなく，生産者の収穫した農産物がそのまま消費者の食卓へ届くわけではない。途上国を想定してみると，例えば，野菜であれば，農家の段階で種類別に分類され，洗浄したのち結束され，重さを量ってカゴかコンテ

ナに詰められる。その後，産地仲買人が農家のところへ来て買い求める。それをトラックか荷台のついたバイクで近くの産地卸売市場へ運ぶ。産地仲買人は産地卸売業者との間で売買し，産地卸売業者は市場に集荷された野菜を種類ごとに分荷して，その後市場の仲卸業者やブローカー（市場で売買人を仲介する者）を通して輸送業務を兼ねた小売業者が各種の野菜を買い取る。野菜の一部は小売業者が市場内か産地近郊にある店舗で販売し，残りの大部分は輸送業者を通じて都市に立地する消費地卸売市場へ運ばれる。その後は産地卸売市場での取引と同様に卸売業者と小売業者の間で売買が行われ，最終的に小売業者から消費者へ販売される。卸売市場に産地と消費地の区別がなく，卸売業者が買い入れた農産物を大口の小売業者（スーパーなど）が市場で直接買い求め，消費者へ販売するケースもあり，むしろこのほうが次第に主流になりつつあるといってよい。

　この過程で，野菜の所有者が変わっていき，また売買を通じて代金の決済が行われていく。また野菜の作柄や収穫高の予想量，小売業者や消費者の種類別にみた野菜の要求量などの情報が交換される。市場での値動きいかんによっては，野菜の収穫や出荷が調整される事態も起こる。**図11-1**で，野菜流通のおおまかな流れを示したので，確認していただきたい。

　農産物の流通経路は，農産物の種類，生産地と消費地の距離，小売業者や消費者の農産物に対するニーズなどによっても，大きく変わってくる。例えば，コメなどの穀類であれば保管が，果実であれば生鮮だけでなく加工が可

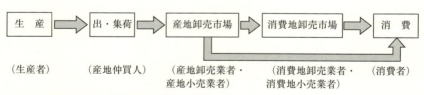

図11-1　野菜流通の概略図

資料：筆者作成

能となり，保管や加工が流通経路の過程に組み込まれてくる。サトウキビやコーヒーなど専ら商品として栽培される作物であれば，それらを精製あるいは製品化する工場が流通の過程に組み込まれる。生産地と消費地が近接していれば，卸売市場を産地と消費地に区分する必要がなくなり，産地では集荷場さえあれば事足りる。あるいは農産物が市場を経由せずに生産者と消費者の間で，直販の形態により売買される。小売業者や消費者の農産物ニーズが変化していけば，流通経路は複雑になっていく。以下，ここで農産物という場合には，野菜を想定することにする。

第2節　農産物流通はいろんな働きをする

　前節で農産物流通の意味と流通経路について述べたが，それでは農産物の流通には，どのような働きがあるのだろうか？　ここでは，流通経路の流れに沿いながら，主要な6つの点を指摘しておきたい。

　一つ目は，生産者からの農産物の集荷である。この業務を担うのが産地仲買人である。生産者が収穫した多種多様な農産物を，広く分散した農家や農場から集めることは大変な作業である。そこで，生産者が産地仲買人との間で話し合い，予め決められた場所（集落内にある集荷場など）と時間（主として早朝）を指定して，生産者が農産物を定期的に運んでおく必要がある。生産者もまた，家族の協力を得て，出荷する農産物を洗浄し種類別に仕分けして結束し，コンテナなどに詰めておかなければならない。産地仲買人に代わって生産者による出荷グループ（農産物出荷組合など）が集荷にあたれば作業効率が上がるが，途上国の農村では，こうしたグループがなかなか形成されないのが実情である。集荷される農産物の種類と量は，産地仲買人が個々の生産者から情報を得て知っているが，すべて買い取るとは限らない。ともかくも，産地仲買人によって集荷された農産物は，近くの産地卸売市場へ運搬される。産地仲買人が生産者から買い取る価格は，近くの卸売市場での価格動向を参考にしつつ決められ，輸送費と若干のマージンがそこから差し引

かれる[1]。

　二つ目は，市場が果たす様々な機能である。第1に，集荷された農産物を市場で定められた規格にしたがって仕分けし分荷する機能である。規格とは，農産物の形状（大きさ，外観，色，損傷の程度など）や品質（品種，鮮度，熟度，安全性など）である。買い手の要求に沿いながら量と質の両面で農産物を仕分けし分荷して，売買の取引を容易にする。第2に，売り手（卸売業者）と買い手（小売業者）をマッチングさせる機能である。売買が成立するためには，売り手と買い手を互いに引き寄せ合う仲立人（仲買商やブローカーなど）が必要になる。仲立人は売り手と買い手をよく知っている場合が多いので，マッチングはそれほどむずかしいことではない。第3に，価格を形成する機能である。価格は理論的には需要と供給の力関係で決まるが，実際には農産物を作るのに要した生産コスト，輸送費，梱包費などの流通経費に，いくらかの流通マージンを加えたもので決まる。流通経費や流通マージンはほぼ一定の額や率に固定されやすいので，生産コストの高低によって価格が決まることになる。第4に，情報を収集する機能である。市場へ入荷してくる農産物の情報を多く入手することができれば，それを価格の形成に反映させることができる。またほかの市場の入荷状況と価格に関する情報を入手できれば，当該市場での入荷の過不足や価格差を知ることができ，市場での需給調整や価格の平準化に役立つ。市場の動きに関する情報を，売り手や買い手，市場関係者に発信すれば，情報を共有することができ，市場の透明性が高まるだろう。第5に，必要な者に資金を供給（融資）する機能である。融資サービスが市場に限定されるわけではないが，市場を動かし，その機能を発揮させるためには資金が必要である。例えば，産地仲買人が農産物を生産

（1）2011年度から2015年度までの5年間にわたり実施されたJICA草の根技術協力事業（草の根パートナー型）「カンボジア国コンポンチャム州における持続可能な農業生産環境の構築」（東京農業大学と特定非営利活動法人「環境修復保全機構」（ERECON）よる共同企業体の形成に基づくプロジェクト）での現地聞き取り調査に基づく。

第11章　農産物流通の働きと国際協力（板垣　啓四郎）　　*181*

者から買い取って産地市場の卸売業者に売り渡すまでには，つなぎ資金が必要である。同様のことは卸売業者や小売業者にもいえる。市場にある銀行などの金融機関が，そういう役割を果たしているが，その原資に政府資金が投入されることもある。

　三つ目は，農産物を一時的に保管する働きである。野菜や果実などの生鮮品は保管するうえで冷蔵・冷凍の施設が必要になる。穀類などは常温で倉庫に管理することができる。収穫した農産物を一度にすべて売り渡せば，市場で価格が暴落して生産者は大きな損失を被るかもしれない。また市場で，ある農産物が品薄なとき価格は暴騰するが，保管した農産物を市場へ放出すれば，価格は下落して，ある点に落ち着くかもしれない。保管にはそのように市場価格を安定させる効果がある。農産物は市場を流通している間に時間の経過や場所の移動によって損耗してしまうかもしれない。そこで，農産物の一部を保管することによって市場での取引量を調整し，品質の劣化を抑えることができる。しかしながら，保管には施設の設置や人員の確保に加え，電力や病虫害の発生防止のための薬品，施設の補修などにかなりのコストがかかる。これを誰がどの程度負担するかはいつも大きな問題である。

　四つ目は，農産物を梱包し輸送する働きである。農産物は概して腐敗しやすくまた損耗しやすい。したがって，輸送する場合には，腐敗や損耗を防ぐためにしっかり梱包しなければならない。しかしながら，通常の輸送形態で梱包だけでは不十分なため，冷蔵や冷凍の施設のある輸送コンテナで運搬するほうがよい。いわゆるコールドチェーン（農産物を産地から消費地まで冷蔵・冷凍の状態を保ったまま流通させる仕組み）のシステムである。これによって農産物の鮮度と品質は保持されるが，経費が嵩張りやすく，そのコストは消費者の負担となる。農産物は，決められた時間と場所へ正確に輸送されなければならないが，それを決定づけるのは，輸送手段と道路などインフラの整備状況である。輸送手段はトラックなどの車両や貨車，船などがあるが，中心となるのはトラックによる陸送である。それも道路がよく整備されていなければ，輸送の時間効率が著しく低下する。逆にいえば，道路とトラ

ックが整備されていれば，輸送の効率は高まり，輸送コストも低減していく。農産物は概して重量がある割には単価が低く，輸送効率の良し悪しが販売コストに大きく影響する。

　五つ目は，広告と宣伝により，農産物の販売を促進する働きである。市場から輸送されてきた農産物は，消費者に最も近いスーパーなど小売の店舗で販売される。その場合，消費者の購買意欲を呼び起こすのは，広告と宣伝である。農産物の場合には，とくに品質の良さをアピールし，農産物に含まれる栄養の存在や調理の仕方，食べ方などの知識，産地や生産者ならびに農産物の栽培と流通の過程に関する情報などを，広告と宣伝を通じて発信することが，販売促進の大きなポイントとなる。販売にはもちろん価格水準の高低も大きな要因となるが，農産物はもともと単価が安いので，広告と宣伝が大きな効力を発揮する。消費者もまた，広告と宣伝により，購買する農産物の種類や品質などの選択肢が広がるとともに，農産物を選択する能力も高まっていく。広告と宣伝には，流通に関わる人たちが様々な形で関わっているが，とりわけ消費者と身近に接する小売の段階で，その働きかけが最も大きい。

　最後に六つ目は，流通に関わる過程の全体で農産物の安全性を保証する働きである。農産物の栽培から加工，保管，輸送，販売に至るそれぞれの段階で，最終的に消費者が安心して農産物を購入できるように，安全性はたえずチェックされなければならない。栽培では肥料や農薬の残留，加工では添加物など化学品の使用程度，保管と輸送では腐敗や損耗の程度および保存剤の使用，そして販売では農産物の衛生や保存の状態などが，主要なチェックポイントである。安全性は，農産物の品質評価を大きく左右する。安全性がよく保持されている農産物は，当然のことながら消費者の評価が高く，多少価格が高くてもその支払いに応じようとする。トレーサビリティ（Traceability）という用語があるが，生産から消費あるいは廃棄に至る流通の過程で，安全性がいつでも追跡可能な状態にあることが望ましい。

　以上，農産物流通の働きについて述べてきた。ここでは，農産物の集荷，市場，保管，梱包と輸送，広告と宣伝，安全性について取り上げたが，いか

に流通が重要な役割を果たしているか，理解していただけたと思う。もし流通という過程がなければ，農産物の生産者は買い手を見つけ，配送するために多くの時間と労力を割かなければならない。消費者も生産者を探し出し，必要な農産物を確保するという手間をかけなければならない。市場は売り手と買い手を引き合わせ，価格を発見し，輸送によって農産物を必要の大きいところに届けるという機能を果たす。一方，流通の各段階で農産物の売買が行われて所有者が移転し，その都度代金の決済が行われ，最終的に消費者が農産物と流通の過程で加えられていった諸サービスの対価を支払うことによって完結する。流通のそれぞれの働きに応じて雇用の機会が生まれ，所得が産み出されることになる。

それでは，途上国における農産物流通の実態はどうなっているのか。これまでの筆者の調査経験を踏まえて述べていくことにしよう。

第3節　途上国の農産物流通について知る

1）途上国の農産物流通

途上国といっても地域は広範にわたるが，ここでは筆者が専門とする地域である東南アジア諸国のなかで，カンボジア［2］を念頭におきつつ，またスリランカ［3］での調査事例も加えながら，農産物流通の実態について述べることにする。

収穫された農産物が産地仲買人に売り渡されることについては，すでに記した通りである。口絵11-1は，カンボジアのある農家で出荷する前に野菜を調整し，出荷できる野菜とそうでない野菜を仕分けしている状況である。仕分けした野菜は農家の庭先に来る産地仲買人に売り渡すか，近くの集荷場に運ぶかのいずれかである。バイクを所有している農家は直接近くの産地卸売市場へ運ぶ。あるいはバイクか小型トラックを所有している農家へ委託する。農家は産地仲買人に対して「買値が安い」としばしば不満を口にこぼすことがあるが，たいていの場合，産地仲買人もまた野菜を作っており，ほかの生

産地の作柄の具合や卸売市場における相場の状況もよく知っているので，産地仲買人が生産者から買い叩いているとは考えにくい。産地仲買人のマージン（集荷手数料）も一定の額や率（買値に対して数％）にとどまっているのが現状である。産地仲買人は産地市場の卸売業者との間で約束した農産物の種類と量を確保するために，農家の間を日々忙しく駆け回っている。産地仲買人はまた，生産者へ出荷農産物の相場を伝えたり，市場で売れ筋のよい農産物を知らせたりする。農業生産のための投入財（種子，肥料，農薬，その他資材等）を市場で購入して，生産者へ売り渡すこともある。

集荷された農産物は公設の産地卸売市場へ運搬されるが，産地仲買人や生産者が，パッキングが不十分なまま，炎天下のなかをトラックやバイクの荷台に制限量を超える農産物を積載して運ぶため，市場に到着するまでの間に多かれ少なかれ農産物の一部が損傷・損耗して，商品価値を失う事態が起こる。これは，一度に多くを運ぼうとすることに起因している。また，産地卸売市場には，決められた時間帯（多くは早朝から午前中にかけて）に大量の農産物が持ち込まれるために，場内が車両と農産物と人であふれ返り，市場取引のため待機している間に農産物が損耗する。口絵11-2は，スリランカにおける公設市場の場内を示したものであるが，市場がいかに煩雑な状況にあるか理解することができよう。

スリランカの公設市場に限ったことではないが，市場にいる仲買商やブローカーの仲介により，産地仲買人と産地卸売業者の間で農産物の売買と価格が取り決められる。産地仲買人あるいは生産者と産地卸売業者は，旧知の間柄というケースも多い。トラックの荷台に積載されている農産物は，その状態で一括して売買される。おおよそ外観をみて売買が成立する。この場合，売買の価格がどのように決まっていくのかという点であるが，それほど簡単ではない。以下のようなさまざまな要因が影響しあっている。

前述したように，価格は市場での需要と供給で決定するが，需要側および供給側の双方に十分な情報が行き渡らない場合には，生産と流通に関わるコストの積み上げによって価格は決まっていく。輸送の段階で農産物の損傷・

損耗が大きければ[2]，そのリスクを価格へどのように転嫁し反映させていくのかも，実はコストに含まれる。要するに，損傷や損耗の発生リスクを見込んで予め価格に組み込んであると考えてよい。その分だけ流通コストは高くなる。もっとも，農産物の中でも腐敗しやすいもの（野菜でいえば葉菜）と腐敗しにくいもの（野菜でいえば根菜）では，損耗の程度が異なるので，その分だけ流通コストの追加分に高低差が生じる。一方で農産物は必需品であり，価格を高めに設定すると，消費者の生活を脅かすことにもなりかねない。農産物の集荷，輸送，市場での業務に関わるコスト，市場関係者のマージンを一定の額とすれば，生産者からの買い上げ価格を低くせざるをえない。加えて農産物には自然条件に基づく豊凶がついてまわる。豊作になれば市場への出荷量が増えて価格が暴落し，凶作になれば価格は暴騰するものの出荷量が限られる。いずれにせよ，生産者は受け取り価格の低位不安定に直面している。

輸送や保管において，コールドチェーンが発達していないので，卸売から小売の段階にかけても，腐敗による損耗が生じる。梱包の不備も損耗に拍車をかける。農産物の品質が劣化し，安全性にも問題が起こりやすい。こうした問題の背景には，農産物流通に関わるインフラが不備である一方で，集荷から小売に至るまでの流通の過程が長く，情報の不足で流通に関わる様々な意思決定が不明確で不透明であるためと指摘することができる。その結果，流通の効率が低く，農産物の損傷・損耗で示されるように資源の無駄遣いが多いという事態を招いている。

小売の段階でも，農産物を販売する通常の店舗では，品目の数と種類が限られ，客数も固定されていて，決して売り上げが多いとはいえない。他方，都市部を中心に小綺麗な中小規模の食料品スーパーや大規模でスマートなスーパーやモールが続々と設立されており，都市部では最近こちらが小売の主流となりつつある（口絵11-3）。

（2）スリランカでは，流通の過程で生じる野菜のロスが35.8％にも達する。

こうした大型店舗では，品揃え，鮮度，外観，使いやすさ，安全性などを重視しており，農産物を安定的に確保するために，生産者や産地卸売業者と契約栽培，契約取引を交わしているところも出てきた。スーパーの側で，取引する品目や数量，価格を取り決め，荷姿や梱包などのパッキング作業や輸送もスーパー自らが担っている。場合によっては，生産者に栽培方法を指定して技術指導し，種苗などの投入財を供与，さらに資金を貸与することもある。また，農産物の広告と宣伝を盛んに行い，特売日を設けたりして，顧客を集めている。

このほかにも，市場を通さない様々な流通経路が展開されている。例えば，週に1，2回自治体が主体となって運営する農産物の定期市[3]，生産者による道路端での消費者に向けた直接販売，生産者グループによるホテルやレストランなど大口需要者との契約販売[4]［4］などの市場外流通がそうである。そういう事例が存在するとしても，農産物流通の主要なルートは，依然として市場を通した流通形態である。

2）課題がたくさんある

途上国の農産物流通には，解決すべき多くの課題があるが，ここでは4点だけを指摘しておきたい。

第1に，生産者がグループの形成により農産物を共同出荷する体制ができていないことである。集荷場を決めてグループで出荷する体制が整えば，市場での交渉力（バーゲニング・パワー）が強化されて生産者が栽培と経営の事情を考慮に入れた売り渡し価格を提示できるとともに，輸送コストや集出荷に関わる人件費や手数料などを節減することができる。また，自分たちが作った農産物をブランド化して，差別化商品として販売する優位性を市場で築くことができる。

（3）スリランカでは，ポラ（POLA）と呼ばれる小規模な地場市場がある。
（4）かつてインドネシアのバリ島で実施した地元野菜の流通調査において，契約取引の実態が明らかになった。

第2に，市場流通に関わる情報やデータが不完全な形で，収集，整理，分析，発信されているために，正確な価格が形成されにくいということである。正確な情報やデータが関係者の間に広く伝わっていけば，客観的な価格が形成されていく可能性が高まる。またこれと並行して，政府，民間を問わず年間や月間の統計が刊行され，これを根拠として情報やデータの信頼性，トレンドが確認できれば，その客観性はさらに高まっていく。いうまでもなく，統計の正確性が担保されていることが前提であり，情報やデータの内容については，よく精査される必要がある。

　第3に，流通システムが未整備ということである。これは，物流をスムーズにしていくための必要条件である。道路，輸送車両，保管倉庫，集荷場，市場などがよく整備されなければならない。あわせて流通システムを改善していくために，前述した情報のほか，融資制度の整備と貸し出し条件の緩和，流通に関わる人材の教育と訓練，経済発展に伴い変化していく市場条件に柔軟に対応した流通システムを創出するための研究とその普及なども，進めていかなければならない［5］。

　第4に，農産物の数量管理と品質など規格の管理が不十分ということである。集出荷された農産物の数量，流通の過程で廃棄された農産物の数量，市場で取引された農産物の数量，最終的に消費者が購入した農産物の数量などが正確に把握されれば，市場に出回る農産物の需給状況を正確に確認することが可能となり，それがまた価格形成のための重要な指標となる。出荷される農産物の規格が，大きさ，形状，鮮度などによって等級化され，また認証制度によって生産から消費に至る間の安全性の程度が確認されれば，規格や認証にしたがって，農産物が仕分けされ，農産物の流通が円滑に機能していくであろう。

第4節　どのように国際協力していく？

　ここに記した課題を解決していくことが，農産物の流通を改善していく上

で重要なことはいうまでもないが，決して容易なことではない。この面でいえば，経験豊かな先進国，わけても日本が協力していく余地は多く残されている。とくに以下の3点が協力可能なポイントと考えられる。

　第1は，市場による流通システムがよりよく機能していくように支援していくことである。流通システムが円滑に機能していくためには，農産物が産地ごとにある程度まとまって集出荷され，種類別・規格別に仕分けされた農産物が市場で一元的に価格決定され，スーパーでの棚卸しなどその後の物流に引き継がれていくようにすることが重要である。そのためには産地や消費地の正確で迅速な情報が必要であり，それらの情報をICTやGIS，市場モニターの技術を用いてネットワーク化していくことが望ましい。これはわが国の経験から十分に対応できると考えられる。同時に，農産物の市場統計についても，使いやすく利便性が高まるよう整備していくための支援が必要である。

　第2は，物流と商流が円滑に行われるようにインフラの面で支援していくことである。これについては，3番目の課題で述べたように，ハードおよびソフトの両面で支援すべきことが数多くある。とくに集荷場や公設市場の建物，施設を近代化していくことは，物流をスムーズにしていくうえで不可欠である。また農産物の品質や鮮度，安全性を保持するために，輸送や保管の過程でコールドチェーンのシステムを導入していくことも，消費者のニーズを満たすうえでなくてはならない。このほかに流通に関わる融資制度の整備や人材の育成，研究や普及についても，支援の手を差しのべていくことが必要である。

　第3は，小売段階でのマーケティングについて，様々な工夫を施すための助言を与えることである。前述したように，流通の過程が長く未整備であれば，品質の劣化が進んで小売の価格が低く抑えられることになりやすい。そうであれば，生産者が直接消費者へ農産物を販売あるいは配送して，品質を維持しながら流通経費を節減し，自らの利益を確保する手段を講じていけばよい。例えば，筆者が携わってきたJICA草の根技術協力事業では，農薬や

肥料をほとんど使わない低投入による安全な野菜を，幹線道路の路端に直売場を設けて，協力対象となった生産者の野菜を生産者自らが販売することにより売り上げを伸ばす方法を採用した（**口絵11-4**）。この他にも，農産物の宅配，インターネット販売，道の駅の設置など，わが国の経験を活かしていけば，販路を広げて生産者の利益を確保していく可能性はもっと広がるだろう。

　途上国の農業・農村開発にとって，農産物の流通は地味な存在かもしれない。とはいえ，最終的には収穫した農産物を販売していかなければ，生産者の所得確保の実現には行きつかない。農産物を作るだけでなく，「売れる農産物」づくりに十分な配慮を払うことが，今後の国際協力には切に求められるのである。

参考文献
［1］コトバンク　https://kotobank.jp/word/%E5%95%86%E6%B5%81-294938（アクセス日：平成28年6月26日）
［2］ERECON（2016）*Project on Promoting Sustainable Agriculture at Kampong Cham Province in Cambodia,* Unpublished.
［3］青晴海・板垣啓四郎（2015）「スリランカにおける野菜価格決定イニシアチブに関する一考察」『農村研究』，食料・農業・農村経済学会，pp. 70～81
［4］板垣啓四郎・アブドゥル　ムニール　スルヤディ・藤本彰三（1999）「インドネシア・バリ島における野菜流通システムの構造と今後の課題」『開発学研究』，日本国際地域開発学会，pp.67～76。
［5］J.C. Abbott and J. P. Makeham（1990）*Agricultural Economics and Marketing in the Tropics* , Essex, Longman Group UK Limited.

第12章
成長するアフリカ，取り残されるアフリカの農村
──ガーナ北部の農村を事例として──

中曽根　勝重

第1節　問題の背景と課題

　アフリカの多くの国では，1980年代以降，世界銀行と国際通貨基金（IMF）が主導した「構造調整政策」を導入した。構造調整政策は，政府による中央統制的な途上国経済を民間主導による市場経済体制に作りかえていくための政策であったため，この政策が導入されて以降，アフリカの国でも経済の自由化が急速に進み，現在では，農村部でもその影響が強まっている[1]。また近年のアフリカでは，加速する経済の自由化が，2000年代以降の天然資源価格高騰や商業部門活性化と相まって，各国経済を活気づかせ，持続的な経済成長を実現させている国も少なくない。

　ところで，アフリカ諸国における経済成長は，鉱業に関わる企業や商業に携わる人々が集中し，財やサービス，資本，労働が集まる都市部を中心に展開されている。しかし，植民地時代以降，各国経済の主要部門であった農業に携わる人々は，農村部で生活し，その生計の大部分を自分たちが生産する農産物の自給や販売にゆだねている。とくに，熱帯特有の輸出向け農産物の栽培に適さない地域の農民は，食料作物栽培を中心とした農業で生計を営んでいることが多いため，自家消費型の農業を営んでおり，所得も低い。

　とはいえ，めまぐるしい速度で展開される経済の自由化と貨幣経済の浸透

（1）本章の内容は，筆者が発表した研究［1］［2］［3］に加筆・修正したものである。

により，自家消費型の農民が暮らす農村部においても現金支出が増加し，より多くの所得を稼得する必要性が強まったため，新たな貨幣の稼得機会を求めて，出稼ぎ農業や非農業活動が拡大しつつある。

　例えば，西アフリカに位置するガーナ共和国（以下，ガーナとする）は，1980年代以降，安定した経済成長率を維持し，1990年代後半以降の経済成長率は年率10％を超える年もあり，近年，中所得国の仲間入りを果たした。ガーナの南部地域では，金や石油などの鉱物資源の採掘が行われ，大きな都市に人口が集中する一方，北部地域では目立った鉱物資源もなく，人口は農村部に分散している。他方，ガーナの農業に目を向けてみると，南部地域では高い農業生産ポテンシャルを生かした輸出向けおよび国内販売向けの作物栽培を主体とする農業が営まれているのに対し，栽培条件があまり良好とはいえない北部地域では，一般に食料として利用される作物の生産を中心に農業が営まれている。その結果，都市部と農村部という二重構造だけでなく，販売を主体とする農業と自家消費を主体とする農業という二重構造が存在し，重層的な構造を形成した状態で，両部門間および両地域間に経済格差を生み出している。つまり，国家経済が安定した経済成長を続けたとしても，その国内に目を向けてみると，部門間や地域間には大きな経済格差が生まれ，従来の農業を維持し続ける農村部では，経済の自由化という外部環境の変化に対し，何らかの方策をとる必要があるということである。

　ただし，ガーナの南部と北部の地域間格差は，拡大する傾向をみせつつあるが，農村部に経済自由化の影響が強まるにつれ，ガーナ北部でも慣習的な農業，つまり自家消費型の農業が変化しつつあることが指摘されている。

　そこで本章では，近年も安定した経済成長を続けるガーナを事例に取り上げ，最初にガーナの経済成長と地域間の経済格差を検討する。次に自家消費型の農業を営むガーナ北部農村に焦点を当てて，経済自由化に対する農民の生計活動の変化と所得稼得創出への対応について概説する。そして最後には，成長するアフリカの中で取り残されつつあるアフリカの農村の実情を描き出してみたい。

第2節　成長するガーナ経済と拡大する地域間格差

1）ガーナの経済構造と農業部門

　1957年にイギリスから独立を果たしたガーナは，現在でも植民地時代に形成された第一次産品の輸出に依存した経済構造がほとんど改善されていない。そのためガーナでは，今でもいくつかの農産物と鉱物資源の輸出が国家経済を支えている。2010～2013年の輸出産品をみると，2010年は金とカカオの2品目で輸出の65％以上を占めていたが，2011年以降は石油が輸出産品として登場し，金とカカオに石油を加えた3品目で輸出の65％～75％を占めるようになった［4］。これらの産品はいずれも国際市場価格の変動が激しいため，ガーナの貿易収入も不安定となり，必ずしも国家経済が安定した状況にあるとはいえない。

　表12-1には，2009～2013年のガーナにおける産業別GDPの割合とその推移を示した。ガーナのGDPに占める産業の構成は，2009年以降，農業の割

表12-1　ガーナの部門別GDPの割合とその推移

（単位：％）

	2009年	2010年	2011年	2012年	2013年
農業	31.8	29.8	25.3	22.9	22.4
作物	23.6	21.7	19.1	17.2	17.4
（カカオ）	2.5	3.2	3.6	2.6	2.2
畜産	2.0	2.0	1.8	1.6	1.4
林業	3.7	3.7	2.8	2.6	2.2
漁業	2.5	2.3	1.7	1.5	1.4
工業	19.0	19.1	25.6	28.0	27.8
鉱業	2.1	2.3	8.4	9.5	9.4
（石油）	0.0	0.4	6.7	7.7	8.2
製造業	6.9	6.8	6.9	5.8	5.3
電気・水道	1.2	1.5	1.3	1.2	1.1
建設業	8.8	8.5	8.9	11.5	12.0
商業	49.2	51.1	49.1	49.1	49.8
小売・卸売・観光	12.1	12.2	11.3	10.4	11.6
運輸・通信	12.4	12.5	12.5	13.2	13.0
金融・保険・不動産	8.4	9.6	9.1	9.5	10.4
行政サービス	7.0	7.0	7.0	6.8	5.9
その他のサービス	9.4	9.8	9.3	9.2	9.0

資料：Ghana Statistical Service, 2015［5］より筆者作成。

合が30％から20％の前半まで落ち込み，他方，工業が20％から30％近くまで割合を延ばしている。商業は2009～2013年を通して50％前後を維持していた。つまり，ガーナでは2009～2013年の間に，農業部門と鉱業部門のGDPの割合が逆転しているということになる。これは，工業部門の中でも，石油の採掘が商業ベースにのったことと，経済成長にともなう建設ラッシュの恩恵を受けた建設業の躍進が大きく関わっている。しかし，各産業の細かい分類の割合をみると，農業の作物部門が国内最大部門となっており，GDPの17％以上を占めている。ガーナで栽培されるカカオ以外の作物は，その多くが国内で消費されるため，国民に食料を供給するためにも農業の重要性は高い。

また，ガーナの就業人口割合をみると約42％（2010年）の人々が農業に従事しており[6]，農村部で生活する人口は約49％（2010年）を占めていた[7]。これらの値は，ともに半数を割っているが，就業人口割合で農業が国内最大であること（第2位はサービス業の30％），また，その大部分が農業に従事している農村人口は全体の半数近いこと，からガーナでは現在も農業が最も重要な産業の1つであることはいうまでもない。

2）経済成長と農業部門の推移

1983年，ガーナではIMF・世界銀行の勧告する構造調整政策が導入され，国内では「経済復興計画」を施策・施行して経済の立て直しに取り組んだ。経済復興計画では，為替政策や財政政策の改善，そして国内の主要産業である農業部門において農民が受け取るべき正当な利益還元を目的とした政策が実施された。その結果，1984年以降の10年間には，年率平均約5％の経済成長率を記録し，「IMFの優等生」と呼ばれるようになった。この経済成長率の値だけをみると高い経済成長率を維持したという点では評価を与えることができるが，実際には，多額の債務返済が国内の経済を圧迫し，独立以降から続く第一次産品輸出に依存した脆弱な経済構造を改善するまでには至らなかった。

2001年には新政権が誕生した。新政府は国内の財政に大きな負担をかけて

いる債務問題を解消するために,世界銀行とIMFが新たに取り組みだした「拡大HIPC（Heavily Indebted Poor Countries：重債務貧困国）イニシアティブ」の適用による債務救済申請を行い，その後，2004年には総計で約35億ドルの債務帳消しが決定した。このように，新政権による対外政策は，大きく転換をすることになった。しかし，国内の経済成長に向けた戦略はそれまでの政権が推進してきた経済の自由化と民間セクターの活用という路線を継承した。国内の経済成長に向けた具体的な政策は，「ガーナ貧困削減戦略（GPRS）」として作成された。この戦略書は，2003年と2005年に作成されているが，最初に作成されたGPRS I では経済開発の推進と貧困削減に重点をおいていたのに対し，2度目に作成されたGPRS II ではガーナの経済が「加速的成長」の段階に移行しつつあるため，さらに経済成長を促進させて2015年までに中所得国の仲間入りを実現させることを目標とした。

ここで近年のガーナにおける経済成長パフォーマンスをみるために，近年のGDP成長率と部門別の成長率を**表12-2**に示した。GPRSの成長戦略以降，

表12-2　ガーナのGDP成長率と部門別GDP成長率の推移

(単位：％)

	2009年	2010年	2011年	2012年	2013年
GDP成長率	5.8	7.9	14.0	9.4	8.1
農業	7.2	5.3	0.8	2.3	5.7
作物	10.2	5.0	3.7	1.0	5.7
（カカオ）	5.1	26.5	13.9	-9.3	2.6
畜産	4.4	4.8	4.9	5.3	5.3
林業	0.7	10.2	-14.0	6.8	4.6
漁業	-5.7	1.5	-8.6	8.9	5.8
工業	4.5	6.9	41.6	11.0	6.6
鉱業	6.8	18.8	206.7	16.4	11.6
（石油）	—	—	—	21.6	18.0
製造業	-1.3	7.6	17.0	1.9	-0.5
電気	7.8	11.8	-0.6	11.2	16.0
水道	7.4	5.3	3.1	2.2	-1.5
建設業	9.4	2.5	17.2	16.4	8.6
商業	5.6	9.8	9.4	12.1	10.0
小売・卸売・観光	1.4	9.0	8.1	9.3	18.1
運輸・通信	4.3	11.0	12.2	16.1	6.0
金融・保険・不動産	3.8	15.0	8.5	19.8	-1.2
行政サービス	11.6	3.4	7.4	4.2	8.4
その他のサービス	10.7	8.4	7.8	6.2	19.7

資料：表12-1に同じ。

高い経済成長率を維持し続けるガーナでは，2009～2013年のGDP成長率も5.8％以上の値を記録している。特に2011年には，石油が商業ベースにのったことから，GDP成長率は14.0％という驚くべき数値を記録した。ガーナでは1980年代前半以降，長期間にわたってGDP成長率はプラスを示してきたが，GPRSを導入・実施してきた近年でもその傾向は継続している。次にガーナ国民にとって最も重要な産業部門である農業部門に注目すると，2009～2011年にかけてGDP成長率は低下傾向を示していたが，2012年以降，徐々に回復する傾向を示している。農業部門の中でもとりわけGDPの割合が大きい作物部門は，2012年以外の年は比較的安定した成長率を維持しており，今後もプラス成長の継続が期待される。

3）国内の地域間格差

1980年代以降，ガーナにおける経済の自由化政策は，ガーナの主要産業である農業部門や主要輸出産業である鉱業部門でも進められている。しかし，従来からガーナの主要輸出産品であった金やカカオはガーナ中南部で生産されており，また新たな主要輸出産品となった石油もガーナ南部の沿岸地域で生産されている。一方，特別な天然資源をもたないガーナ北部の主要産業は農業である。ガーナ北部は雨季と乾季が明確に分かれたサバンナ帯に属しているため，天水に依存する農業は1年1作となる。また，こうした栽培環境下では熱帯特有の輸出向け作物栽培にはあまり適さない。そのため，この地域では，国内消費向けの食料作物生産が行われている。そして，とくに目立った鉱物資源を保有せず輸出向け作物栽培に向かないガーナ北部は，長い間，ガーナの経済成長戦略の対象からはずされてきた。この南部と北部に対する政策の相違は，近年のガーナ国内において経済格差を拡大させる要因の1つとしての認識が高まっている。

表12-3には，ガーナにおける州別の1人当たり年間所得を示した。このデータは，ガーナ政府が国内全域で多くの世帯を対象としたサンプル調査に基づいて計測して発表したものを利用している。1999年，2006年，2013年の

第12章　成長するアフリカ，取り残されるアフリカの農村（中曽根　勝重）

表12-3　ガーナの州別1人当たり所得の推移

(単位：US ドル)

州名	1999年	2006年	2013年
ウェスタン（Westan）	233	595	2,059
セントラル（Central）	182	621	1,865
グレーターアクラ（Gt. Accra）	382	964	3,218
ヴォルタ（Volta）	216	451	1,655
イースタン（Eastern）	170	563	1,686
アシャンティ（Ashanthi）	255	626	2,190
ブロンアハフォ（Brong Ahafo）	225	472	1,657
ノーザン（Northern）	86	332	1,181
アッパーウェスト（Upper West）	84	210	1,157
アッパーイースト（Upper East）	132	152	974
全国平均	216	591	2,057

資料：Ghana Statistical Services（2000［8］，2008［9］，2014［10］）より筆者作成．

いずれにおいても，ガーナの南部に位置し首都が置かれているグレーターアクラ州や鉱物資源を保有しかつ農業生産のポテンシャルが高い中南部のアシャンティ州，そして石油採掘の中心となっているウェスタン州などの所得は高い．他方で北部3州と呼ばれるノーザン州，アッパーウェスト州，アッパーイースト州の所得は明らかに低く，全国の平均を大きく下回っている（州の位置は図12-1を参照）．したがって，ガーナ国内における南部と北部には明確な経済格差が存在する．

次に表12-4において，1999年，2006年，2013年のガーナにおける都市部住民と農村部住民の所得状況を確認する．

この表をみると，首都アクラを中心とする都市部住民の1人当たり所得が農村部住民のそれよりも高くなっており，世帯所得も農村部世帯のほうが低い．ただし，2013年には，その他の都市部がアクラよりも高い所得を示している．これは，アクラでの人口急増による失業問題と低所得者の増加や鉱物資源採掘の拠点都市における所得増加などの要因が考えられる．

次に農村部の所得状況を詳しくみてみると，1999年の時点で南部沿岸地帯の農村部における世帯および1人当たり所得は，中南部森林地帯よりも低かったが，2006年以降は南部沿岸地帯の1人当たり所得が農村部の中で最も高くなっている．この背景には，都市部に隣接する南部沿岸地帯の農村部で換

198　第2部　熱帯農業の発展手法を考える

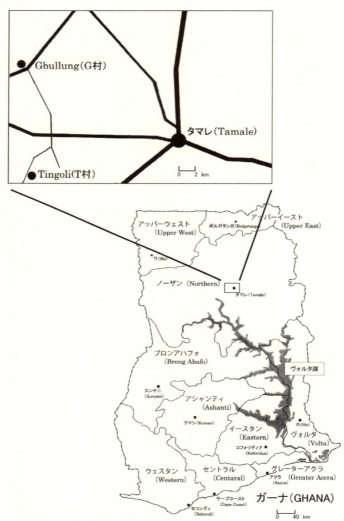

図12-1　事例対象農村の周辺地図

資料：Ghana Statistical Service（2000）［8］をもとに筆者作成

表12-4 ガーナの都市部および農村部における所得の推移

		世帯所得 (USドル)			1人当たり所得 (USドル)			国内所得に占める割合 (%)		
		1999年	2006年	2013年	1999年	2006年	2013年	1999年	2006年	2013年
都市部	アクラ	1,259	2,762	11,236	350	1,015	3,698	16.2	22.6	17.7
	その他都市部	856	1,992	15,000	214	714	5,063	27.4	32.6	51.4
	都市全体	972	2,248	13,814	249	814	4,633	43.7	55.2	69.2
農村部	沿岸地帯	581	1,461	7,492	142	525	2,430	11.0	10.1	4.1
	森林地帯	847	1,495	7,988	188	464	2,519	31.7	23.3	18.6
	サバンナ地帯	641	1,170	6,663	26	278	1,416	13.6	11.4	8.1
	農村部全体	726	1,390	7,529	169	420	2,180	56.3	44.8	30.8

資料：表12-3に同じ。

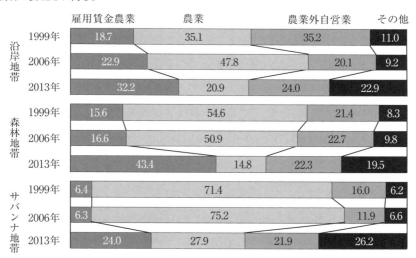

図12-2 ガーナの農村部の世帯における所得源の変化

資料：表12-3に同じ。

金性の高い野菜や果物の生産・販売と輸出向けの果物生産などが増加していることが考えられる。他方，北部サバンナ地帯では，1人当たり所得および世帯所得ともに，国内の都市部および農村部の中で最も低い値を示している。

さらに，同年のガーナ農村部における世帯所得源について**図12-2**に示した。南部沿岸地帯では，雇用賃金所得が増加し，一時増加していた農業所得の割合も2013年には急激に落ち込んでいる。中南部の森林地帯でも50％以上を占

めていた農業所得が2013年には激減しており，雇用賃金が40％以上を占めるようになった。また，北部のサバンナ地帯は，農村部の所得が最も低い地域であり1999年と2006年には所得源の70％以上を農業に依存していた。しかし2013年には，雇用賃金所得やその他の所得が急激に増加し，農業からの所得稼得はそれまでの半分以下にまで落ち込んでいる。サバンナ地帯における所得源の変化からは，ガーナにおける経済の自由化が末端の農村部にまで浸透し，生活必需品支出に対する貨幣の重要度が増してきたことで，より多くの所得を稼得するために農業外活動に移転する農民が増加してきているということが予測される。ただし，2013年でもこの地域の農業所得の割合は28％近くを占めており，他地域と比べると，現在でも農業からの貨幣の稼得が，ある一定の役割を担っている可能性がある。いずれにしても，所得源の割合の変化をみると，2006年から2013年にかけて，各地域で農業所得に対する依存が急激に減少しているため，ガーナの農村部では農業から非農業への移行という単線的な脱農業化が進んでいる可能性も視野に入れて検討する必要がある。

　以上のことをまとめると，近年のガーナにおける地域間格差と所得源の状況は以下の通りである。①鉱物資源が豊かで農業ポテンシャルの高い南部と鉱物資源もなく作物栽培条件の悪い北部には地域間の経済格差が存在する。②都市部と農村部でも経済格差が存在する。③農村部では所得源としての農業の重要性が急激に減少しているが，目立った鉱物資源もなく，熱帯特有の輸出向け作物が栽培できない北部のサバンナ地域では，未だに農業からの所得がある一定の役割を担っている可能性がある。

第3節　取り残されるガーナの北部農村

　ガーナでは，国家経済の主要部門の1つに位置づけられている農業部門においても経済の自由化を促進する政策をとり，農業投入財や資本の積極的な導入を促す努力に取り組んでいる。ガーナ政府の報告書によると，2013年の

時点で340万の農家世帯のうち,除草剤の利用が190万世帯,防虫剤の利用が100万世帯,そして賃労働の利用が160万世帯であった。しかし,未だに国内の作物収量は低く,農業機械の導入も遅れており,上記の340万農家世帯のうちの140万世帯では,未だに人力に依存した在来農具を利用していたことが報告されている。さらにガーナでは,農業生産ポテンシャルの高い南部と作物栽培条件の悪い北部の間に地域間の経済格差が存在しているため,当然,農業投入財の導入に対する農民の反応も異なる。

1) ガーナ北部における社会構成と農業様式の概要

(1) 社会構成と調査村の概要

本節では,ガーナ北部のダグンバ(Dagomba)の人々が居住する地域を事例として取り上げる[2]。ダグンバの農村は,コンパウンドと呼ばれる家屋敷によって構成されている。ダグンバにおける社会構成の基本単位は,単一の住居であるコンパウンドが生活の基本となり[11],経済活動は,各コンパウンドの家長が管理する。ただし,ダグンバではコンパウンドが1つの生産単位でありながら,同時に,同じコンパウンドで生活する複数の家族が,家長から分け与えられた(分有)土地を個別の生産単位として農業を行っている。コンパウンドに住む家族の中で家長から土地を分有された個々の農民は,①コンパウンドの食料生産を支える家族としての立場と,②個別の農業生産を行う個人としての立場を,同時に共有している。また彼らの生産活動は,①コンパウンドに居住する家族への食料安定供給という役割を担いながら,②個人として現金を稼得するための販売作物を生産するという側面も併せ持っている。

本節で紹介する事例は,ノーザン州トロン-クンブング郡のティンゴリ村とブルン村(以下,前者をT村,後者をG村とする。場所は**図12-1**を参照)の2ヵ村において,両村の各5つのコンパウンドを対象に,2005～2011年に

---

(2) 本章におけるガーナ北部農村の事例に関するデータおよび分析結果は,[3]で発表したものを加筆・修正したものである。

実施した調査結果をもとにしたものである。

　調査対象の農民は各農村において，それぞれのコンパウンドで生活する個々の農民全てを対象に聞き取り調査を実施した。T村は，ノーザン州の州都タマレ市から西へ約20kmの所に位置し，おおよそ100コンパウンドに1,600人以上が住んでいる。一方，T村より規模が大きく，250以上のコンパウンドに4,000人以上が暮らしているG村は，タマレ市から約25km離れている場所に位置する。2つの村とも農業以外に目立った産業はなく，成人のほとんどが農業に従事している。

（2）ダグンバ地域における農業の概要

　ダグンバが居住するガーナ北部の植生はサバンナに属し，多種類の作物が栽培されている。主にヤムやキャッサバなどのイモ類やトウモロコシ・トウジンビエ・モロコシ・イネなどの穀類が栽培の中心である。とくにトウモロコシはこの地域で最も重要な自家消費向け作物である。その他，ササゲやラッカセイなどの豆類とオクラやトウガラシなどの野菜類が栽培されている。

　この地域の作付方式は，基本的に休閑を取り入れた輪作形式で行われている。畑は，住居周辺の屋敷畑と，平地畑および低地畑に分類されるブッシュ畑があり，主要な作物は平地畑で栽培される。平地畑では一般的に同一の畑で4～5年間の作物栽培が行われ，その後1～5年間は休閑期とされていた。しかし，近年，ガーナ北部でも人口の急激な増加によって休閑期の短縮が大きな問題となってきていることが指摘されている［12］。

　この地域の基本的な労働手段は，鍬・カトラス（鉈）・ナイフ・鎌・堀棒などの人力に依存した在来型の農具である。耕耘作業では，鍬が中心となっている。農業機械（トラクター）や畜耕（牛）を利用した耕耘作業もみられるが，利用されるのは畝立てによって栽培される穀類がほとんどである。播種作業では鍬や掘棒が利用され，除草作業の大部分は鍬によって行われている。収穫作業は，ナイフ・鎌・鍬・カトラスが利用されるか手作業によって行われる。なお，農作業の分担は，耕耘作業や除草作業を男性が行うが，一

部では共同労働や賃労働を利用して時間を短縮する農民もいる。収穫作業は，イモ類を男性が行い，穀類や豆類の収穫は男女が共同で行う［13］。

2）コンパウンドの家族構成と土地保有・分有・利用状況の変化

(1) コンパウンドの家族構成の変化

2005年〜2011年におけるT村およびG村における各コンパウンドの家族数は，毎年数名の増減がある。

T村では2005〜2011年にコンパウンド平均家族数が15人以下になったことはなく，コンパウンドの家族数の規模は比較的大きい。一方，G村では，コンパウンドの平均家族数が15人を超えたのは調査期間における最初の2年のみで，コンパウンドの家族数がT村よりも若干少ない。

両村におけるコンパウンドの家族数は，毎年増減を繰り返している。その家族数の増減の要因は，女性の婚姻や出産などの流動的な出入りに加え，各コンパウンドにおいて家族数が増加すると，その数を適正な規模に調整するためである。家族数を調整する理由としては，家族数の増加による居住スペースの不足や，家族の人数が家長の管理の許容範囲を超えたことをあげる家長が多かった。また，コンパウンドの家族数を減らすための方法は，分家，出稼ぎ，親族のコンパウンドへの移転などで対応されていた。それぞれの方法の選択の傾向としては，T村では，村内の土地に余裕が残されているため分家が行われ，G村では，村内に土地の余裕がないため出稼ぎや親族移転が選択されていた。

(2) 土地利用面積の変化

ダグンバの農村における土地は，基本的に重層的な共同体的保有のもとに置かれている。土地を統括しているのは，ダグンバの大首長である。その下部は，地方，地域，そして村へと段階的に細分化されていき，各村の首長は自身の割り当てられた土地を統括する。そして各村の首長は，村内のコンパウンドに土地を割り当て，土地を割り当てられた各コンパウンドの家長は，

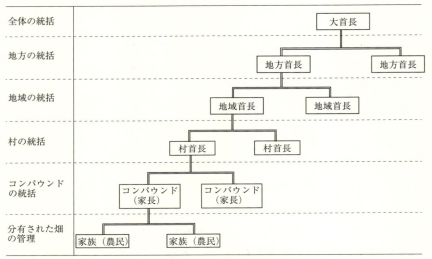

図12-3 ダグンバにおける重層的な土地保有の段階的構造
出所：中曽根勝重（2002）［13］より作成。

　その土地を再配分して家族に分有させている。各コンパウンドの農業経営は，家長と土地を分有する家族がそれぞれ分担して営んでいる（**図12-3を参照**）。
　そこで，T村とG村のコンパウンドにおける農民別の土地利用状況の推移を検討する。
　まずT村に注目すると，それぞれの農民の土地利用面積は減少傾向にあるが，どのコンパウンドでも家長や年配の農民の土地利用面積は比較的大きく，毎年土地を利用している。また分家をして転出していく農民も，年配の農民が選ばれており，分家後に自分のコンパウンドの運営を行う能力が要求されている。一方，若年の男性は，土地利用面積が小さく，土地を継続して利用していない。彼らは，農業の運営に縛られることはなく，転職や賃金労働を行ったり，家族の分家に同行したりと，比較的自由で流動的な立場に置かれている。女性に関しては，コンパウンドへの入退出が激しいため安定した土地利用を行っているケースは少ない。
　一方，G村では，各農民の土地利用面積は減少傾向にあるが，ほとんどの

コンパウンドにおいて家長の土地利用面積が最も大きく，その土地を毎年利用している。また，年配の農民が転出するケースも少ない。G村ではT村に比べて各コンパウンドの男性土地利用者が少ないにもかかわらず，若年男性の継続した土地利用はあまりみられず，むしろ，出稼ぎ農業や出稼ぎを行っているため，コンパウンドにおける農業の担い手および農業労働力が減少している。G村の女性の場合は，結婚や出産の影響は少なく，多くの女性が農業を中止するコンパウンドもある。

　以上のことから，T村とG村のコンパウンドでは，土地分有者数と土地利用面積の減少という同じ方向性がみられるが，その要因は両村で異なる。T村では，各コンパウンドにおいて年配の農民の分家により，土地の細分化が進行している。他方，G村では，各コンパウンドの土地利用面積が純粋に減少しているに過ぎないが，この要因にはコンパウンドにおける若年の農民の転出が農業に対する労働力不足を引き起こしていると考えられる。したがって，両村におけるコンパウンドの土地利用面積の変化の背景には，①T村のコンパウンドでは，農業を中心とする従来の生活様式を保持するために分家を行ったため，土地の細分化が起こっていたのに対し，②G村のコンパウンドでは，家族が村外に退出することで農業労働力不足が起こるため，土地利用に制限を行っている，という異なった要因が存在する。

　また，T村とG村の各コンパウンドにおける若年男性は，土地面積が小さく，土地を継続して利用することは少ない。彼らの多くは，主に販売向けの作物の作付けを行っているが，農業技術が未熟で生産性が悪く収量も低いため稼得できる現金は少ない。しかし，ガーナ北部にも急速に押し寄せる経済自由化の影響は，彼らの生活に対し，自転車やオートバイなどの移動用製品，テレビや携帯電話などの娯楽製品を普及させ，多くの農民がそれらの財を入手するために，より多くの現金を求めるようになってきている。その結果，いくつかのコンパウンドでは，比較的自由で流動的な立場に置かれている若年男性が，永続的な転職，一時的な賃金労働・出稼ぎ農業・出稼ぎなどの，所得稼得を優先させた経済活動への移転が確認できる。

（3）コンパウンドにおける生計の多様化

T村およびG村の個々のコンパウンドでは，家族数と土地利用面積の減少，そして現金所得の必要性に対し，それぞれが置かれた状況に応じてコンパウンドの生計を変化させている。ここで，T村とG村のコンパウンドにおける生計の変化に関する事例をいくつか紹介する。

T村で2度の分家を行っているコンパウンドでは，土地利用面積が大きく減少していた。しかし，土地分有者数はあまり変化していないため，1人当たりの土地利用面積は大きく減少している。このコンパウンドでは，土地利用面積の減少により個々の農民の作付内容が大きく変化した。販売向け作物の作付けが減り，自家消費向け作物の作付けが土地利用面積の大部分を占めるようになった。そのため，現在の所得稼得手段は，ほとんどの農民が自家消費向け作物の販売に依存している。

前の家長が亡くなり家族数が大きく減少したT村のコンパウンドも，土地利用面積が減少した。しかし，1人当たり土地利用面積は，大きく減少しておらず，土地分有者数にも大きな変化はみられない。そのため作付内容に大きな変化はなく，自家消費向け作物と販売向け作物の栽培が行われている。ただし，このコンパウンドでは販売向け作物以外の所得稼得の手段として，兼業や賃金労働なども行われている。

家族数があまり変化していないG村のコンパウンドでは，1人当たりの土地利用面積と土地分有者数にあまり変化がみられないものの，相対的には減少傾向を示している。このコンパウンドでは，若年の農民が，農繁期に近隣農村に移転して出稼ぎ農業を行っているため，農業労働力が不足する。その結果，コンパウンドの土地利用は，自家消費向け作物の作付割合が増加してきている。ただし，個人の所得拡大のための販売向け作物栽培は近隣農村において若年の農民が積極的に行っている。

前の家長が移転したことで家族数が半減したG村のコンパウンドでは，土地利用面積が減少しているものの，1人当たりの土地利用面積は極端な減少

をみせていない。しかし前家長の転出により，現在の家長や年配の農民の作付内容は，販売向け作物から自家消費向け作物へと大きく変化した。ただし，このコンパウンドでは，もともと男性のみに土地分有が行われていたため，現在の家長や年配の農民は所得を得る機会が減少したものの，農民によっては兼業を行うことで所得稼得手段を確保している。

　以上の事例から，コンパウンドの生計は，それぞれが置かれた状況によって食料確保と所得稼得に対する活動に変化が生じていることが考察された。T村では，コンパウンドの家族数が減少することで，コンパウンド全体の土地利用面積も減少した。こうした変化に対し，多くの農民が各コンパウンドの家族の食料確保を優先しながらも，一部の農民が販売作物の変更や兼業・賃金労働などを行うことで，村内にとどまりつつも何らかの所得稼得機会を確保するという生計戦略を選択していた。一方，G村でも，コンパウンドの家族数の減少にともない，コンパウンド全体の土地利用面積が減少した。その結果，個々の農民は自家消費向け作物の栽培を強化しつつ，一部の農民が出稼ぎ農業による販売作物栽培や兼業などといった村外での活動で所得稼得手段を確保するという生計戦略がとられていた。

　このように，ガーナ北部のダグンバでは，コンパウンド全体の土地利用面積減少により，コンパウンド全体では食料作物を確保するための作物栽培に重点を移しながらも，経済自由化の影響により増加する生活必需品の購入や娯楽製品購入に対する現金は，一部の農民による販売作物の栽培特化や兼業・出稼ぎなどによって確保されるようになってきた。したがって，ガーナ北部のコンパウンドでは，人口圧力と土地利用の変化，そして経済自由化の浸透に対し，外部条件や内部条件の違いによって規定されるそれぞれの置かれた状況に応じ，さまざまな方法による所得稼得のための活動を取り入れた生計手段に変わってきており，生計の多様化が進展している。

第4節　継続性と柔軟性を持ったガーナ北部の農民

　近年，ガーナには鉱物資源が豊かで農業生産ポテンシャルの高い南部と鉱物資源もなく農業条件の悪い北部には地域間の経済格差が存在し，さらに都市部と農村部でも経済格差が存在している。そして，これらの経済格差は急速に進む経済の自由化によって，南部と北部，都市と農村という重層的な経済格差の構造を形成させ，南部における都市部と北部における農村部との格差を拡大させる傾向を強めている。また，経済成長の影響により，農村部における所得源としての農業の役割は，その地位が急速に減退しているが，目立った鉱物資源もなく，熱帯特有の輸出向け作物が栽培できない地域では，農業からの所得に一定の役割が置かれている。

　そうした社会情勢の変動に対し，ガーナ北部の農民は，それぞれの農村や各コンパウンドの置かれた状況に応じて，変化に柔軟に対応しながら農業を営んでいる。本章で紹介したガーナ北部農村におけるコンパウンド内部の生計変化の実態からは，以下の諸点が明らかになった。①ダグンバ地域では，コンパウンド家族数の増加にともなって人数を調整させている。②コンパウンド家族数の調整による退出先は，分家を行って村内に留まるケースや出稼ぎおよび親族移転などで村外に転出するケースがある。③分家・出稼ぎ・親族移転などを行っている家族の多くが成人男子であるため，各コンパウンドの土地利用面積割合は総じて減少傾向にある。④土地にある程度余裕がある村のコンパウンドでは，分家が土地の細分化を起こしているのに対し，土地に余裕が残されていない村のコンパウンドでは，家族が村外に転出することで労働力不足が起こり土地利用を制限している。⑤比較的自由で流動的な立場に置かれている若年男性は，転職・賃金労働・出稼ぎ農業・出稼ぎなどを行い，所得稼得を中心とする経済活動を選択することがある。⑥個々のコンパウンドでは，生活を取り巻く外部条件および内部条件の変化に対し，それぞれの置かれた状況に応じて，さまざまな方法の生計活動を取り入れるとい

う生計の多様化が進展している。

　以上のように，本章では，「成長するアフリカ，取り残されるアフリカの農村」という課題について，ガーナを事例に取り上げて実態を分析した。近年，いくつかのアフリカの国では経済成長が著しい。しかし，経済成長を計るために利用される統計データは，そのほとんどが国家経済を対象としたマクロデータである。ガーナでも国レベルでの経済成長が著しいことは確認された。しかし，国内の細部にまで目を向けてみると，そこには地域間や部門間に経済格差が存在し，最も条件が不利な農村で生活する人々が，あたかも取り残されていくようにも思える。島田[14]は，アフリカの農村部において，市場経済化の浸透という外部環境の変化に対し，農民たちが「変わり身の速い」変化を遂げているものの，その速さとは，長期間続けられてきた農業を放棄する速さではなく，あくまでも農業以外の活動を追加的に加えていく速さであることを指摘している。つまり，アフリカの農民は，それまで維持し続けてきた農業生産の基礎的な部分をなす自家消費向けの食料作物生産を放棄して，一気に別の活動に重心を移すことはないということである。この指摘は，まさに，ガーナ北部の農村で生活する人々が，自家消費向けの農業を維持させながら，経済の自由化という外部環境の変化に対して，さまざまな方法で所得稼得機会を創出し，生計の多様化を計りながら自分たちの生活を維持している姿と重ね合わさる。したがって，彼らが，このまま取り残されていくことを受け入れるとは考えられず，外部環境の変化に対して，柔軟で流動的な対応によって生計を多様化させながら生活を維持し続けていくことが予測される。

参考文献
[1] 中曽根勝重・稲泉博己（2007）「ガーナ北部の伝統的な農村におけるコンパウンド営農の変化」『農村研究』第105号，東京農業大学農業経済学会，pp.41～54。
[2] 中曽根勝重（2013a）「ガーナ北部の農村における所得獲得機会の変化と生計活動の多様化」『農村研究』第117号，東京農業大学農業経済学会，pp.36～51。

[3] 中曽根勝重 (2013b)「ガーナ北部における市場経済の浸透と農業技術の変化―ダグンバを事例として―」『東京農業大学農学集報』58 (2), pp.71～84。
[4] Ghana Statistical Service (2014) *Digest of International Merchandise Trade Statistics 2009-2013*, Ghana Statistical Service, Accra, Ghana.
[5] Ghana Statistical Service (2015) *Revised 2014 Annual Gross Domestic Product*, Ghana Statistical Service, Accra, Ghana.
[6] ILOSTAT：http://www.ilo.org/global/statistics-and-databases（2016年9月8日アクセス）．
[7] FAOSTAT：http://faostat.fao.org/site/291/default.aspx（2016年9月8日アクセス）．
[8] Ghana Statistical Service (2000) *Ghana Living Standards Survey-Report on The Fourth Round* (*GLSS4*), Ghana Statistical Service, Accra, Ghana.
[9] Ghana Statistical Service (2008) *Ghana Living Standards Survey-Report on The Fifth Round* (*GLSS5*), Ghana Statistical Service, Ghana.
[10] Ghana Statistical Service (2014) *Ghana Living Standards Survey Round 6* (*GLSS6*), Ghana Statistical Service, Ghana.
[11] Oppong Christine (1973) *Growing Up in Dagbon*, Ghana Publishing Corporation, Accra-Tema, Ghana.
[12] Warner M., Al-Hassan R., Kydd J. (1999) "A Review of Changes to Farming Systems of Northern Ghana (1957-94)", Roger B (ed.) *Natural Resource Management in Ghana and Its Socio-economic Context*, Overseas Development Institute, UK, pp.85-113.
[13] 中曽根勝重 (2002)「西アフリカサバンナ農村のコンパウンド営農に関する研究（博士論文）」東京農業大学大学院農学研究科, pp.110～189。
[14] 島田周平 (2007)『アフリカ　可能性を生きる農民　環境―国家―村の比較生態研究』京都大学出版会。

第13章
地域農業開発の規定要因
―実態把握へのアプローチ―

三簾　久夫

第1節　序―課題への接近―

　地域開発の歴史は，人間の生活そのものであるともいえよう。その方法や理論は多岐にわたり，第2次世界大戦後は経済開発がその中心となってきた。そして，経済主体の加速度的発展はエネルギーの変化，新たな資源の確保や技術の確立によって実現されてきたが，環境に対する問題も顕在化しつつある。一方，労働生産の向上は新たな経済格差の発生を生み出し，所得格差による社会問題の温床ともなりつつある。
　そこで，現在各方面で発生しつつある諸問題の解決を図り，持続的な地域開発方法の確立には経済以外の視点をも含めた多面的なアプローチが，必要になると考える。本章では，その要因を自然，社会，経済，生産，消費，文化に分類し，それぞれが個別に，あるいは相互に関連して農業生産に与える影響を考察し，地域農業開発へのアプローチについて考える。
　まず，地域農業開発の実施に先立って，その対象地域を設定しなければならない。地域とはある特定の基準によって区切られた範囲であり，基準によってその範囲は異なる。つまり，その範囲は集落規模から市町村，さらには国家を超えた範囲となることもある[1]。これら範囲の相違は制約条件の内

---

(1) アジア，アフリカなどから集落の一部など特定の一集落まで指定できる。

容が異なる。その規制条件は広範囲な地域ではより曖昧であり，狭まるにつれてより具体化，明確化する傾向がみられる。この対象範囲の決定は地域開発計画の立案，実施方法，予算規模，効果に相違が生まれてくることとなる。つまり，後述する自然，社会，経済，生産，生活，文化の制約条件の相違を通じて，効果の範囲にも直接的な影響が発生する。

第2節　自然

　自然条件は農業を行う上での基本である。自然条件を考慮する指標，見方は数多く存在するが，ここではシンプルに，位置，大気中，地上，地下を視点とする。位置は地球上の経緯度であり，特に緯度は赤道からの距離による気温差によって後述する気候と密接な関係を持つ。つまり，太陽光線の照射角度によって，熱量が変化し，温度較差が生ずる。日照は赤道を中心に南北で逆方向となり，南北回帰線内と線外の自然条件には相違が生じている。このように緯度は気象条件との関連性から農業生産に極めて重要な影響を与える。また，海洋からの距離は同様，日較差，沿岸流によって，海洋水と陸の保温較差，降水量の相違が生ずる。

　つぎに，大気中は気候，気象条件である。端的には降水量，気温，日照，湿度，風等である。これらを世界的規模で分類したもののひとつがケッペンの区分図である[2]。特に，降水量，温度は動植物の生育に大きく影響する。降水量は植物の生育条件に大きく関与し，その多少によって農業形態が大きく変化する。降水量には年間，季節毎の降水量の他，短時間の降水量，風との関連も影響がある。たとえば，熱帯性のスコールと緩やかに降る雨では植物相，土壌条件も異なっている。温度も同様に長期の平均，最高，最低，較

（2）ケッペンが植生，温度，降水量を基準に熱帯，亜熱帯，温帯，亜寒帯，寒帯　高山に気候区分を行ったことについて諸批判はあるが，基本的気候条件の把握には有用であるといえる。

差によって作物の生育に重要な影響を与えている。温度は花芽の分化に日長と同様，直接的な作用が明らかになっている。また，積算温度は栽培上の生育限界を判定する条件である。さらに，温度変化は降雪，降霜，霧，降雹と関連して作物に与える影響は大きい。また，日照時間も植物の生育に物理的，生理的に影響を与えている。

　これらの気候，気象条件は後述の地表の障害物と関連し，微気象を生じ，突風，降霜，降雹など農作物の生産に直接影響を与えている。近年，これら気象条件の改善策として各種施設が利用されているが，投資効果，環境への影響を考慮する必要がある。

　地上は地形と考えてよいが，農業を行う上では植生と土壌も重要な条件となる。地形の基本は平地，台地，山岳等の標高，傾斜，河川，沼地等の水系であり，これらの組合せによって形成されている。生産性が高く耕種農業に適した地形は平地であり，特に水田は平坦地であることが基本条件である。傾斜地で行う場合にはテラスによって水平を確保する必要がある。その他，果樹等の排水を必要とする作物は傾斜地を利用して栽培されるケースなどもみられる。概して傾斜の強い農地は牧草地などに利用されている。山間地では日照等の条件によって作物が限定され，その条件に適した農業形態が営まれている。一方，標高は温度との関係が強く，100m上昇すると平均気温は0.6度低下する。これを利用して，熱帯圏の高地では温帯作物の生産が行われてきた。

　水系も重要な条件である。古代文明はいずれも大河川の氾濫原を中心に成立している。それらは河川氾濫の代償に肥沃な土壌と用水を確保し，富の蓄積による文明を発展させている。また，先述の降水量は農業の重要な制約条件であるが，より確実な水資源確保策としての潅漑は地上水が現在も多く利用されている。しかし，開発計画を立案実施に移す段階では増水・渇水期の水位，流量の把握，水質も重要な要素となる[3]。

---

(3) アスワンハイダムの建設でナイル川の水質が変化したといわれている。

植生は栽培作物との関連性が強い。それは土壌を含む植物の生育条件を示すバロメーターであり，作目選定の重要な条件を示す。例えば，セラード，チャコ，パンパ，リャノス，ジャングル，ステップ，サバナ，セルバなどは針葉樹，広葉樹，熱帯雨林，灌木の植生を表し，現在注目されているアグロフォレストリィは熱帯降雨林の変形とも捉えられる。

　土壌は火山岩，堆積岩など母岩によって組成がほぼ決定付けられるが，降雨，日照等の二次的条件によって変化し，さらに植生によって土壌の深さにも相違が見られる。土壌の種類はその色，腐食の含有量等によって埴土，壌土，腐植土，砂質土，粘土など，さらにラトソル，チェルノーゼム，ポドゾル，プレリー，レグール，黄土，ツンドラ土などに分けられる。原則として黒色系統は肥沃で，赤色系統は低地力とされているが，南米の赤色系土壌のテラロッシャ，日本の黒色系土壌の黒ボクは例外といえる。また，1cmの土壌の生成には百年を要するといわれており，開発計画の実施に当たって土壌流亡は極力避けることが重要である。

　地下は地質，地層であり，上層部の土壌の形成に影響を与える。また，水脈は灌漑水の確保と密接な関連性を持ち，水質は母岩との関連性が深く，硬水，軟水に分けられる。さらに，プレートは地殻変動との関連性から自然災害，特に火山活動や地震は農業の持続性に影響がある。近年の地震災害による農地に断層や土砂崩れの影響は記憶に新しい。

　これらの諸条件が相互に作用して地域の自然条件を形成しており，その相違が作物の生育条件を規定している。さらに，住民生活は生態系の中に存在することを考えると，この自然条件が基本となるといえよう。

第3節　社会

　社会条件の範囲は極めて広い。対象学問としての社会学の研究対象範囲は集団，パーソナリティ，イデオロギーなどであるが，詳細な分野は30以上に及ぶ。これらの各分野から条件を抽出し，検討することは必要であるが多岐

に渡り，すべてを網羅することは不可能に近い。そこで，社会発展論，社会制度論，人口論，集団論的視点を中心に検討する。

社会発展論の代表的な説としてはオギュースト・コントが挙げられる。コントは知性のあり方を基準に神学的，形而上学的，実証的の3段階に区分し，軍事的，法律的，産業的のの段階に至るとした。フェルディナント・テンニースは，ゲマイシャフト(4)からとゲゼルシャフト(5)に移行すると説いている。カール・マルクスは，原始共産主義，アジア生産様式，奴隷制，封建制，資本主義，社会主義という段階を提唱，その影響を受けたウォルト・W・ロストウは伝統的社会，離陸先行期，離陸，成熟化，高度大量消費とし，経済主体社会に移行する方向性を示している。

これらを踏まえると，社会的条件として歴史を含めた沿革，政治体制，諸制度，社会集団，人口などが挙げられよう。沿革は地域の成立過程を把握する重要な要素である。現在は過去からの時間的累積によって諸事が形成され，固有の社会体制が成立している。途上国問題は植民地支配の有無，その宗主国の違いによっても大きく異なる。大航海時代に植民地となった地域と専制国家による支配，東西冷戦の結果の朝鮮，国家解体後に生まれた民族国家間の問題など枚挙に暇がない。また，既存の農村と開拓農村では住民間の人間関係の濃淡，それに基づく階層の重層性，結合要素が影響して村落構造が異なる。

政治体制は今日多くの国が民主国家として成立しているが，その構造は国家元首の呼称にも見られるように千差万別である。また，政権交代は選挙が一般的であるが，委譲，革命などによる政権交代もある。選挙や委譲は非暴力的であり，社会的変化は少ない。一方，革命は暴力的で急激な変化を生む。この変化を起こす前段階として政治的無差別攻撃がテロであるといえる。

諸制度のうち農業に関連する主たる制度は身分制度と土地制度であろう。身分制度は伝統的社会内で自然発生的に形成されたものと，植民地支配等の

（4）地縁血縁による自然発生的社会。
（5）人的利害に基づいて人為的につくられた社会。

外的要因によって形成されたものがある。日本における封建時代の士農工商，インドのカースト制度などである。土地制度はより農業に直接的影響を与える。現在，土地所有は私有制を基本としているが，伝統的社会では共同体的土地所有，社会（共産）主義社会では国有，また一部地域では占有という概念も存在する。個人の生産性向上には私有制が効果的であるとされているが，知的，物的資源が不足する場合には複数で所有する共同体制をとることによって生産性に維持，生活の安定を確立するケースも存在する。地主小作制度についてもその是非を巡る議論は多いが，多くは否定的な存在と捉えられている。しかし，地主の庇護によって小作農が自作農に比較して安定な生活水準を維持しているケース，有能な小作農の子弟を地主が教育して農場経営の一翼を担わせるケース等もみられる。さらに，農地解放によって独立した自作農が小作農，または農村労働者に転落するケース等もある。

　人口も社会を規定する大きな要因である。農業は人口を養う手段であり，人口密集では食料需要は高く，希薄な地域の需要量は低い。これらはチュウネンの孤立国理論の中でも間接的ではあるが，労働力の投入量は遠隔地ほど低下し，労働配分の相違は人口密度に関連していると考えられる。また，年齢別構成は社会的成長，円熟度を示唆する一つの指標と捉えられる。これらは世帯員数，世帯数，家族構成，親族構成，夫婦当たり出生児数，さらに出生率，死亡率との関連から人口増加率の推移と関連した結果であるといえよう。しかし，国籍，人種，宗教等の相違は今日世界各地で民族問題として表面化している。

　社会集団も重要な要素である。その内容について，鈴木栄太郎は行政的，檀徒，氏子，講中，近隣，経済的，官設的，血縁的，特殊共同利害，階級的集団に類型化した。また，川俣茂が家族，地縁，教養・文化，経済に類型化し，家族集団には家族，親族など，地縁集団には近隣，地域，年齢，行政協力，住民運動，政治的集団など，教養・文化集団には社会教育，農事研究，趣味・娯楽，学校関係，宗教など，経済集団には農業生産，農協集落，森林，漁業，消費生活などを含めている。これら社会集団は自然発生的な多機能集

団から単一目的の機能的集団へと社会発展にともなって変化する傾向にある。

この他，生活圏，通勤・通学圏，通婚圏などを規定する基準として時間的距離に代表される社会的立地条件も重要な要素である。

第4節　経済

経済条件は主として財の価値と価値を生み出すための投入財との関係，対象地域の経済体制，貨幣経済の浸透状況，土地条件，労働力等を含む経済的立地等が考えられる。農産物の価値は他の財と同様，需要と供給によって価値が決定付けられるが価格弾性値が低く，変動が大きい。今日，経済活動における農業の位置づけは，6次産業化といわれて脚光を浴びているが，食料生産の基幹産業である。食料事情の悪化は経済事情のみならず国家体制の崩壊にも繋がる事項である。したがって，各時代を通してより安定的な食料の確保が可能な体制を構築してきた。今日，社会主義体制はほぼ消滅し，資本（自由）主義体制が主体となっている。ほとんど消滅しつつある社会主義経済体制は統制あるいは計画経済といわれる形態である。具体的には目標を立案しその実現を目指す体制であった。一方，自由主義体制は競争経済と呼ばれる体制である。

農業は基幹的産業であるが，他産業からの影響も強く受ける。農業の生産性を向上させる化学肥料，土壌改良剤，農薬やその直接資材，省力化を促進するための農業機械，器具等の間接資材の生産である。今日では経営技術を補完するIT技術が導入され，他産業との関連性が増してきている。

貨幣経済の浸透状況は農業に極めて重要な影響を与える。貨幣経済の浸透は生産物に画一的な価値が与えられ，その価値によって取引される。一般に食料作物の価格は低く，生産体制は自給型から商品生産型に移行が進む。その現象が極端に進展すると，商品作物生産中心のプランテーション農業が拡大し，農業の本来の目的であった食料生産が駆逐される。その結果，地域内の食料不足を招くこともある。

また，貨幣経済の浸透は生産コストに反映され，産地間競争を招き，より生産性が高く，高品質の生産地が生き残る。これらがさらに拡大すると，産地間競争の国際化に発展する。そこには生産物の品質維持，保存性確保のために1次あるいは1.5次加工がなされる。さらに，製造・加工に関する価値観や食生活の相違による製品の安全性や品質管理に関するリスクが生ずる可能性が高くなり，取引を安全に行うためのガイドラインが要求される。加えて，従来行われてきた開発輸入は現地農業に受益（＋）のみでなく，負荷（−）も与える可能性が存在することを考慮すべきであろう。

　農業は一般の経済活動とは異なり，潜在的労働力を保有する分野と考えられ，その労働力の有効利用が課題とされた時代もあった。それは先進諸国では農業就業人口が少なく，省力的，資本集約的農業を基準にした考え方であった。しかし，労働集約的農業の存在は他産業が未発達な段階では労働力を吸収する貴重な部門であった。近年経済の進展によって，商業用，住宅用工場用地の拡大，さらに農業生産性の向上によって農地は減少傾向にあるが，世界的に見ると人口増加とそれを養うための農地の必要性は増大している。確かに，農業の資本回転率は他産業に比較して低く，GDPやGNPに占める割合も低いことは事実である。しかし，それらは農業が基幹産業であることの証拠であり，経済的条件が農業に与える影響はきわめて大きいと言わざるを得ない。

第5節　生活（消費）

　生活は社会・経済条件の上に成立し，広義では生産と消費の両側面を含んでいる。農業の存在はこの両者が未分離の状況で維持されている生産活動である。それは個別農家の構造からも明らかである。しかし，ここでは敢えて両者を分離し，狭義の消費との関連性について記す。具体的には衣，食，住および生活用具との関係である。

　衣食住の中では，食糧を生産する活動である農業の性格からすると食との

関連が強いであろう。その活動を通して最も安定的に得られる食物を主食として，食生活を支えてきた。主食とされている作物は穀類，イモ類の他，バナナなどが挙げられる。地域によって作物は異なるが，何れも炭水化物の供給源である。東・東南アジアでは米，西南アジアでは小麦，ヨーロッパでは小麦，ジャガイモ，中南米では小麦，キャッサバ，ジャガイモ，トウモロコシ，アフリカではトウモロコシと雑穀，トウモロコシと小麦，テフ，キャッサバ，米と調理用バナナ，イモ類が混在，太平洋地域ではヤム，タロなどのイモ類，サゴヤシ（澱粉）などが主食となっている。主食は在来作物の中から選抜されて，その地域に定着するケースが多く見られるが，ヨーロッパのジャガイモは特殊事例といえる。ジャガイモは大航海時代に南米のアンデスからヨーロッパに移入されて定着し，特に北部の人口を支える重要な存在となっている。

　食生活安定の条件として貯蔵性も重要である。穀類は貯蔵性に優れ，ジャガイモも前述の方法で原産地での貯蔵法が確立されている。現在は冷凍技術の発達によりコールドチェーンが確立されているが，それ以前は乾燥と調味料による方法が一般的であった。乾燥は水分を除去することで保存性を高めている。さらに強制的な水分処理が塩漬けである。今日でも塩漬け，乾物類は保存食品として取り扱われている。また，アンデスのジャガイモは冷凍と解凍を繰り返して脱水状態のイモ（チューニョ）[6]を作り出して，保存を可能にして主食となった。調味料による方法は，発酵食品に代表されよう。発酵は多くの場合微生物を利用した保存方法で，幅広い分野で利用されている。発酵に対する表現で腐敗があるが，この違いは人間にとって有用な質的変化をもたらしたケースが発酵であり，有用でないものが腐敗である。身の回りの食品であれば，味噌，醤油，ショッツル，漁醤，豆腐，納豆等，枚挙にいとまがない。一方，熱帯圏では常時収穫可能なイモ類，バナナ，サゴヤシなどが主食として位置付けられている。これらは主食の必要な量を常時確

---

(6) 冷凍と解凍を繰り返して脱水状態にした保存食。

保する．また，動物性たんぱく質の確保は動物の家畜化で補った．

　衣は，20世紀の初頭までは植物性天然繊維，皮革が広範囲に利用されてきた．代表的な繊維は綿花，ラミーなど各種の麻，芭蕉布などで通気性，吸湿性に優れている．一方，羊毛に代表される動物性繊維は保温性にも優れており，織布方法によっては防湿性にも優れたものが多く見られる．また，皮革は保温，防湿（保湿）性に優れ，丈夫な衣類として利用されている．これらは何れも身近な素材を生かして，衣類として利用し，強い日差しや寒さなどから身を守る用具として地域にあった形態を作り出してきた．

　住居の素材も衣類同様に地域性に富むが，何れも身近な素材を有効に利用している．ヨーロッパ建築の基本は石材であるが，これらはヨーロッパの自然条件の中から経験的に選抜されたものであり，気候風土に適している．一方，日本等の湿潤地帯では，茅，稲，木材を基本とする建築様式，熱帯圏では竹，やし（材，葉柄など）が利用されている．極地に居住するイヌイット族の建築資材は氷結であり，ヨーロッパの石材同様，地域資源に根ざした素材が使われ，それぞれ断熱，通気性が考慮されている．換言すると，地域性に根ざした素材，建築様式を用いない場合は環境に適した省エネ住居は取得できないとも考えられよう．

　その他，多くの生活用具は農作業の副産物など地域の資源と密接な関係が見られる．たとえば，荷物運搬用具ではわら細工，竹細工，籐細工，皮革細工が世界各地で独自の発展を遂げている．また，民間医療薬，防虫剤等についても独自のハーブ類が利用されている．これらの多くはより使用性に優れたものに代替しつつあるが，今日でも各地域のホームヤードの中に数多く見ることができる．

第6節　生産

　生産は広義の生活の一翼を担う部門であるが，その基盤となる土地，労働力，資本，経営主能力，技術，さらにそれらの関連性から発展方向について

記す。一般に生産要素は土地，労働力，資本と捉えるが，人的能力としての経営主能力も農業生産上重要な要素である。

土地は経営規模を示す指標として利用されている。大規模経営ではスケールメリットが作用して固定資本の有効利用による収益増が見込まれる。一方，小規模の場合は労働力，資本の投入による集約型農業で生産性の向上を図る経営が目指されている。農業技術の面では園耕とよばれている。また，圃場の形状，分散状況，傾斜など圃場条件も生産性に大きく関与する。不定形の形状であれば，機械化等による省力化，効率化を望むことは難しいが，傾斜地ではその形状が等高線によって区切られていることもある。その場合は圃場が均平であり，水田には適している。また，圃場が各地に分散していることも効率化を図る上では障害となるが，自然災害等からのリスクは分散されるメリットもある。したがって，圃場条件の効率化する上での生産性向上で発生するメリットと従前のメリットが減少するその差を考慮して圃場整備がなされなければならない。さらに，生産性を規定する地力の概念が土地には存在する。極めて広範囲で明確な規定は困難であるが，圃場の特徴を踏まえての生産力の表現と考えられる。生産現場では作業者が前年の収穫結果等を考慮しつつ，作業して毎年改善されている。

労働力は質量ともに生産性に直接関与する。労働力の量は作業量と直接関連するが，労働力は単に量のみでの判断はできない。その質と量の両者を加味して総合的な判断がなされなければならない。その基準は，性別，年齢，就労日数などである。しかし，より具体的な算出方法は各国の状況によって相違がある。

資本も重要な生産要素であり，途上国の農村の貧困問題を農業生産性向上で解決を図る際，ネックとなっていた。途上国の農村には公的金融機関は少なく，多くは高利貸しや地主からの借入金での資材を購入していた。したがって，借入金による新資材の導入リスクは資金面で極めて高い。また，独自の資金で導入しても，経営上のリスクを考えると，踏み切らない状況であったと推察される。しかし，貨幣経済の浸透によって，資本の重要性は増加し，

農民層の二極分解が進んだ時期もあった。資金の借入に際しては，個人の社会ステイタス，信用度合，経営形態，保証人が請求されるが，多く小農はこれらの条件を満たすことは困難であった。

　農業生産の方向性，生産技術の選択は経営主の判断によって決定される。したがって，経営主の能力は最も重要な要件といっても過言ではない。そこで求められる条件は経験年数，基礎学力，情報収集能力，さらに労働者を使用する場合には労働管理能力が加わる。これらの能力を一挙に取得することは困難であるが，生産組合等の社会経済集団の利用によって，信用度，情報収集能力などはある程度カバーできることが期待される。

　上記の土地，労働力，資本，経営主能力の上に技術が成立する。技術には近代的，伝統的，有機，自然，慣行などの名称が付けられているが，大きく物的技術と知的技術に分類できよう。物的技術は施肥，農薬，農具など物を主体とする技術など目に見える，または直接経済的負担のかかるものである。一方，知的技術は観察力，知識，発想など人的技術など目に見えず，習得に時間を要するものである。この両者の複合形態が営農技術として具現化して，生産要素の組み合わせの上に生産様式が決定される。また，労働手段も手労働から畜力，動力へと変化し，農具もより高度，かつ効率的な形態に変化している。

　現在各地で採用されている技術体系はそれぞれ地域の特性と作業者の条件を考慮して最良のものが適用されている。今後，新たな展開のためには新技術の導入，既存の技術の改変が望まれるが，いずれも不安定性を内包しており，採用の決断には勇気が必要である。知（人）的技術の重要性が増すと考えられる。

第7節　文化

　文化は社会生活が凝縮された存在で，人間が学習によって社会から習得した生活の仕方の総称といえ，それを理解しなければ地域の実態は把握できな

い。具体的には，前述の衣食住，技術に加えて，学問，芸術，道徳，宗教など，物心両面にわたる生活様式とその内容である。

　文化の一分野である学問領域の中で最も基幹的領域は物理と哲学であるといえる。物理は自然科学の基礎であり，自然界の諸法則の根源追究，真理追究を目指す。一方，哲学は思考回路（思想）の形成であり，社会科学の根源を追及する。中にはこの二つ以外の学問は全て応用科学であるとする考えもある。農業を対象領域とする農学は実学として存在し，農学は帰納的に真理追求をする。学問は知識の泉であり，新技術の開発，発想を生む。農業からはより効率的生産を目指す欲求，需要を生み，高い生産性を実現する手段として肥料，農薬，機械の発想が生まれる。

　芸術も農業に必要な情報を示唆している。芸術は特殊の材料・技巧・様式などによって造形芸術（彫刻，絵画，建築），表情芸術（舞踊，演劇），音響芸術（音楽），言語芸術（詩，小説，戯曲）に分けられる。造形芸術の初期絵画は狩猟,農耕を題材とし,ラスコー洞窟（フランス西南），アルタミラ（スペイン北部）に残されている。また，印象派のミレーは種をまく人，晩鐘，落穂拾い，羊飼いの少女で当時農村・農業の様子を描いている。音響芸術の一部門に入る民謡の中には田植えや収穫の労働歌があり，豊作への祈りなどを込めた歌詞も多々存在する。ブラジルの民族音楽ともいえるサンバ，アメリカ合衆国のジャズは奴隷の鎮魂歌の延長とも言われる。表情芸術に含まれるカーニバル，ハワイアン，盆踊り（炭鉱節など）には農作業の過程が盛り込まれたものが多く存在する。言語芸術は知識の伝達手段としての機能も果たしている。それらは寓話，昔話として語継がれている。昔話の桃太郎についてみると，桃は貴重な果物，権力者，統治者（委託者），鬼は海賊，鬼ヶ島は海賊の基地，キビ団子は基幹的食料，犬は忠実な家臣団，猿は知恵者，キジは情報網との解釈も成立する。また，ヨーロッパの代表的童話であるグリム童話のヘンデルとグレーテルはヨーロッパの飢饉，森には食べ物がないことなど，生業に関する情報を得ることができる。

　宗教は神又は超越的絶対者，あるいは卑俗なものから禁忌された神聖なも

のに対する信仰・行事又はそれらの連続的体系で，帰依者は精神的共同体を営む。古くはアミニズム，自然崇拝，呪術崇拝など原始宗教から今日の世界的宗教，仏教，キリスト教，イスラム教に至るまでの文化段階・民族などの違いによって多種多様である。現在でも雨乞い，防除，収穫（豊堯）祈願など自然崇拝，超自然崇拝の農耕儀礼が残る地域もある。

　道徳はある社会において，その成員の社会に対するあるいは成員相互間の行為を規制するものとして，一般に承認されている規範の総体で，法律のような外面的強制力を伴うものではなく，個人の内面的なものである。その根底には種の保存の原理が働いているが，宗教との関連性も強い。したがって，極めて複雑で時間と場所によって大きく異なるが，タブーへの抵触回避は重要な行動様式である。

第8節　地域開発へのアプローチ

　今日地球は急激な人口増加，さらに民族問題など多様な問題が山積しており，総合的な視野に立った問題の解決策が求められ，その一つとして地方特性を生かした農業開発が有効と考え，自然，社会，経済，生活（消費），生産，文化を地域農業の規定要因として，個別に検討した

　農業は生業であり，地域の自然，社会，経済的資源を有効に利用し，最大限の効果を得ることができるように農民は努力している。しかし，使用できる情報および資源は行動範囲の中に限られ，新たな情報，技術の習得による生産性の向上を図ることは難しい。現在各地で用いられている農業様式は農業を取り巻く諸要素が相互に関連した中で成立している。そこに改善すべき新たなアプローチを試みると，自ずと周囲の条件にも影響を与え，その影響が他の要素に現れた影響と関連性を持ちつつ農業に戻ってくる。すなわち，農業を取り囲む諸条件は相互依存，関連性をもって地域の農業を支えている生態系の一部であるともいえよう（**図13-1参照**）。

　また，農業開発によって図示した要素の一部のみが拡大することもありう

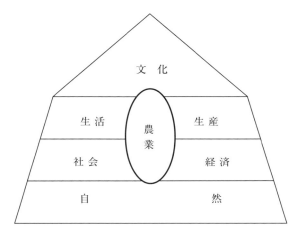

図13-1 地域農業の構成要素

る。たとえば，農薬等の過剰投入による土壌汚染，無計画な耕地拡大などは今日注目を集めている環境に負荷を与えるものといえよう。そのような一部の拡大は中心軸の農業にブレが生じ，持続的な農業発展を阻害する可能性を秘めている。したがって，図示したピラミッドがより安定的な正三角に近く，中心に位置する農業がそれぞれの構成要素に均等に接する方向性が望ましいと考える。

さらに，農業は生命を扱い，その維持に関わる活動である。したがって，農業の改善を図る開発には短期的効果と長期的影響の2つの時間軸を考慮に入たより総合的な視野に立ったアプローチ，広範囲で詳細なデータに基づく地域農業開発のあり方が望まれる。

参考文献
[1]磯辺俊彦（1994）「アジア・日本・西欧農業をみる目」『農業経済研究』第66巻3号，岩波書店，pp.162〜169。
[2]大貫良夫・落合一泰・国本伊代・福嶋正則・松下洋編（1987）『ラテンアメリカを知る事典』平凡社。
[3]川田順造・岩井克人・嶋武彦・恒川恵一・原洋之介・山内昌之編（1997）『開

発と文化　2　歴史の中の開発』岩波書店。
［4］川俣茂（1986）『農山村調査論』筑波書房。
［5］鈴木俊（1997）『技術移転論　途上国の農業開発に向けて』信山社。
［6］田中洋介（1983）「農業労働力の調査」鈴木福松編『農業経営調査・分析論』
　　地球社。
［7］西川潤編（1976）『経済発展の理論』日本評論社。
［8］日本社会学会（1962）『現代社会学入門』有斐閣。
［9］松井清編（1976）『低開発国経済論』有信堂。
［10］和辻哲郎（1972）『風土』岩波書店。

第14章
熱帯天水農業地域の農業経営

山田　隆一

第1節　熱帯天水農業地域の農業経営主体

　熱帯農業地域の農業経営においては，家族農業経営が主体である。家族農業経営とは，家族労働力を主たる労働力として利用し，経営と家計が未分離の状態の農業経営のことである。また，家族農業経営の中でも，小農経済的経営が多い。この小農経済的経営とは，自作地，家族労働力，自己資本を利用する農業経営のことであり，経営の目標は，基本的には，自作地，家族労働力，自己資本のそれぞれからの報酬つまり農業所得を最大化することにある［3］。

　磯辺［1］によれば，労働型の家族経営（家族労働力の比重が高い経営）と資本型の家族経営（固定資本の比重が高い経営）があるが，熱帯農業地域の農業経営は労働型の家族経営がほとんどである。これに対し，先進国では，資本型の家族経営が多い。また，自給を主たる目的とした経営かそれとも販売を主たる目的とした経営かによって，自給的家族農業経営と商業的家族農業経営に分けられる。熱帯農業地域には，灌漑施設の整備された熱帯灌漑農業地域と灌漑施設がなく雨水を頼りに農業を営む熱帯天水農業地域とが存在するが，熱帯灌漑農業地域，例えばデルタ地帯の農業経営の中には商業的家族農業経営も多くみられる一方で，熱帯天水農業地域の家族経営においては自給的家族経営が支配的である。

　このように，熱帯天水農業地域では，小農経済的経営による労働型の自給

的家族農業経営が多いという特徴を有している。本章では，アフリカとアジア（モザンビークとラオス）における具体事例を示しながら，熱帯天水農業地域の農業経営について掘り下げてみていくこととする。その際，フードセキュリティーと多角化という視点からみていく。それは，この2つの概念が小農経済的経営による労働型の自給的家族農業経営と深く関わっているからである。

第2節　フードセキュリティーと農業経営

1）フードセキュリティーについて

2000年の国連ミレニアム・サミットでまとめられたものがミレニアム開発目標（MDGs）である。MDGsは8つの目標から成り立っているが，その中の先頭の目標1で，「極度の貧困と飢餓の撲滅」を掲げている[1]。これを引き継ぐ形で，持続可能な開発目標（SDGs）が設定された。これは17の目標から成り立っているが，目標1で，「あらゆる場所で，あらゆる形態の貧困に終止符を打つ」とされており，続く目標2では「飢餓に終止符を打ち，食料の安定確保と栄養状態の改善を達成するとともに，持続可能な農業を推進する」と掲げられている[2]。

このように，食料の安定確保，つまりフードセキュリティーは，最も重要な開発課題としてこれまで位置づけられてきたし，今後も位置づけられていくであろうことが分かる。また，貧困とフードセキュリティーは，密接に関連していることは言うまでもない[3]。食糧[4]の不足を貧困の基準として

---

(1) ミレニアム開発目標と貧困削減については，斎藤［5］が詳細に分析している。
(2) SDGsについては，FAO［12］が詳しく論述している。
(3) ラオスにおいて貧困度は，食糧（主として米）自給レベルと密接に関連している［13］。
(4) 食糧とは米，コムギ，トウモロコシなどの主食に限定した概念であるのに対し，食料とは総合的な概念である。

考える場合，これを食糧貧困と呼ぶことができる［4］。

　なお，フードセキュリティーとは，「すべての人びとが，いかなるときにも，その必要とする基本食料に対し，物理的にも経済的にもアクセスできることを保障されていること」である。つまり，これまでの国家レベルの食料安全保障という概念とは異なり，個人レベルでの食料安全保障の重要性を語っているのである［6］。

　多くの途上国では，均分相続などによる農地の狭小化がフードセキュリティーの今後に暗い影を落としている。農地の拡大に限界[5]が見えてきた今，農業の生産性（土地生産性）向上が求められているが，容易なことではない。「緑の革命」で生産性が大幅に上昇したが，その後の生産性については大幅に向上する決定的な要素が見当たらないからである。「緑の革命」が環境に及ぼした負の影響に対する反省から，ポストグリーンレボリューションでは生態系農業が提唱されている。その特徴は，「①安全が最大化より優る，②生計維持は商業化より優る，③農場の資源利用は外部からの投入財より優る」［7］というものである。しかしながら，それだけではフードセキュリティーの問題は解決しないであろう。そして，何よりも「緑の革命」の対象外であった天水農業地域こそ，今後のターゲット地域として光を当てていかなければならないであろう。もちろん，技術開発にだけ期待を寄せるわけにはいかないわけで，不平等な土地分配問題の改善などといった社会経済的課題にも取り組んでいかなければならないであろう。

2）ラオスにおけるフードセキュリティー

　ラオスの農業政策の基本には，商品作物と畜産の発展とともに，安定的な食糧生産というものがある。これは国家目標という形ではあるが，フードセキュリティーの確保に繋がるものである。

　ラオスでは，北部山岳地域における貧困とフードセキュリティーの問題が

---

(5)現在では，むしろ，土壌の劣化，砂漠化などによる農地の減少の方が深刻となってきている。

図 14-1　ナトン村の家屋

これまで頻繁に議論されてきたが，実は，平地の天水農業地域[6]でも，フードセキュリティーの問題を抱えている地域がある。こうした地域はこれまでラオスの農業政策で見過ごされてきた地域とも言える。

そこで，平地天水農業地域の1つであり，ラオス中部に位置するカムアン県マハサイ郡ナトン村[7]（図14-1）を対象として，フードセキュリティーについてみていくこととする。

まず，この村で行ったのは，参加型農村調査法（PRA）[8]（図14-2〜図14-5）であった。その際，参加農家が最も問題としたのが，米不足の問題であった（図14-6）。

---

(6) 天水農業地域とは，灌漑施設がなく，基本的に雨水を頼りに農業を行っている地域のことを指す。
(7) メコン川沿いにあるカムアン県の中心都市タケックから東へ約40km離れた地点に位置する。
(8) PRAとは，本来は住民主導型の調査や計画づくりのことであり，その内容は，例えば，村の地図づくり，歴史年表づくり，季節カレンダーづくり，問題点のリストアップと因果関係の把握，解決策のリストアップなどである。

第14章 熱帯天水農業地域の農業経営（山田　隆一）　*231*

図 14-2　地図作り（PRA）

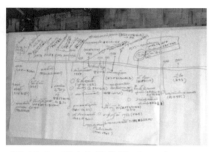

図 14-3　歴史年表作り（PRA）

図 14-4　季節カレンダー作り（PRA）

図 14-5　問題の因果関係（PRA）

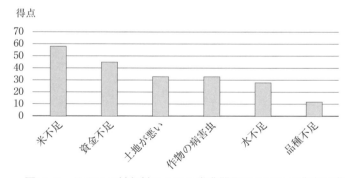

図14-6　ラオスの対象村における営農問題についての農家認識

資料：PRA（2007年）結果に基づき作成

注：上記得点は，ウェイティング法といって，各農家に一定数のトウモロコシの粒などを与え，各農家の問題の深刻さに応じて，各問題に好きな数だけ投票してもらう方法によって，得られたものである。

232　第2部　熱帯農業の発展手法を考える

そこで，米不足がどの程度深刻であるかを農家調査で明らかにすることとした（**表14-1**）。その結果，米自給率[9]が100％未満の農家（米を自給できていない農家）は，調査農家29戸中，24戸も存在していることが分かった。農家平均の米自給率は56.4％である。特に同居世帯員数の多い農家（例えば，農家3，農家9，農家18，農家24，農家28）の米自給率が低位であることが分かる。

米不足農家は，米を購入するか，借りるかして対応するのだが，米購入農家が多い。米を借りるのは隣人や親戚から，あるいはセーフティーネットとしての米銀行[10]からであるが，そもそも米余剰農家が少ないので，借り先や借入量も限定されるのである。

第3節　多角化について

1）ラオスの自給的天水稲作農家の多角化

ラオスの上記対象村は，平均水田面積が約0.7haと零細稲作地域（自給的稲作農家が支配的な地域）であるため，フードセキュリティーの問題が起こったのであるが，この対象村では，稲作以外に裏庭（自家菜園）での野菜作，家畜飼養，特用林産物の採集，そして漁労などが行われ，経営が多角化されている。このうち，野菜作と漁労はほとんど自給用であるが，家畜については販売目的のものが圧倒的に多い。種類も牛，水牛，山羊，豚，

図14-7　ナトン村における田植え

---

(9) 米自給率計算の前提として，米消費量を200kg（精米）／人・年，精米換算率を0.65とした。
(10) 米銀行とは，各農家から一定量の米を供出してもらい，それをプールし，当該年に不足した農家に貸すという制度である。

表 14-1 ラオスの対象村における米の購入・借入状況と自給率

農家番号	米の生産量(kg)	米の借入量(kg)	米の購入量(kg)	米銀行からの借入量(kg)	同居世帯員数(人)	米の自給率(%)
1	650		100		3	70.4
2	702		100		3	76.1
3	725	80	320		8	29.5
4	1,030				2	167.4
5	312	26	300		5	20.3
6	312	47	300		6	16.9
7	819				2	133.1
8	585				3	63.4
9	796	100	80		9	28.7
10	624		400		6	33.8
11	780		不明		2	126.8
12	468	100	250		6	25.4
13	956	40	200	26	6	51.8
14	702		200		5	45.6
15	468	50			5	30.4
16	845				4	68.7
17	374	16	50		5	24.3
18	234		600		8	9.5
19	936				2	152.1
20	655	360		16	6	35.5
21	585	不明	100	39	4	47.5
22	1,752				5	113.9
23	936				5	60.8
24	468		90		8	19.0
25	515				4	41.8
26	484		350	16	7	22.5
27	702	47	47		4	57.0
28	421	31	600	16	9	15.2
29	146	120	60		1	47.5
合計	18,981	1,017	4,147	113	143	
平均	652	38	154	4	5	56.4

資料:文献［8］の表7を一部修正.
注:1)上記の数値は精米換算した数値である.
　　2)精米換算は,精米歩留まり65%で計算した.
　　3)米の自給率は,精米換算した生産量を消費量で除して算出した.その際の米消費量は,ラオスにおける年間1人あたり平均米消費量(200kg)を用いた.

鶏と多様である。もちろん，全種類の家畜を所有している農家は少ないが，この畜種のいくつかを組み合わせた農家は多い。そして，零細所有という特徴がある。また，特用林産物（キノコ，タケノコなど）については，販売中心の農家が36％と一定割合を占めているが，自給中心の農家が相対的に多い。これらの農家では，特用林産物が，平均約70m^{2}の裏庭で栽培された野菜とともに貴重なビタミン源となっている。そして，漁労は貴重なタンパク源を供給することとなる。

このような経営は多様な自給的部門から構成されているわけで，複合経営とは呼べないが，多角経営と呼ぶことができる。複合経営とは，商品化された複数部門から構成されることがその条件となっているからである[11]。

この対象村では主に生業として多角化されているのである。ただし，家畜などの販売は農家経済にとっては，貴重なことである。その販売収入で不足する米を購入することも可能となるからである。

ラオスでは稲作と畜産が主要な部門と言われているが，特用林産物や漁労なども経営において，貴重な役割を果たしている。特に森林面積割合の大きいラオスは森林国とも呼ぶことができ，そこから得られる様々な産物は生計にとって欠かせない存在である。このようにみてくると，多角化の必然性も理解できるであろう。

2）モザンビークの天水畑作経営の多角化

モザンビークでは，天水畑作経営が支配的である。その内容は，主食となるトウモロコシ，キャッサバを自給し，ラッカセイ，ササゲ，インゲン，キマメ，ダイズなどの豆類を販売しているのである。ただし，この中でダイズ

---

(11) 金沢［2］は，複合経営について，農業経営として商品化という，最終的な完了の段階を経るべき複数部門作目があってこそ，経済的にも意味をもつという考え方があると述べている。金沢はフォスターの次のような複合化の条件，すなわち，①複数の部門，作目を導入していること，②それが所得の源泉たること（最終商品生産物）を示している。

図 14-8　ムラヘイア村の様子

図 14-9　ジャガイア村における聞取り風景

以外の豆類は自給用としても一定の役割を有している。調査対象村の属するモザンビーク北部地域は，南部地域と比べ，降水量などの気候条件に比較的恵まれているため，主食の自給はほぼ達成されている。しかしながら，実に多様な作物を多様な作付け様式で栽培しているのである。それでは，対象村の営農について具体的にみていくこととする。調査村は，ナンプラ州ナンプラ郡ムラヘイア村（図14-8）とナンプラ州モナポ郡ジャガイア村（図14-9）である。ムラヘイヤ村はナンプラ市中心部から約40km南に行き，そこから約15km西に入ったところに位置する。他方，ジャガイア村は，ナンプラ市寄りの比較的都市近郊で幹線道路から約6km離れたところにある。

　両村において，調査対象農家は2～4箇所の農地を保有し，それぞれの圃場で異なる作物を栽培している（表14-2）。また，作付け様式も多様である。ムラヘイア村では，キャッサバ，トウモロコシといった主食作物と豆類などの混作が多くみられる。例えば，M-1農家ではキャッサバとササゲなどの豆類の混作，M-2農家では，トウモロコシ，キャッサバとササゲ，ソルガム，キマメの混作，M-4農家では，キャッサバとラッカセイの混作およびトウモロコシ，キャッサバとゴマ，ソルガムの混作が行われていることが分かる。また，ジャガイア村では，主食作物（キャッサバ，トウモロコシ）と豆類などの間作が多くみられる。ここで，混作と間作の違いについて説明する。混作とは，複数の作物をほぼ同時に同じ圃場で無秩序に栽培することであるの

表14-2　モザンビークの調査農家の圃場ごとの作付様式

農家番号	家族労働力数（人）	畑保有面積（ha）	作付様式
M-1	2	不明	・キャッサバと豆類（ササゲなど）の混作（畑1） ・ラッカセイの単作（畑2） ・トウモロコシ，バナナ（畑3） ・キャベツ，レタス（畑4，川沿い）
M-2	2	8	・ラッカセイと豆類（キマメ，ササゲ）の混作（畑1） ・トウモロコシ，キャッサバ，ササゲ，ソルガムおよびキマメの混作（畑2）
M-3	5	12	・キャッサバ，トウモロコシの混作とラッカセイの単作（畑1） ・トウモロコシ，キャッサバ，およびササゲの混作（畑2） ・パパイヤ，マンゴ，およびバナナ（樹園地） ・米（水田）
M-4	2	3.5	・キャッサバとラッカセイの混作（畑1） ・トウモロコシ，ゴマ，キャッサバ，およびソルガムの混作（畑2） ・米，バナナ，およびトマト（水田）
J-1	2	4	・キャッサバとラッカセイの間作（畑1） ・トウモロコシ，ササゲ，およびゴマの混作（畑2）
J-2	3	1.5	・インゲンとゴマの間作（畑1） ・トウモロコシ，バナナ，ゴマ，ソルガム，およびササゲの混作（畑2） ・キャッサバとササゲの間作，ラッカセイの単作（畑3）
J-3	4	不明	・ゴマの単作（畑1） ・ラッカセイ，バンバラ（豆の一種），およびインゲン（単作，あるいは混作）（畑2） ・キャッサバ，トウモロコシ，およびササゲの混作（畑3） ・キャッサバとササゲの間作（あるいはササゲの単作）（畑4）
J-4	2	6.5	・トウモロコシとササゲの間作，キャッサバとササゲの間作（畑1） ・ゴマの単作，ラッカセイの単作（畑2） ・トマト，玉ねぎ（畑3，川沿い）

資料：文献［10］の表5を一部修正．
注：上記 M-1～M-4 はムラヘイア村の農家，J-1～J-4 はジャガイア村の農家である．

に対し，間作とはある作物の畝間や株間に他の作物を栽培することであり，両者の違いは，圃場内の秩序の有無ということにある［11］。ジャガイア村の上記の間作とは，例えば，キャッサバとラッカセイの間作（J-1），キャッサバとササゲの間作（J-2, J-3, J-4），トウモロコシとササゲの間作（J-4）である。ジャガイア村では混作もみられるが，間作が多いという点がムラヘ

イア村とは異なっている。ジャガイア村では間作に関する普及員の指導があったようである。それ以前はムラヘイア村同様，間作は存在しなかった。

上記いずれの農家も主食の自給を達成しているが，換金作物を多様化し，リスク分散していることが窺われる。そのリスクとは天候のリスクおよび価格リスクである。

第4節　熱帯天水農業地域の農業経営の展開方向

ラオスにおいては，米不足の中における経営の多角化ということで，中小家畜や特用林産物の販売収入の一部が米購入に回り，営農資金の確保が困難になっているという問題がある。例えば，多くの農家が新規の家畜飼養や家畜飼養頭数増大の意向を有しているが，子牛，子豚などの購入資金の不足を問題としているのである。つまり初期投資の制約である。こうした制約への対応策として牛銀行が有効である。牛銀行とは，郡女性同盟などの組織が牛を農家に貸し，子牛が産まれたらそれを貸出先農家と半々にシェアするシステムである。産まれた子牛が奇数頭の場合には，農家側が1頭多くもらえる。この牛銀行の利点は，第1には，言うまでもなく，初期投資が不要であるという点であるが，それだけでなく，第2に，マイクロクレジットにみられるような現金の管理を伴う場合と比べ，帳簿の管理がより簡単であるという点にある［9］。

牛銀行の拡大により，新たに牛飼養を始めた農家は乾期水田（**図14-10**）に牛を放牧することによって，水田への牛糞投入を通じた有機肥料供給を可能としているのである。

他方，モザンビークにおいては，自給作物と多様な換金作物の組み合わせをより効率的に行っていくこと

図14-10　乾期水田における牛の放牧（ラオス）

図 14-11　農家記帳簿（モザンビーク）　　図 14-12　農家の野帳（モザンビーク）

が今後必要であろう。その際，これまでと同様，まず自給分を確保し，残りの農地で多様な換金作物を栽培していくことが基本となろう。そして，労働配分を平準化していくよう配慮していかなければならないであろう。つまり，時期ごとの労働投入のばらつきを極力少なくしていくということである。特に播種作業と収穫作業をうまくずらしていくことである。そのためには，農家が作物ごとの作業時期，作業時間などを粗方メモしておくことが有効である（図14-11，図14-12）。研究支援ということでいえば，作物ごとの所得，作業時期と作業時間などの把握をもとに，最適な作物の組み合わせを提示していくことが今後，重要となっていくであろう。

第5節　今後の課題

　これまでアジアの天水稲作の事例としてラオスの天水稲作を，アフリカにおける天水畑作の事例として，モザンビークの天水畑作を取り上げた。しかし，これが代表事例ということでは必ずしもない。むしろアフリカの天水畑作でフードセキュリティーの問題が深刻な地域が多い。そして，そこでは様々なリスクに対応しなければならない。農業経営を超えた農家経済の多角化ということを想定しておくことが必要となろう。その際に，農村における様々な資源利用の可能性とともに就業機会の確保ということが重要となってくる。価格リスクへの対応としては，多角化とともに，農産加工や組織化が鍵を握

っている。気象リスクへの対応としては，多角化とともに，貯蔵方法の工夫，組織的な貯蔵システムの構築が重要となってくる。

なお，フードセキュリティーの問題は，従来より，摂取カロリーをベースに議論されてきているが，仮に摂取カロリーが1日2,200kcalを超えたとしても，タンパク質やビタミンが不足するなどの栄養問題が見過ごされがちである。量だけでなく，質の問題をもっと議論していく必要があろう。その意味で自家菜園における野菜栽培や養魚についてその可能性と課題を掘り下げていくことが今後必要となってくるであろう。

引用文献
［1］磯辺秀俊（1971）『農業経営学』養賢堂，pp.55～58。
［2］金沢夏樹（1982）『農業経営学講義』養賢堂，pp.138～139。
［3］熊谷宏（1981）『農業経営・計算の小事典』富民協会，p.56。
［4］斎藤文彦（2005）『国際開発論』日本評論社，p.9。
［5］斎藤文彦（2005）『国際開発論』日本評論社，pp.40～45。
［6］坪田邦夫（2007）「フードセキュリティーとは」『農業と経済』臨時増刊号，昭和堂，p.9。
［7］増田萬孝（1996）『国際農業開発論』農林統計協会，p.61。
［8］山田隆一（2010）「ラオス中部天水地域の農業構造と貧困問題」『開発学研究』第20巻第3号，p.55。
［9］山田隆一（2011）「ラオス低地天水地域における農業経営多角化の可能性と課題」『開発学研究』第22巻第2号，p.56。
［10］山田隆一・飛田哲（2013）「モザンビーク北東部地域における営農の現状と課題」『開発学研究』第23巻第3号，p.89。
［11］山田隆一・大矢徹治（2014）「モザンビークにおけるダイズ作の技術体系―ザンベジア州グルエ郡における事例より―」『開発学研究』第25巻第2号，p.39。
［12］FAO（2015）「FAOと17の持続可能な開発目標（SDGs）」『世界の農林水産』No.841，pp.9～14。
［13］Schiller, J. M., Hatsadong, and Doungsila,K.（2006）: A history of rice in Laos, Rice in Laos, IRRI, p.25.

第15章
太平洋島嶼地域における伝統的村落社会と人々の生活
——サモア独立国を事例に——

飯森　文平

第1節　太平洋島嶼地域の貧しさと豊かさ

　太平洋は，地表面積の3分の1にも及ぶ広大な海域である。その中に小さな島国が点在しており，これらは太平洋島嶼国と呼ばれる。また，この地域一帯を太平洋島嶼地域と呼ぶが[1]，この地域は地理学的および人類学的観点から，ミクロネシア，メラネシア，ポリネシアの3地区に区分される[2]。

　太平洋島嶼国の多くは，18世紀以降，欧米諸国によって植民地化されてきた。しかし，1962年の西サモア（現サモア独立国。以下サモアと記す）の独立以降，現在までに14の独立国家[3]が誕生している。

　これらの国々は国家の独立に伴って，それまでの欧米諸国の「植民地」という立場から「開発途上国」へと位置づけを変え，経済開発に基づく国家の

---

(1) なお，アジア大陸と南北アメリカ大陸の属国を除いた太平洋の島々と，オーストラリア大陸を合わせた範囲をオセアニアと呼ぶ。
(2) ミクロネシア，メラネシア，ポリネシアは，ギリシャ語でそれぞれ「小さな島々」，「黒い島々（住民の皮膚が黒いことによる）」，「多数の島々」を意味する。
(3) 現在，この地域で独立国家として存在するのは，クック諸島，ミクロネシア連邦，フィジー共和国，キリバス共和国，マーシャル諸島共和国，ナウル，ニウエ，パラオ共和国，パプアニューギニア独立国，サモア独立国，トンガ王国，ツバル，バヌアツ共和国である。

図 15-1　太平洋島嶼地域の地図
資料：JT 生命誌研究館ホームページより引用。下線は筆者加筆。
http://www.brh.co.jp/seimeishi/journal/061/talk_zu01b.html

強化が大きな課題となった。しかし，嘉数啓が指摘するように，太平洋島嶼国は，土地が狭く散在し，資源に限りがあることなどから規模の経済性が働かず，また国内市場の規模が小さく大市場からも遠く離れているなどの島嶼特有の諸要因により，国内産業が未発達な状態にある［1］。そのため，経済発展のための選択肢は限定され，国家経済はMIRAB国家論（**コラム15-1**）で説明されるように海外援助や海外移民からの送金に大きく依存している［2］。こうした状況を背景に，現在この地域ではキリバス，ソロモン諸島，ツバル，バヌアツが国連開発委員会によって後発開発途上国（LDC：Least Developed Country）として認定されており，2014年初頭まではサモアもLDCと区分されてきた。LDCは，所得水準（1人あたりGNIの3年間の平均値），人的資源（Human Assets Index），経済的脆弱性（Economic Vulnerability Index）という3つの基準から性格付けされている。後発開発

第15章　太平洋島嶼地域における伝統的村落社会と人々の生活（飯森　文平）　　243

表15-1　太平洋島嶼国家の基礎情報

区分	国名	人口[1]	面積(km^2)	1人当たりGNI (US$)[2]	独立年
ミクロネシア	ミクロネシア	104,600	700	3,200	1986年
	パラオ	17,800	488	10,650	1994年
	マーシャル諸島	55,000	180	4,390	1986年
	キリバス	115,300	730	3,110	1979年
	ナウル	10,800	21.1	12,577	1968年
メラネシア	フィジー	880,400	1万8,270	4,870	1970年
	パプアニューギニア	8,151,300	46.2万	2,240	1975年
	バヌアツ	289,700	1万2,190	3,160	1980年
	ソロモン諸島	651,700	2万8,900	1,830	1978年
ポリネシア	サモア	194,000	2,830	4,050	1962年
	トンガ	100,600	720	4,260	1970年
	ニウエ	1,600	259	15,807	1974年
	クック諸島	15,200	237	17,810	1965年
	ツバル	10,100	25.9	5,720	1978年
	日本	1億2,699万	37万8,000	41,900	－

資料：National Minimum Indicator Version2.0，世界銀行，外務省，総務省統計局，太平洋諸島センターより筆者作成。
注：1）2016年現在。
　　2）データは2014年。ただし，クックは2009年，ナウルは2012年，ニウエは2011年である。

　途上国とは最貧国とも言い換えることができるように，太平洋島嶼地域にはマクロ経済的な指標から見た場合，非常に貧しいと見なされる国が多く存在するのである。

　しかし，こうした指標はローカルの人々の生活実態を必ずしも反映してはいない。例えば筆者が現地調査を行っているサモアでは，自らの生活の「豊かさ」を強調する者が数多く存在する。太平洋島嶼国家の多くがそうであるように，人々の実生活は，自給的農業・漁業を基盤とした独自の生業，制度，文化，慣行，知恵，価値観，など地域の固有性に基づき構築される社会（伝統社会）によって支えられている。いわば伝統社会が生活維持基盤としての役割を果たしているのである。

　本章ではそうした生活維持基盤の実態について，サモアの村落社会を事例に，主にフィールドワークによって得られた情報をもとに描いていく。

> **コラム15-1 「MIRAB」国家論**
>
> 　海外援助や移民からの送金に依存する太平洋島嶼地域の経済構造について，経済学者のバートラムとワッターズが「MIRAB国家」と定義した。MIRABとはMigration（移住），Remittance（送金），Aid（海外援助），Bureaucracy（官僚主義）の頭文字から成る造語である。
>
> 　従来，島嶼地域の自立については国内に持続可能な経済基盤を築くことが重視されてきた。それに対し，MIRAB国家論は，経済の近代部門を外部社会に依存することを前提に，国内に築かれている自給部門と相互補完する形で国民経済の存立と維持が担保されると主張する点に特徴がある。

第2節　サモア村落社会の構造と機能

1）サモア社会の基本構造

　サモアは，ウポル島とサヴァイイ島を中心に構成される島嶼国である。人口は約19万人［3］で，住民のほぼ100％が熱心なキリスト教徒である。1人当たりGNIは4,050米ドルである［4］。全世帯の約85％が従事する農業と沿岸漁業が主要産業であるが，GDPに占める割合は約10％と低く，公務員などの第3次産業が肥大している［5］。そのため，戦後，サモアは多くの海外移民を輩出し，彼（彼女）らからの送金に依存する典型的なMIRAB国家として，グローバル社会の中に組み込まれていった。しかし，こうして外部社会から様々な影響を受ける一方で，サモア人としての生活は依然として固有の社会慣行・価値観である「ファア・サモア（サモア流）」に基づいている。

　サモア社会の最小構成単位は，現地語でアインガと呼ばれる家族である。各アインガは協議によってマタイ（家長）を選出し，マタイはアインガ運営の中心としての役割と責任を持つ[4]。このアインガとマタイの存在がサモア流と呼ばれる社会の存立基盤となっている。

村落はアインガを基本に構成される。また，村落には各アインガのマタイによって構成されるヴィレッジ・フォノという村落会議組織が存在する。ヴィレッジ・フォノは，村落運営の最高決議機関として村落に関わる問題に対応している。

サモアでは国家独立に伴って，君主と一院制の議会から成る立憲君主制が導入されたが，この政治システムは西欧的な議会制と伝統的なマタイ制を統合したものである［6］。例えば，この政治システムで君主の座につけるのは，少数の家格の高いマタイタイトルを有する者に限定されている。さらに，被選挙権はマタイのみが有し，議会はマタイによって構成されている。

議会における決定事項は，プレヌゥと呼ばれる行政的な村長を通して村落に伝達される[5]。地方の行政組織の無いサモアでは，プレヌゥは政府と村落を仲介する役割を担い，プレヌゥによってヴィレッジ・フォノに伝達された議会の決定事項は，マタイを介して各アインガに伝えられる。このように，サモアでは現在もマタイ制度が村落運営のみならず，国家運営においても重要な機能を果たしている。

2）家族と人々の生活

(1) 拡大家族としてのアインガ

アインガは，拡大家族とも呼ばれるように，複数の世帯によって構成されている。親，子，孫世帯や，しばしば兄弟姉妹世帯や，いとこ世帯が同居していることもある。

---

(4) マタイにはそれぞれ固有の名称があり，これをマタイタイトルという。マタイタイトルは基本的に各アインガで継承されていく。マタイは終身制であり，マタイタイトル保持者が死亡した際にアインガ内で協議が行われ，次の継承者が決定される。

(5) プレヌゥは，ヴィレッジ・フォノの中で選出される。行政村長であるため，政府から幾らかの給料が出る。

（2）慣習地とその利用

サモアの国土は、憲法によって「慣習地」「私有地」「政府所有地」に分類されている。このうち慣習地が国土の約93％を占める［7］。慣習地はマタイタイトルに付随し、その利用権は各アインガに代々継承されている。各アインガは、マタイの采配の下、この土地を屋敷地や農地として利用している。

図 15-2　混作畑の様子

筆者が調査したアインガでは、村内3か所に飛び地のように慣習地を所有していた。面積はそれぞれ、0.5エーカー（土地1）、10エーカー（土地2）、15エーカー（土地3）である。各土地の主な利用法は次のようになる（**表15-2**）。

土地1は主に生活空間として利用されており、マタイ夫婦、母、弟、妹夫婦、姪の合計7名が生活している[(6)]。この土地には、2棟のファレと呼ばれる家屋やアインガ共通の台所がある。また、バックヤードではタロイモの

表15-2　調査アインガの構成と慣習地の管理状況

アインガの構成		慣習地の管理状況			
続柄[1)]	性別	土地No.	面積（エーカー）	利用状況	栽培作物
マタイ	M	1	0.5	宅地＋農地	根菜類
妻	F	2	10	農地	ブレッドフルーツ、カカオ、ココヤシ、ヤムイモなど
母	F	3	15	農地	タロイモ、ヤムイモ、ジャイアントタロなど
弟	M	〈宅地の利用状況〉			
妹	F	①家：2棟			
義弟	M	②台所：1つ（共通）			
姪	F				

資料：飯森・Seumanu・杉原（2010）［11］より一部抜粋。
注：続柄はマタイから見たものである。

---

(6) 続柄はマタイから見たものである。

栽培も行われている。

　他の2か所の土地は，それぞれ農地として利用されている。詳しく見ると，土地2ではココヤシ，カカオ，ブレッドフルーツ（パンの実）などの永年作物が栽培されており，土地3では，タロイモ，ジャイアントタロ，ヤムイモなどの主食作物が混作されている。

（3）アインガ内の労働分担

　アインガ内では，マタイの指示の下，メンバーの労働分担がなされ，各自の労働成果を集約することでアインガの生活が成り立っている。

　アインガ内の労働分担の傾向を見ると，ジェンダーや年齢によって役割が大方決まっている。男性は農業労働と料理（ウム料理[7]や主菜の調理）が中心であり，女性は家事労働とマット編み[8]が中心である。子どもたちは，子守や庭の掃除など大人たち

図 15-3　マットを編む女性

図 15-4　ウム料理を作る男性

（7）サモアの伝統料理。タロイモ，ブレッドフルーツ，バナナやブタなどを焼いた石の上に並べ，その上からバナナの葉などで覆い蒸し焼きにする。主に，日曜日（安息日），儀礼，客人が訪問した際に作られる。ウム料理は基本的に男性が調理を担当する。こうした調理法は，名称が異なるものの，太平洋島嶼地域の多くの国々で共通してみられる。

（8）パンダナスという植物の葉によって編まれる。作られているマットは大きく分けて2種類存在する。1つは網目が大きいものである。これは，食事を乗せるための敷物や，寝る時に床に敷くゴザとして使用される。2つ目は，ファインマットと呼ばれる網目の細かいものである。このマットは後述する儀礼の際に，女性が用意するべき財として重要な役割を果たす。網目が細かく光沢も放つ非常に美しいものである。

の手伝いをしている。こうした各自の労働成果(農産物や農家所得など)は,マタイが集約しアインガ内で再配分する。

なお,高齢者,ケガ人,病人などのケアは,アインガ全体で行うなど,アインガ内の相互扶助意識の高さをうかがうこともできる。

(4) アインガ内の規則

アインガには,守るべき規則が定められている。ただし,これは法律の条文のように厳密に明文化されたものではなく,日常生活の規範として人々が認識しているものと考えたほうが自然である。人々に規則について質問すると,どのアインガでも類似の答えが返ってくる場合が多い。その内容は,禁止行為,文化や慣習に関する事柄,義務や責任に関する事柄に大きく分けられる。

このような規則には,アインガ内の規範や良好な家族関係を維持する意味があることは容易に想像できる。また,アインガ内の規範維持を通じて村落内でのアインガの地位や名誉を保つ役割もあるといえる。

(5) 生存維持基盤としてのアインガ

以上,アインガについて概観したが,アインガの内部では,土地や食料など生存維持のために必要なものを恒常的に保障する仕組みができている。

このことを可能にしている要因の1つが慣習地というサモア独自の土地制度である。この制度に基づき,アインガでは居住地や農地を常に確保することができる。もう1つの要因は,アインガ内部で大きな権限を持つマタイを介して,各自の労働の成果がメンバー間で共有(シェアリング)される

図 15-5　タロ畑と農民

ことである。これは，アインガ内の個々のメンバーが，アインガの繁栄のために自らの義務を果たしアインガに貢献するという一種の規範によるものである。こうして，アインガはメンバーの協働や相互扶助によって，人々の生存を維持するための基盤となっている。

3) 村落組織と人々の生活

サモアの村落内には，前述したヴィレッジ・フォノに加え，女性グループ，男性グループなどの組織が存在する。これらの組織が，村落社会における人々の生活を支えている。

(1) ヴィレッジ・フォノ

サモアの村落社会において中心的な役割を果たすのがヴィレッジ・フォノである。村落内の全マタイで構成され，村落運営に関する決定権をもつ村落社会の最高決議機関である。現地サモア人の言葉を借りれば，「ヴィレッジ・フォノこそが正義」であり，万事に関して最も公正であると考えられている。

図 15-6　議論する村のマタイたち

どの村でもヴィレッジ・フォノは定期的に開かれ，村落内の規範の遵守状況やそれを破った者への処罰の決定（裁判），外部機関のプロジェクトに関する審議，公的訪問者の接待，アインガ間の問題や村落内の一般的話題などを討議する。

(2) 男性グループ

男性グループは，村落内のマタイタイトルを所有していない男性によって構成される。男性グループは，村内の農業開発，土木作業，美化運動など肉体労働の担い手となったり，マタイが他所へ出かける際に補助のために同行

したりと様々な役割を担っている。

　このグループの特に重要な役割の1つが，農業開発の担い手としての役割である。具体的には，農地の整備や，内陸部の畑へアクセスするための道の整備などを行う。こうした活動はヴィレッジ・フォノやプレヌゥなどの指示のもとで行われる。プレヌゥなどが，定期的に数名の男性と共に村落内の農地の巡視を行い，作業内容を決定し男性グループに指示を出すケースもある。

　また，筆者が調査を行った村では，既婚男子は生計維持を最優先とする規則が存在し，規則を遵守しない者には罰則として，ヴィレッジ・フォノから主食作物の作付け義務が課されていた。そして，後日これらの作物の植え付け状況がヴィレッジ・フォノによって検査され，全作物の植え付け後は定期的に生育検査が行われる。この規則には，規範に反する個人へのペナルティという意味以外に，村落における食料確保の意味合いも読み取れる。

(3) 女性グループ

　女性グループは，マタイの妻を含む女性によって組織されているグループであり，村内で様々な活動をしている。主に，家事労働に関する情報交換やマット編みなどの伝統技術の継承活動，村落内における共有施設の清掃や公衆衛生に関する啓発活動など，生活改善にかかわる活動が多く，時には簡易医療機関的役割も果たす。

(4) 村落組織の機能

　ヴィレッジ・フォノ，男性グループ，女性グループの村落組織の活動は，対内的活動と対外的活動に分けられる。対内的活動は，村落内の治安や規範の維持，男性グループによる農業開発，女性グループによる生活改善などである。対外的活動は，政府や他村落など外部機関との接触・交渉である。例えばあるアインガが，村外のアインガに対して不祥事を起こした場合，その処理は当事者同士ではなく，ヴィレッジ・フォノが紛争処理の窓口となる場合がある。これによって，村内のアインガが間接的に保護されるのである。

4）アインガと村落組織が構築する生活維持基盤

アインガは慣習地を基盤とし，その内部ではマタイを中心に，メンバー間で，労働の成果，食料，財を共有している。

同時にサモアの村落社会は，アインガと村落組織が重なり合って生活維持基盤としての機能を有している。例えば，農作業に関してみた場合，自らの農地でどのような作物を作るかといったことは，基本的には各アインガの判断にまかされている。しかし，前述のようにヴィレッジ・フォノなどの村内巡視に基づいて，男性グループが作付けを義務付けられることもある。これは，アインガと村落組織の双方によって，より確実な食料確保が可能になるような仕組み，言い換えれば，サブシステンス・システム（自給的生産システム）の維持がなされていることを意味する。また，アインガと村双方に規則が存在するように，アインガ及び村内における治安や規範に関しても，二重構造によって維持されていることが指摘できる。

この様に，サモア農村社会の内部では，アインガと村落組織からなるセーフティネットが構成されている。

第3節　海外移民と送金経済

第2節では，拡大家族と村落組織を中心とした，自給に基づく生存維持基盤について概観した。

しかしながら，サモアの人々の生活は，今なお伝統社会を基盤とした自給自足経済に全面的に依拠しているわけではない。そうした機能が維持される一方で，社会には既に貨幣経済が深く浸透している。その要因の1つとなっているのが，大量の海外移民の存在と恒常的な送金である。

1）統計からみる海外移民の現状

海外で生活するサモア人は現在30万人を超え，本国人口を大きく上回って

いる。主たる移住先はニュージーランド，アメリカ，オーストラリアである。旧宗主国であるニュージーランドには，2006年時点で13万1,103人のサモア人が居住している。2006年時点でニュージーランドに生活する外国人の総数が26万5,974人であるため，サモア人がほぼ半数を占めている［8］。

　サモアからニュージーランドへの移民は，第二次大戦後に大量に発生している。当時，経済発展が進むニュージーランドでは，安価な労働力が大量に求められるようになり，サモアからの若年層の単身出稼ぎが始まった。しかし，西サモアが独立した1962年頃にはニュージーランド経済に陰りが見え始め，サモアからニュージーランドへの移住には制限が課せられるようになった。以後，ニュージーランドの経済状況などによって移住は様々な形態をとってきたが，現在，サモアからニュージーランドへの移民は年間1,100人の枠が設定されている(9)。

　このように，ニュージーランドにおける安価なサモア人労働力に対する需要の高まりと，サモア国内における生活水準の向上や高度な教育機会の獲得への要求が相まって，大量の移民を生み出してきたと考えられる。

2）統計からみる送金の現状

　オセアニア島嶼地域10カ国における近年の送金額を**表15-3**に示した。推移をみると，サモアへの送金額は1995年の4,100万ドルから2013年に1億5,800万ドルまで増加している。これはフィジーに次いで多い額であり，GDPに対する送金の割合は概ね20％となっておりトンガに次いで高い。

　また，2015年におけるサモアへの送金総額の40％がニュージーランド，34％がオーストラリア，15％がアメリカの居住者からの送金であった。なお，送金の約8割が家族や個人あての送金であった［9］。

（9）2012年に実施した現地住民に対する聞き取り調査による。

表15-3 海外移民から送金額

(単位：US$ million)

	1995	2005	2013
フィジー	33 (2.0)	204 (6.8)	204 (5.0)
キリバス	7 (12.2)	7 (6.6)	13 (7.3)
マーシャル	–	24 (17.2)	22 (11.5)
ミクロネシア			22 (7.0)
パプアニューギニア	16 (0.3)	7 (0.1)	15 (0.1)
ソロモン諸島	–	7 (2.3)	17 (1.8)
サモア	41 (20.7)	82 (18.8)	158 (19.6)
トンガ	–	69 (26.0)	114 (26.0)
ツバル	–	5 (22.5)	4 (10.6)
バヌアツ	14 (5.9)	5 (1.3)	24 (3.0)

資料：*Asian Development Bank Key Indicators 2010, 2012, 2015* より筆者作成。
注：送金額のあとの（ ）内の数値は GDP に対する送金の割合（%）である。

3）調査事例からみる海外移民と送金

表15-4は，筆者が調査した5つのアインガにおける海外移民の輩出状況である。アインガ2を除く4つのアインガで2名以上の海外移民が存在した。4つのアインガでの海外移民の合計は10名であるが，その内7名がニュージーランドへの移住である。また，移住地での就業先は販売員や工場労働者が多く，4つのアインガの移住者全員が母国のアインガに対して送金を行っていた。

表15-4 調査アインガにおける海外移民

アインガNo.	性別	年齢	移動先	移動時期	職業	送金の有無
1	女性	53	ニュージーランド	10年以上前	販売員	有
	男性	48	ニュージーランド	10年以上前	警備員	有
	男性	28	ニュージーランド	5年以上前	販売員	有
2	海外移住者なし					
3	男性	36	ニュージーランド	5年以上前	工場労働者	有
	男性	34	オーストラリア	5年以上前	専門家	有
4	男性	36	ニュージーランド	15年以上前	板金工	有
	男性	32	ニュージーランド	10年以上前	販売員	有
5	女性	34	ニュージーランド	5年以上前	販売員	有
	女性	32	オーストラリア	5年以上前	工場労働者	有
	男性	36	オーストラリア	5年以上前	工場労働者	有

資料：飯森・Seumanu・杉原（2010）［11］を一部改変。

第4節　送金と社会慣行

1）現金需要の高まり

　海外移民の継続的な輩出や送金の増加の背景には，サモア本国における現金需要の高まりがある。サモア国内の生活に目を向けてみると，現金が様々な場面で必要とされている。例えば，サモアの伝統的家屋は屋根と柱だけの壁のない家屋であり，かつては木材やココヤシの葉などを材料として建てられてきたが，現在ではトタンやコンクリートの使用も一般的になってきている。同時に，西欧風の壁のある家も多く見られるようになっており，その内部には大型のステレオ，テレビ，DVDプレイヤー，ラジオ，テレビゲーム機などを所有するケースも決して珍しくない。日々の食事においても，主食として従来自給してきたタロイモやバナナ，ブレッドフルーツなどに加え，パン，缶詰，インスタントラーメン，コーラといった食品や飲料が頻繁に飲食されるようになっている。さらに首都アピアの周辺では，近年大型スーパーやレストランが増加しており，近郊に住む人々がテイクアウトなどで食事を購入している姿もしばしば見られる。また，日常生活における移動手段としてタクシーを頻繁に利用する人も多い。大学などの高等教育に要する費用も高い。このように，生活の様々な場面で現金需要が高まっていることが，送金増加の要因の1つといえる。

2）社会慣行の現金化

　また，筆者が実施した送金に関する聞き取り調査では，多くのアインガが海外からの送金を不定期に受け取っており，特にファアラベラベと呼ばれるサモア特有の儀礼が生じた際に，送金を受けていると答えた。ファアラベラベとは，冠婚葬祭，新たなマタイの就任式，新居や教会の落成式などに伴って，関係するアインガ間で大量の財の交換が生じる儀礼である。各アインガでは，相手に贈る交換用の財として，タロイモ，ココナッツ，ブタ，ウシな

どの食料や，女性がパンダナスの葉で編んだファインマットを用意するが，現代では現金や缶詰が新たに加わるなど，財の用意に多額の資金が必要となっている。

図 15-7　ファインマットを贈る

同時に，教会への寄付においても多額の現金が必要となる。宗派により寄付額の多寡はあるが，土着化した教会では毎週の礼拝の際に，寄付者名と金額を公表し一種の競争が煽られている。5つのアインガへの調査では，ファアラベラベと教会への寄付の現金支出は，アインガの年間現金支出の4～6割を占めていた。また，政府による家計調査の統計結果からも，儀礼や教会への寄付金に関連する現金支出項目が全体の約40%を占めていた［10］。

図 15-8　ブタを贈る

加えて，現金は村落の規範を破った際の罰金支払いのためにも必要となる。罰金の額は，犯した罪の内容によって異なるが，ヴィレッジ・フォノに支払わなければならない。また，重大な罪を犯した場合，罪を犯した者が所属するアインガに村外追放の罰が科される

図 15-9　現金と缶詰(箱)を贈る

こともある。このようなアインガが村に復帰する際にもヴィレッジ・フォノに罰金を納める必要がある。

このように，現在のサモア社会では，送金によって得られた現金の多くが，伝統的社会慣行のために消費されている。海外からの送金が，結果として種々

の社会慣行を継続していくための手段となっており，送金に伴う貨幣経済の浸透は，伝統的社会慣行の内容を一定程度変容させつつも，その枠組みについては維持する方向に作用しているといえる [11]。

　社会慣行が依然として維持されていることは，サモアの人々の生活にとっても大きな意味を持つ。例えば，ファアラベラベが生じると非常に多くの人が芋づる式にこの儀礼に巻き込まれていく [12]。つまり，ファアラベラベの実践は人的ネットワークの創出，維持の場でもある。こうしたネットワークは社会における支え合いや相互扶助の基盤となり，人々の生活を支えるセーフティネットとしても重要な意味を持つ。

第5節　今後の「発展」に向けて

　本章で取り上げたサモアのように，太平洋島嶼地域では地域固有の生活様式が人々の生活を支えてきた。こうした世界においては，しばしば個人の経済的利益の追求よりも，相互扶助の精神や伝統的な慣習が重視される。これらは，欧米をモデルとする経済開発においては，経済発展を妨げる要素として認識されてきたものであろう。サモアにおいても，自らの財を他人とシェアしたり，社会慣行に多額の現金を投入したりすることについて不平不満を口にする者は少なからず存在する。しかし，アインガの土地から日常の食料を自給できるということや，他者との助け合いの精神が社会の中に維持されているということにおいて，生活の豊かさを語る者もまた数多く存在する。

　開発の課題が，「貧困」を解決し「豊かな」社会へと発展するための道を探すことであるならば，太平洋島嶼地域における「発展」をどのように考えればよいのであろうか。自国のみでの経済的自立の難しさを考えた時，今後，固有の社会の中に築かれた「豊かさ」にも目を向けた開発の在り方が求められていくのではないだろうか。その為に，村落社会の構造や機能について理解を深めていくことが非常に重要である。

参考文献
[1] 嘉数啓（1986）『地域科学叢書Ⅵ　島しょ経済論』ひるぎ社。
[2] Bertram, I. G. & Watters, R. F. (1985), The MIRAB Economy In South Pacific Microstates, *Pacific Viewpoint*, 26 (3), pp.497-519.
[3] Samoa Bureau of Statistics (2012), *Population and Housing Census 2011*.
[4] The World Bank (2016), *World Development Indicators* http://data.worldbank.org/indicator/NY.GNP.PCAP.CD （2016年10月10日アクセス）
[5] Samoa Bureau of Statistics (2012), *Agriculture Census Analytical report 2009*.
[6] 江戸淳子（1993）「オセアニア国家統合の諸形態」石川榮吉監修　清水昭俊・吉岡政徳編『オセアニア　近代に生きる』東京大学出版会, pp.155 〜 170。
[7] Ministry of Agriculture (2005), *Situation and Outlook for Samoa Agriculture, Forestry and Fisheries*.
[8] Statistics New Zealand (2006), *Quick Stats About Pacific Peoples 2006 census* file:///C:/Users/bumpei%20iimori/Downloads/qstats-about-pacific-peoples-2006-census.pdf （2016年10月15日アクセス）
[9] Central Bank of Samoaホームページ http://www.cbs.gov.ws （2016年5月27日アクセス）
[10] Samoa Bureau of Statistics (2008), *Housing Income and Expenditure Survey Tabulation Report 2008*.
[11] 飯森文平・Wong Seumanu Gauna・杉原たまえ（2010）「サモアにおける海外への労働力移動と伝統的農村社会」『農村研究』111, 東京農業大学農業経済学会, pp.45 〜 60。
[12] 山本泰・山本真鳥（1996）『儀礼としての経済　サモア社会の贈与・権力・セクシュアリティ』弘文堂。

第16章
開発にさらされる西パプア

小塩 海平

第1節 西パプアと日本

　西パプアに関心を寄せる日本人は極めて少ないが，両者の間には，浅からぬ関係がある。昔，日本にキリスト教を伝えたフランシスコ・ザビエルが，来日前に西パプアを訪問していた，というようなことは些細なことかも知れないが，例えば，太平洋戦争中，20万人近い日本兵がニューギニア島で餓死，病死，戦死し，かなりの遺骨がいまだに放置されたままであるという現実は，すべての日本人が知っていて然るべきことであろう。大雑把に言って，日本人に限っても，沖縄戦あるいは広島の原爆犠牲者に匹敵する人数の若者がニューギニア島で空しく死んでいったのである。
　ビアク島にある"ゴア・ジュパン（日本の洞窟）"と呼ばれる鍾乳洞（**口絵16-1**）は，世界で初めて使われた火炎放射器によって数百名の日本兵が焼き殺された場所である。私がここを最初に訪れた1987年には，焼け残ったドラム缶がいくつも転がっており，機関銃などが無造作に積み上げられたままになっていた。飢えや伝染病に苛まれながら，圧倒的な武力を誇る連合軍の前に絶望的な戦いを挑んでいた惨めな日本兵の様子が生々しく偲ばれる場所である。
　もう少し東に位置する"ゴア・リマ・カマル（五部屋の洞窟）"は，当時発見されたばかりだったこともあり，日本兵が使っていた抗マラリア薬の入った瓶や飯盒，眼鏡，ナイフなどの残骸が大量に散在していた（**口絵16-2**）。

日本軍の司令部が置かれたマノクワリ（現在の西パプア州の州都）は，戦前から南洋興発株式会社による綿花のプランテーションが行われていた場所である。終戦直前，従軍していた役者たちによって行われた慰問のための芝居を題材にした小説『南の島に雪が降る』[1]の舞台として有名だが，ここからイドレに転進した1万5,000人の日本軍は，戦闘がなかったにも拘わらず，生還者は3,000人に達しなかった。『西イリアン紀行：父の戦没地を訪ねて』[2]には，ホーランディア（現在のジャヤプラ）からサルミへの逃避行が記されているが，伝染病が猖獗（しょうけつ）する泥濘のジャングルを敗走した2万人の日本兵のうち，生き残ったのはたった0.4％といわれている。また，『魂鎮への道』[3]には，仲間の人肉を食べて生き残ったという記録も残されている。結局，マッカーサーによる飛び石作戦によってニューギニア島の日本軍は敗走し，戦局は一方的なものとなっていった。

　ニューギニア島で戦没した約20万人の日本兵は，戦争の被害者であったと同時に，現地のパプア人にとっては，当然，加害者であったはずである。私は，いまだに日本の軍歌を歌える老人に会ったことがあるし，自ら塹壕を掘らされ，その前に並ばされて次々と日本刀で斬首されていった牧師たちの話も聞かされた。また，『米軍が記録したニューギニアの戦い』[4]を繙くと，当時，多くの朝鮮人，台湾人，ジャワ人などが軍属や苦力（クーリー）として日本軍に連行されていた様子を見ることができ，その最下層でパプア人が労働に駆り出されていたことを知ることができる。彼らはオランダ・オーストラリア・アメリカ軍のもとでも使役させられていたわけで，まさに辛酸を嘗め尽くしたといえるであろう。老人たちからは，今でも，学校や教会などの施設が空爆によって壊滅し，教師や牧師をはじめ，多くの住民が日本軍・連合軍によって惨殺・爆殺されたという証言を聞くことができる。西ビアクのワルドでは，日本軍によって使われていたという地下壕が，武器や手榴弾なども手つかずに封印されたままになっているが，このような歴史が，今に至るまで，西パプアの人々の記憶に刻まれているということを，私たちは知らねばなるまい。西パプアのかなりの部分はかつて日本の絶対国防圏内に入

っていたのであるから，まさに日本の一部だったわけである。ビアク島のボスニックには日本政府が建てた記念碑（**口絵16-3**）があるのだが，「戦争がもたらしたすべての結果とその悲惨さを再び繰り返さないよう全人類に想起させるためのモニュメントである」という説明が日̇本̇語̇で̇の̇み̇書かれている。

　もちろん，過去は過去であり，かつての日本軍による蛮行の責任を現代に生きる私たちが負う必要はないという理屈は，一応は成り立つのかも知れない。自分の行為ではなく，祖先の行為に対して責任を負わねばならないというのは，確かに理不尽な要求である。しかし，少なくとも，いま西パプアに生きる人々が，自らの責任ではなく，過去の負の遺産のために困難な状況に置かれているという理不尽については，知らずにいてはならないであろう。また，比較的最近まで石器時代を悠々と生きてきた誇り高き西パプアの人々が，いま，日本製の自動車やバイク，電気機器をはじめとする，様々なハイテク製品が押し寄せるグローバル経済の荒波に曝されている現実について，私たちは素知らぬ顔を決め込むことはできないはずである。むしろ，無関心こそ，このような現状を肯定し，再生する装置であるということを学ぶべきではないだろうか。

第2節　日本の戦後賠償によるインドネシア開発は西パプアに何をもたらしたのか？

　日本の敗戦後，インドネシアは1945年8月17日に独立を宣言した。その際，国家領域は旧オランダ領東インド，即ち西はスマトラ島のアチェから，東はニューギニア島西半分のパプアまでとされていた。オランダはインドネシアを再植民地化すべく画策したのだが，結局，1949年12月27日に締結されたハーグ協定で，パプアを除き，インドネシア連邦共和国に主権を委譲することに合意した。この条約では，パプアについては「インドネシアに対する主権委譲の日から一年以内にインドネシアとオランダの間の交渉により決定される」という条件づきで現状維持となっていた。しかし，連邦制を廃止して共

和制になったインドネシアは、オランダが設置した「パプア国民委員会」によるパプア国旗の制定、パプア民族歌の制定、西ニューギニアから西パプアへの名称変更などを認めず、ついに1961年にスカルノが「西イリアン解放闘争」を宣言し、オランダ軍との武力衝突にまで発展した。当時、ソ連の軍事援助を受けていたスカルノは、オランダが支持した西パプア独立を認めず、国連に提訴しつつ武力侵攻を強行した。結局、インドネシアの共産化を恐れたアメリカ大統領ケネディの介入によって1962年8月にニューヨーク協定が結ばれ、1．西パプア（パプア）の施政権は国連臨時行政府（UNTEA）の暫定統治の後、1963年5月1日以降にインドネシアへ委譲される、2．西パプアの民族自決権の行使は1969年末までに完了する、3．国連事務総長は、民族自決行為の実施ならびにその結果について国連総会に報告する、ことが調印された。

　しかし、上記の手続きがいまだに完了していなかった1965年9月30日にジャカルタでクーデター未遂事件が起こり（9・30政変）、翌1966年3月11日に陸軍司令官スハルト少将がスカルノ大統領を打倒して実権を掌握することになった。このインドネシア政変は、アジアにおける冷戦構造のパワーバランスに大きな変更を生じさせた大事件であり、インドネシアが反共路線に舵を切ることによって、翌年にはASEANが成立し、アメリカは余念なく、ヴェトナム戦争に専念することができるようになった。さらに、アメリカのもう一つの重要な目論見は、1963年に自国のフリーポート社が買収していた、西パプアにある世界最大の金鉱山かつ世界第三位の銅鉱山であるグラスベルグ鉱山の巨大企業の利権を確保することであった。

　この時、高度経済成長を遂げて余力をつけた日本は、余剰資本の新たな投資先としてインドネシアをパートナーと定め、戦後賠償という名目で対インドネシア援助のイニシアティブを取ってスハルト体制を支え、これを足がかりとしてアジア随一の経済大国に成長していくことになった［5］。

　日本は第二次世界大戦中、3年5ヶ月に亘ってインドネシアを植民地支配したのであるから、1955年のバンドン会議を主導したスカルノにとって、日

本も欧米諸国と同様，反帝国主義，反新植民地主義の標的と見做して然るべきであった。しかし，日本は戦後，インドネシアとの国交が一旦断絶し，アメリカやイギリスのようにマレーシア紛争で対立することもなく，戦後賠償を経済協力（現金ではなく日本人の役務で払う）というかたちで行うことを取り付けて，盟友としての地歩を築いていった。開発協力というかたちで行われたインドネシアに対する日本の戦後賠償は，結局のところ，日本企業の利益主導で行われることになり，その後スハルトファミリーの蓄財を助長し，汚職の温床となったことは周知の事実である［6］。岸信介，児玉誉士夫，福田赳夫などの政治家が利権に絡み，岸と繋がりが強かった木下商店や東日貿易，日本工営などがそれらの人脈に癒着していた。深刻な人権侵害と環境破壊によって現地住民に訴えられた日本のODAによるクドゥンオンボ・ダムやコトパンジャン・ダムの建設も，このような文脈の中で実施されたわけである。

振り返ってみると，当時スハルト体制下における開発支援を戦後賠償というかたちで日本が続けたということは，9・30政変の際に奪われたとされる200万人もの人命について不問に付すと同時に，当時インドネシア政府によって接収され，略奪されつつあった西パプア問題に関して，インドネシア政府支持を表明したということを意味している。ある国家に対して経済支援を行うことは，その国家によって弾圧されている少数者に対しては共犯者となるのだということを私たちは肝に銘じるべきである。

西パプアでは，その後，インドネシアへの帰属を拒否して独立を願うパプア人による大規模な抗議デモや武装蜂起が繰り広げられたが，インドネシア政府は，大量の軍隊を送って独立運動を鎮圧し，国際的にも民族抹殺（エスノサイド）と批判されるような住民虐殺を繰り返した［7］［8］［9］。日本政府は1992年になって「政府開発援助大綱」を制定したのだが，環境破壊や人権に反するプロジェクトは支援しないと謳われているものの，当該国から「内政干渉」といわれてしまえばそれまでであり，こうした巨大利権が絡むインドネシア開発援助が，日本のODAによって堂々と進められてきたこ

とは，援助する側・される側の住民による国際的・多角的な精査（ODAウォッチ）が欠かせないことを物語っている。

第3節　西パプア略史

　ここで一旦，上述の出来事も含め，西パプアの略史を纏めておこう。オランダは西パプアを西ニューギニアと称していたが，インドネシア政府は1973年までは西イリアン，その後はイリアン・ジャヤと称し，2002年にパプア州と改称した。その後2007年に西パプア州が分離，現在はパプア州（州都はジャヤプラ）と西パプア州（州都はマノクワリ）の二つの州が存在している。インドネシアに併合された後の西パプアの苦悩については，『インドネシア領パプアの苦闘──分離独立運動の背景』［10］に詳しいので参照されたい。スカルノが「西パプア」の呼称を認めなかったことは既述したが，激しい独立運動のガス抜きのためか，あるいはすでに盤石な支配体制が確立したと自認したか，2002年以降，政府は「パプア」の名称を使うことを公認した。因みに「パプア」というのは縮れ毛を意味するマレー系の「プアプア」という言葉に由来するといわれている。

1512	ダブローがニューギニアを"発見"
1526	ド・メネシス（ポルトガル人）が"Ilhas dos Papuas"（パプア島）と命名
1545	ド・レテスが（スペイン人）"ニューギニア"と命名
1623	カルステンツ（オランダ人），内陸部の雪を頂く山並みに気付く
1660	オランダ東インド会社，ティドールのスルタンによってパプア支配
1848	オランダとイギリスの間で交わされた条約により141度線を境に東西分割。オランダ東インド会社が西ニューギニアの領有権。
1855	ドイツ人宣教師オットーとガイスラーがマンシナム島に居を構える
1942	日本軍による支配（ビアク島で独立運動を徹底弾圧）

第 16 章　開発にさらされる西パプア（小塩　海平）

- 1945　インドネシア独立宣言
- 1949　西ニューギニアを除く旧オランダ領東インドについてインドネシアに主権委譲（ハーグ協定）
- 1953　西ニューギニアはオランダ領となる
- 1954　インドネシアが西イリアン問題を国連に持ち込む
- 1960　インドネシアとオランダ，国交断絶
- 1961　スカルノが「西イリアン解放闘争」を宣言
- 1962　インドネシアとオランダが武力衝突，"ニューヨーク協定"が締結され，西ニューギニアの行政権は，オランダから国連暫定行政機構へ
- 1963　インドネシアへ行政権委譲
- 1965　インドネシア，西パプアの独立運動を鎮圧
  その後，トランスミグラシ（移住）政策により大量の移民を西パプアに送出
  イスラム化，貨幣経済の浸透，稲作の導入などにより，社会が二重構造化
- 1966　インドネシア政変（スカルノ体制からスハルト体制になり，反共路線に転じる）
- 1969　いわゆる"自由選択行為"により国連総会は西パプアのインドネシア帰属を承認
- 1970　フリーポート社，鉱山都市トゥンバガプラの建設に着手
- 1971　OPM（Organizasi Papua Merdeka：パプア独立運動），西パプア政府樹立を宣言
- 1975　パプアニューギニア独立
- 1988　トーマス・ワインガイ博士「メラネシア共和国」独立宣言
- 1996　ビアク大地震
- 2001　パプア特別自治法制定
- 2003　西イリアン・ジャヤ州（2007年に西パプア州と改称）が発足

私にとって忘れられない出来事は，1988年のトーマス・ワインガイ博士によるメラネシア共和国独立宣言である．ワインガイ博士はインドネシアに対する戦後賠償の一環として日本に留学し，1969年に岡山大学法学部を卒業，フロリダ大学で法学博士号を取得した西パプア随一のインテリであった．日本人のテルコ夫人と結婚しており，私が1987年にお会いした時は，アベプラにある国立チェンデラヴァシ大学の教員で，ソロモン，アンジェリカ，ダヴィッドの三人の子供たちと一緒に住んでいた．私はワインガイ博士と食事を共にしながら，西パプアはやがて「ローマ覚書」に基づいて独立するのだと聞かされたが，それが翌年，1988年になされたメラネシア共和国独立宣言を予示していたことを，当時は想像だにできなかった．「ローマ覚書」が実在するかどうか，私には掴めていないのだが，ワインガイ氏によると，オランダ，インドネシア，アメリカの3カ国が，ニューヨーク協定締結後の1963年にローマで覚書を交わし，25年間に亘ってインドネシアがパプアを統治することを認めたという．つまり，1988年はローマ覚書に依拠すれば，パプアに対するインドネシア支配が終焉する年なのであった．ワインガイ氏は，旗を縫ったという罪で8年の刑を言い渡されたテルコ夫人と共に逮捕され，1996年に獄中で変死した（図16-1）．私は彼の遺体が飛行機でパプアに戻ってきたときに起きたアベプラ暴動を現地で経験し，西パプアの住民の中に鬱積しているインドネシア政府に対する積年の思いが爆発する光景を目の当たりにした（口絵16-4）．ワインガイ博士に関する事件は，アムネスティが制作したドキュメンタリー映画「忘却に抗って」で取り上げられ（監督はフランス人のゴダールとミエヴィル），日

図16-1　ワインガイ獄死を告げる雑誌

本でも 2001 年の山形国際ドキュメンタリー映画祭で上映されている。当時，西パプアに対する農業支援のために移住していた滝克己氏は，両親が逮捕され家に取り残されていたワインガイ氏の 3 人の子供たちを見舞ったためにヴィザの継続ができなくなり，やむなく国外に退去せざるを得なかった。かつて日本軍がなした，あるいは現在日本経済がなしている西パプア侵略に対する謝罪と和解のために家族で西パプアに移住した滝氏の思いは遂げられず，いまも後継者を待っている状況である。私が西パプアに通い続ける一つの理由は，ワインガイ博士の謦咳に接した者として，西パプアの人々の苦悩を理解し，その思いを共有したいと願うとともに，農学を専攻するものとして，滝氏の志を受け継ぎたいと望んでいるからである。

第 4 節　西パプアの農業

　さて，ここで西パプアの農業について概観しておこう。西パプアは根栽農耕文化圏に属し，サゴヤシ，バナナ，ヤムイモ，タロイモ，タコノキ，サツマイモ，サトウキビなどを中心とする栽培体系をとっている。このうち西パプア原産の主食的作物としてはサゴヤシ，バナナ，パンノキなど木本性の大型種がわずかに存在するのみであり，イモ類を中心とした他の主食的作物は，オーストロネシア語族がカヌーを使って東南アジア島嶼部からポリネシアに移動する際に持ち込んだものである。この文化は非常に重層的・複合的なものであり，人々の交易により絶えず変遷してきたものである。栽培作物で跡づければ，例えば非常に古い時代に持ち込まれ，栽培が放棄されてすでに野生化しているようなある種のサトイモや，比較的新しい時代になって導入され，西パプア高地の人口を飛躍的に増大させたサツマイモ（400 年はさかのぼることができないといわれている）などから，この農耕文化の変遷の一端をうかがい知ることができるであろう [11]。
　一方，近代におけるオランダの支配は西パプアの農業にほとんど影響を与えなかったようである。オランダ東インド会社は，ヌサ・トゥンガラやマル

クなどでチョウジをはじめとする植民地貿易をおこなったが，自然条件が厳しく交通の便が良好でなかった西パプアまでは手を伸ばさなかったようである。オランダが調査団を派遣して西パプアの農業発展の可能性を探らせたのは1953年のことであり，すでにインドネシアの他の領域を失ってからのことであった。このときの報告書は『西イリアンの農業林業開発の可能性』という題名で日本インドネシア協会から翻訳出版されている。

　稲作や換金作物栽培の導入は，インドネシアに併合された後に，ジャワ人やブギス人などの移住者によって近年もたらされたものである。彼らは新しい作物を導入しただけでなく，貨幣経済や流通機構を構築し，西パプアを国内植民地として掌握しつつある。インドネシアは古い時代から"プロウ・スリブ（千の島々）"と呼ばれ，世界随一のアーキペラゴを形成しているが，かつてのカヌーによる交易の時代とは異なり，現在は，"トランスミグラシ（transmigrasi：人口移転）"政策によって大量の移民がカリマンタンや西パプアに送出されている。その結果，パプア人はマイノリティーとなり，金や銅，石油などの資源を採掘する巨大なグローバル資本の圧力のもとで，最下層の労働者として搾取される構造が作られつつある。2016年春，私がマノクワリのパプア大学で講義をした際，近々，メラウケで100万haの広大な土地で稲作の導入が試みられることになっており，同時にアブラヤシのプランテーションも始められる予定であるということをアグス学長から知らされた。大規模な人権侵害と環境破壊を伴うことがないように願うばかりである。

第5節　"トランスミグラシ"：オランダと日本による負の遺産？

　インドネシア政府による"トランスミグラシ"政策は，オランダ東インド会社によって試みられた人口過密地域から過疎地域への人口移転政策に端を発している。オランダ東インド会社は，1899年から1904年までに，ジャワ島の155家族をスマトラ島のランポンに移住させ，続いて1905年から1931年にかけて2万7,338人を移住させた［12］。この試みはジャワ島の人口圧を減少

させることにはならず，一旦は頓挫したのだが，1929年にジャワとランポンで大規模な労働者解雇があったことがきっかけとなり，当局はインフラを準備し，住居や食料，土地を斡旋する本格的な人口移転政策を考えるようになった。しかしながら，1931年にオランダ東インド会社の司法官として南スマトラのグドン・タターン村を訪問したヴェルテイム氏は，トラやサイ，ゾウが出没する中で焼き畑移動耕作をするランポンの現地民と定住稲作を営むジャワからの移民のコントラストを描き，この植民政策が成功と呼ぶにはほど遠いものであったことを指摘している[13]。

　ほぼ同じ時期，日本では満洲移民100万戸政策が採用され，経済更生・分村分郷の掛け声のもと，大量の農民が満洲に無責任に送出されたのだが，この政策を強行に推進した石黒忠篤が，その直前にインドネシアにおける移住政策に着手していたことはほとんど知られていない事実である。後にスカルノ，スハルトに受け継がれていくトランスミグラシ政策が，実は満洲移民と同根の政策である可能性を以下に指摘しておきたい。石黒とともに満洲移民政策を立案・推進した小平権一[14]によると，

　「忠篤の頭を支配したのは，アジアの蘭領インドの外領地に，発展の余地を求めるほかはないということだった。そこで「日蘭通交調査会」をつくった。ジャワは人口が稠密であり，食料はラングーン市場を通じて，日本と協定して買っている。ジャワ人は，外領地に出て行くことを欲しないから，その土地を日本人が耕作する。蘭領インドの土地に日本農民を移住させ，そこで米の生産をするというのが，日蘭通交調査会をつくった趣旨だった。秋田県人を主として，手始めにハルマヘラ島に米作員を送り，水田開発に従事させたが，目的は，スマトラと蘭領ニューギニアを開発しようということにあった。日蘭交通調査会の中心人物は，松岡静雄という海軍大佐だった。この人は柳田国男の弟で，非常な秀才であり，日本民族の発展を真剣に考えていた人だった。松岡が中心になって，はじめは滑り出しがよく，オランダの女王から勲章をもらったりした。台湾総督府や南洋庁から金を出させ，小さな船を艤装して，ニューギニア，東南アジアに日本移民を送った。忠篤として

は，移民を出すなら，南米などの遠いところより，近い東南アジア方面へという考え方だった。ところが中途で，大谷光瑞が，ジャワの本願寺の周囲に青年を移住させたり，別荘を作って茶園の経営をしたりしたので，特務機関であると疑われた。それがキッカケとなって，日蘭通交調査会の仕事に対して，蘭印が疑惑を抱くようになった。その後，日本と中国との間に，満州の土地解放の協約ができ，さらにそれが，満洲事変以後，急速に発展して，土地商租権を持った満州に，日本人が開発にゆくことができるようになった。満州国の建国が成り，日本人農民の満洲開拓が実現するという経過をたどったのだが，南米開発に対しては，むしろ忠篤は消極的な考え方だった」。

　先述したインドネシアとの戦後賠償の交渉に当たった岸信介や，開発支援を担った木下商店や日東貿易，日本工営などは，いわゆる満州組であり，満州移民政策が後日スカルノの推進した大規模なトランスミグラシ政策に受け継がれたと考える余地がある。この推測が学術的に裏付けられるかどうかわからないが，今後，検討していくつもりである。

　スカルノは「より多くの土地を開拓することが（低生産性問題に対する）解決であり，インドネシアのすべての土地を開拓できれば，2億5,000万の民を養うことができる。現在の人口はたった1億300万であり，この国ではより高い出生率が歓迎される」と述べ，人口問題を家族計画によるのではなく，移民政策で解決しようとしていたことが伺われる［13］（**口絵16-5**）。スカルノの政策を継承したスハルトも，世界銀行の支援を得て，2,000万戸のトランスミグラシを計画したのだが，結局，西パプアをはじめとするそれぞれの移住地において，民族・宗教・経済・政治の二重構造を生み出し，極めて差別的で不安定な社会構造が出現することになってしまった。西パプアでは，プロテスタント信仰を持つパプア人はすでにマイノリティーになりつつあり，パプア人のアイデンティティーの維持と教育の充実，イスラム教徒との共存，新自由主義経済の浸透と文化変容への対処，環境破壊の阻止，グローバル資本によって引き起こされている公害の実態調査とリハビリテーションなどが大きな課題となっている。

第6節　グローバル資本主義による搾取：ワシントン・コンセンサス

　さて，前項においてスハルトが世界銀行の支援のもとに，西パプアに大量の移民を送出した背景に触れたのだが，インドネシアそのものが世界銀行によって搾取された構造についても見逃さないようにしたい。菊池英博［15］によれば，アメリカが仕掛けた新自由主義の正体はおおよそ以下のようなものであり，開発という名のもとに行われたグローバル資本主義による構造的搾取（ワシントン・コンセンサス）が，如何に深刻にインドネシアの富を収奪したかが指摘されている。

　アメリカは，第一次大戦後，対外純債権国となり，1920年代には空前の株式ブームが引き起こされたのであるが，際限なく行われた銀行による株式投資が崩壊し，1929年にはウォール街の大暴落が引き起こされた。この大恐慌を救済したのはルーズベルトによるニューディール政策である。アメリカは第二次世界大戦にも勝利し，安定した資本主義を継続させたが，ヴェトナム戦争の失敗によって財政赤字が累積し，さらにオイルショックによって産業不況・雇用減少とインフレが共存することになり，「公共投資を増やして民間投資を誘引していけば，有効需要が増加するので失業率が下がり，物価は安定する」というニューディール政策では功を奏したケインズ学派の主張に反し，不況なのにインフレ率が上がり，失業率も上がっていくというスタグフレーションに陥った。そこに登場したのがミルトン・フリードマン等によって主張された「通貨量を減らしてインフレを抑制する」という新自由主義・市場原理主義政策であり，雇用と経済成長を犠牲にして，通貨量を減らす政策が展開されるようになった。こうして財界側に偏重した供給サイドの経済学が強化され，規制緩和と減税によって高額所得者への累進課税を軽減し，富裕層の富を増やすことによってこそ中間層と低所得者にも富が回るというトリクルダウン理論が唱えられるようになった。つまり，政府の役割は所得の再分配ではなく，一部富裕層のための所得創造にあるべきだという主張で

ある。イギリスではサッチャー首相が大企業の法人税を軽減し，高額所得者への累進課税を減税するなどの政策で実体経済の成長と税収の増加を期待したが，トリクルダウン理論は機能せず，財政赤字は拡大した。その結果，医療関連費用や社会保障費，教育費の財政支出が削減され，国民皆健康保険制度が成り立たなくなり，病院の閉鎖と医師の海外移住などの結果をもたらした。アメリカではレーガン大統領が大幅な富裕層への減税と軍事費の増加によって財政赤字を拡大させ，70年ぶりに対外純債権国から債務国へと転落を余儀なくされた。そして，このような事態を打開するためにとられたのが湾岸戦争，アフガン戦争，イラク戦争などの軍事バブルの誘発であったと見ることが可能である。

　このような事態を打開するためにアメリカが考え出したのが，ワシントン・コンセンサスに代表される開発支援型の搾取システムである。ソ連の崩壊後，アメリカの新たな世界戦略は，新自由主義政策を世界に広めることによってリーダーシップをとろうとするものであり（ワシントン・コンセンサス），具体的にはIMF（国際通貨基金）と世界銀行を通して，中南米，アジア諸国を席巻しようとするものであった。アメリカはIMFと世界銀行への最大の出資国であり，その議案に拒否権を持っているため，融資を求めに来た国に対しては，まず，これらの国際機関を通して，財政赤字の是正，補助金削減などの緊縮財政，税制改革（累進課税の緩和），金融改革，競争力ある為替レート，貿易の自由化，資本取引の自由化（外資導入の促進），国営企業の民営化，規制緩和，所有権の確立（外資の保護）などを要請する。これは，一方で金融を自由化させて金融先物相場を導入させ，外資規制の廃止，短期資本の流出入の自由化を要求し，その国の経済が外資によって左右されやすい体制をつくらせてから，自国通貨よりも金利の低い外貨（ドル）の借り入れが進むように仕向け，不動産投機や地域開発への投資を増加させてバブル経済を誘導するための伏線である。つまり，国内経済は活性化し，輸入超過になるために国際収支は赤字になるのだが，穴埋めに金利の安いドルの借り入れを行うことになるため，IMFの勧告に従って対ドル固定相場から変動相場

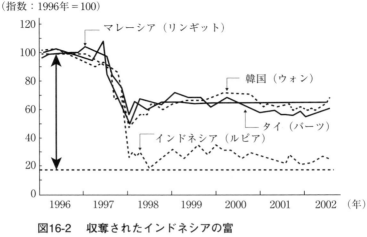

図16-2　収奪されたインドネシアの富
(菊池英博『そして、日本の富は略奪される』2014より転載)

制に変更した結果，一挙に自国通貨が売り込まれ，ドルが大幅に切り上げられるという筋書きである．インドネシアは，最も苛烈な犠牲を強いられた国であり，1997年から1998年にかけて，実に，国家予算の何割にも相当する富が収奪され，スハルトは退陣に追い込まれた（図16-2）．インドネシア政府は，現在，このツケを支払うために，フリーポートなどの巨大国際資本に西パプアの地下資源を売り渡しているのだといってもよいであろう．

第7節　ビアク大地震から考えたこと(開発ではない支援を目指して)

　パプアには地球上の人口の約0.01％が住んでいるに過ぎないが，実に世界の言語の15％が分布しているといわれ，元来，極めて多様な言語社会が存在していた［16］．しかし，西パプア独立派が愛唱する「我が地パプア」ですらインドネシア語で歌われるというディレンマがあり，今日，民族のアイデンティティーは言語によってではなく，むしろプロテスタント信仰によって確認されているといってよい．GKI (Gereja Kristen Injil：福音キリスト教会)

はパプア人のアイデンティティーのよりどころである。

阪神淡路大震災が起こった翌年、1996年2月17日に西パプアのビアク島を震源地とした大地震が起こり、私は3週間ばかりGKIによる救援活動に参加した（図16-3）。短い滞在中に、ジャワからの輸入米の価格が一気に高騰したのには驚いたが、今になって思えばナオミ・クラインのいうショック・ドクトリン（惨事便乗型資本主義）の発動と見做すことができるのではないかと思う。救援物資の一部が軍や官に接収・横流しされているとのまことしやかな流言も飛び交っていた。私は、ビアクの教会に送られてくる支援物資の仕分けを手伝い、配布のための巡回に同行したのだが、パプア人コミュニティにおける被災者支援の現場に立ち会うことができ、得がたい経験をさせてもらった。

図16-3　津波で壊滅した北ビアクのコレム

パプア人は、他者の痛みに極めて敏感な人々である。支援物資を配給するスタッフは、物を届けるだけでなく、被災者や遺家族の話にうなずきながら耳を傾け、数時間を費やすことも稀ではない。西パプアの各地からビアクに物資を届けに来た人々も、ただ荷物を置いて帰るのではなく、一緒に現地を回りながら話を聞き、痛みや苦悩を共有する。私が驚いたのは、日曜日の礼拝の中で、阪神淡路大震災で苦労している人たちのために、祈りが捧げられていたことである。そこには、自ら被災の直中にありながら、痛みを共有することによって、かつての侵略者-被侵略者という関係を乗り越え、互いに励まし合い、慰め合う可能性が示されていた。苦悩の直中にあるからこそ、同じように苦悩する人々のことを思いやることができるのだということを、私は西パプアの人々に教えられた。それ以来、パプア人のこのような祈りに応える日本人がいなければならないとの思いを強くさせられている。私はここに、開発とは別の国際的な相互支援の道を見た思いがしたのである。

第 16 章　開発にさらされる西パプア（小塩　海平）　　275

　西パプアの人々は，トランスミグラシ政策とグローバル資本主義に抵抗する手段として，教育と情報発信が決定的に大切であると考えている。GKIは，主たる財団として，YPK（キリスト教教育財団），YOG（オットー・ガイスラー大学財団），YISK（イツァーク・サムエル・ケイネ神学校財団）の3つを擁しており，YPKは現在西パプア全土に32の幼稚園，833の小学校，26の中学校，16の高校を展開している。生徒8万5,810人に対して，教師は5,606人であり，トランスミグラシ政策が強行に進められた一部の地域（南ソロンやカイマナなど）ではイスラム教徒の教員を採用しているところもある。

　YOGはYPKの教育の頂点をなすもので，かつて1982年に建てられた経済専門学校を2011年に経済学科，農林水産学科，科学技術学科の3学科を擁するオットー・ガイスラー大学に格上げして経営を行っている財団である。経済学科に1,300人，農林水産学科に600人，科学技術学科に400名が学んでいるが，喫緊の課題は，学位を持っている教員が極めて少ないことである。わずかに経済学科に2名の修士がいるものの，他の学科には学位取得者が存在しない。かつて日本で学んだワインガイ博士が，いまの西パプアに独立の希望を残したように，この分野で，日本および日本の大学が貢献できる余地が大いにあるのではないかと思われる。

　かつて西パプアの地には，日本をはじめ，オランダ，アメリカ，オーストラリア，朝鮮，台湾，インドネシアなどから若者たちが連れて来られ，空しい戦争が繰り広げられたのだが，私は，今の時代，同じような国際的なスケールで，西パプアの地から，グローバル資本主義あるいは新自由主義格差政策に対抗するネットワークが生まれることを夢見ている。隣りのパプアニューギニアでは，石斧が消え［17］，森が消えつつある［18］ことに警鐘が鳴らされているのだが，いまだ豊かな自然と貴重な生物種が残存し［19］，痛みを共有しようとする人々が存在する西パプアには，時代を席巻する開発という名の暴力に抵抗するための希望が残されていると私は思う。

参考文献

[1] 加東大介（2015）『南の島に雪が降る』，ちくま文庫。
[2] 伊藤隼男（1981）『西イリアン紀行：父の戦没地を訪ねて』，新人物往来社。
[3] 飯田進（1997）『魂鎮への道』，不二出版。
[4] 森山康平（1995）『米軍が記録したニューギニアの戦い』，草思社。
[5] 倉沢愛子（2007）「岸信介とインドネシア賠償」『現代思想』35（1），pp.159～167。
[6] 倉沢愛子（2016）「9・30事件と日本」『アジア太平洋研究』26，pp.7～36。
[7] TAPOL(1983) *West Papua: The Obliteration of a People*［小野寺和彦訳(1995)『インドネシアの先住民族と人権問題　西パプアに見る民族絶滅政策』明石書房］．
[8] Peter King（2004）*West Papua & Indonesia since Suharto: Independence, Autonomy or Chaos?* UNSW Press.
[9] Jim Elmslie（2002）*Irian Jaya under the Gun: Indonesian Economic Development versus West Papuan Nationalism*, University of Hawai' is Press.
[10] 井上治（2013）『インドネシア領パプアの苦闘─分離独立運動の背景』めこん。
[11] 中尾佐助・秋道智弥（1999）『オーストロネシアの民族生物学─東南アジアから海の世界へ』平凡社。
[12] Anton Setyo Nugroho（2013）*Evaluation of Transmigration (transmigrasi) in Indonesia : Changes in socioeconomic status, community health and environmental qualities of two specific migrant populations*, 鹿児島大学．
[13] Mariël Otten（1986）*Transmigrasi: Indonesian Resettlement Policy, 1965-1985*, IWGIA.
[14] 小平権一（1962）『石黒忠篤』時事通信社，pp.204～205。
[15] 菊池英博（2014）『そして，日本の富は略奪される』ダイヤモンド社。
[16] 京都大学西イリアン学術探検隊（1977）『ニューギニア中央高地　京都大学西イリアン学術探検隊報告1963-1964』朝日新聞社。
[17] 畑中幸子（2013）『ニューギニアから石斧が消えていく日』明石書店。
[18] 清水靖子（1994）『日本が消したパプアニューギニアの森』明石書店。
[19] Andrew J. Marshall and Bruce M. Beehler（2007）*The Ecology of Papua I & II*, Periplus Editions（HK）ltd.

第17章
農業分野における新たな担い手としての障害者

杉原　たまえ

第1節　開発と障害

1）今なぜ「障害」なのか

　2015年9月，「国連持続可能な開発サミット」において，「我々の世界を変革する：持続可能な開発のための2030アジェンダ」が採択された。アジェンダ（行動計画）では，貧困撲滅，エネルギーや気候変動問題の軽減，平和的社会の構築など，持続可能な世界を実現するための17の目標と169のターゲットからなる「持続可能な開発目標」（Sustainable Development Goals：SDGs）が掲げられている。このSDGsは2015年から2030年までの開発目標であり，2001年に策定された「ミレニアム開発目標（MDGs）」に続くものである。MDGsが途上国の人々を対象としていたのに対して，SDGsは先進国も含む取り組みであり，その取り組み過程で「誰一人取り残さない（no one will be left behind）」ことを原則としている。社会に取り残されがちな「障害者」について，SDGsでは17項目にわたって言及している。たとえば，「目標8」では，「すべての人々のための持続的，包摂的かつ持続可能な経済成長，生産的な完全雇用およびディーセント・ワーク（働きがいのある人間らしい仕事）を推進する」ことが目標とされ，「2030年までに，若年者および障害者を含むすべての男女に，生産的でありかつ適切な雇用と，同じ価値の労働に対して同一報酬を達成すること」などをその指標として掲げている。また，障害者の完全雇用を達成することで「国内および国家間の不平等を減らす」

(目標10) ことが可能となるが，そのためには，「2030年までに年齢，性，障害，人種，民族，生まれ，信仰あるいは経済的地位などに関わらず，すべての人々の自律を促すようにその人々の持っている力を引き出し，社会的にも経済的にも政治的にも社会に取り込んでいくことを促進する」ことが必要であるとしている。このSDGsは，先進国にも同様に適用されることが定められており，今や障害問題は世界規模の課題となったのである。

それでは，「障害者」といわれる人々はどのくらい存在するのであろうか。WHO（世界保健機構）によれば，世界人口の7人に1人が障害者であるといわれている。そのうちの半数が途上国の農村部に居住している。1日当たり所得が1ドル未満の人口の17%が，障害または慢性的な疾病を抱えている。障害ゆえに貧困に陥り，貧困ゆえに障害を抱えるというように，貧困問題と障害問題は切り離せない課題である。また，紛争，戦争やテロなどの社会的問題や，自然災害などが原因となって障害をかかえることも多い。高齢化に加え，生活習慣病等の影響から，先進国でも障害者人口の増加が予測されている。各国の統計や障害の定義が整えば，この割合はもっと増大すると言われており，障害問題は福祉だけの分野で対処すればいいというわけにはいかないのである。

とりわけ，精神障害の問題は，全世界で深刻さを増している。OECD（経済協力開発機構）の最新報告書[1]によると，うつ病などの軽・中等度の精神障害者は就業人口の15%を占め，今後はさらに増大すると予想されている。また，世界の精神障害者の57%は，適切な治療を受けていない。さらに，重度の障害者は，平均寿命が「健常者」よりも約20年短く，また失業の可能性も6〜7倍高いため，精神疾患に関わる直接・間接的コストはOECD諸国全体でGDPの4%を超えると予測されている。

精神障害は，個々人の身体的特性でありながら，社会的要因が大きく関与している。近年の脳科学研究の進展によって，精神障害の症状と脳の機能的不全との対応関係がいくつかの症例については明らかになってきているものの，精神障害を生み出す社会的文脈を軽視することはできない。戦争・災害

あるいは社会関係にもとづくストレスなど，社会のあり方が直接的あるいは間接的に精神障害の発生に関与している。この社会的要因は，精神障害発生の要因として重要であるばかりでなく，障害への対応（差別や隔離）を通して，その後の治療過程にも大きく関係している。社会的要因が大きく関与して発生した障害を，社会的対応・配慮によって解決しなければならない点に，精神障害特有の困難があると言ってよい。「障害者差別解消法」などの法整備や行政主導の障害者就労促進は重要であるが，それが実施される社会的文脈の理解無しには，問題の本質的な解決は望めないのである[1]。

２）「障害」とは何か

　障害の定義については，1980年にWHO（世界保健機構）が定義した「国際障害分類」（International Classification of Impairments, Disabilities and Handicaps：ICIDH）がある。この定義では，障害を「機能・形態障害（Impairment）」，「能力障害（Disability）」「社会的不利（Handicap）」という３つのレベルで性格づけている。たとえば，「足の切断」という機能・形態障害のある人は，「歩くことができない」という能力障害を抱えることとなり，その障害があるために社会的不利や差別を受けることとなる。いわば，

---

[1] 2013年現在，日本国内には約320万人の精神障害者が存在する（中医協調べ）。日本の精神障害者への対応を概観すると，1950年の「精神衛生法」施行により，それ以前の「私宅監置」が禁止され，民間病院施設での長期入院を基本とする方式が採用された。この結果，現在でも約20万人の精神障害者が1年以上の長期入院を余儀なくされている。多くの先進諸国では，精神病治療における「脱施設化」が主流となっているのに対し，日本では入院治療がなお基本形態であり，世界の動きに大きく遅れをとっているのである。ようやく近年に至って精神保健福祉法が改正され（2013年６月），精神障害者の地域生活移行を促進することとなった。しかしながら，厚生労働省による地域の受け皿づくりがようやく検討され始めた段階であり，具体的な方策の提示はまだなされていない。福祉分野では「施設型福祉」から「地域包摂型福祉」への政策転換，農業分野では「障害者を含む多様な担い手の育成」が重視されつつあり，2016年４月には「障害者差別解消法」が施行され，精神障害者を地域で受け止め「包摂」していくことは喫緊の課題となっている。

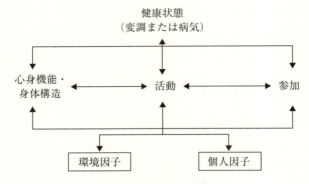

図17-1 「国際生活機能分類（ICF）」

障害が一方向に重層化・累積化していく捉え方である。こうした中での「リハビリ」とは，「医学的に歩けるようになる」ことで，一般社会に戻ることを目指す「医学モデル」に立脚していた。

しかし，障害をマイナスとしてしかとらえていないという批判を背景に，2001年になると「生活機能・障害・健康の国際分類」(International Classification of Functioning, Disability and Health：ICF) へと変わった。この分類では，障害を「心身機能・構造」・「活動」・「参加」の3側面で捉えている（図17-1）。たとえば，足の切断で歩行が困難になっても，車いすや義足の技術向上というその社会の「環境因子」によって，個人の「活動」と社会への「参加」を促すことができる，という把握である。医学的見地からみた心身機能の回復だけでなく，障害者をサポートする社会的環境の整備の向上を通して，障害者の社会参加の可能性を拡張できる。リハビリによって障害者を一般社会に復帰させる，それまでの「医学モデル」に代わって，障害者の社会参画を阻む社会の在り方に着目する「障害の社会モデル」が提示されたことによって，障害特性を活かすというポジティブな障害観が打ち出されていった。

この障害を個人の治療対象とした「医学モデル」と，障害を社会の障壁として捉える「社会モデル」との関係は，しばしば開発と女性問題の捉え方に

なぞらえられる。開発の足かせとして問題ある存在としての女性に教育や技術を習得させることで開発を促進させようとする「開発における女性（Women in development：WID）」と，女性だけが力をつければすべてが好転するのではなく，女性を取り巻く社会そのものが変わらなければ根本は変わらないとする「開発とジェンダー（Gender and development：GAD）」は，障害の医学モデルと社会モデルと同様の視角を提起しているのである。

東南アジアやアフリカの障害者たちが，どのような生計を営んでいるのか，貧困戦略の再構築をめざす森壮也らの研究によって，その実態が明らかにされつつある［2］。また，近年，日本でも，障害者を農業の担い手として積極的に位置付け，「農福連携」事業を政府関係機関が積極的に取り組んでいる。その具体的事例を，次節以降で概観してみよう。

第2節　日本の農業分野における障害問題への取り組み

1）「農福連携」の背景

近年わが国では，福祉・農業の両分野で，障害者の農業就業に向けた取り組みが積極的に推進され始めている。農業分野における障害者雇用に向けた取り組みは，福祉分野では2008年度の「障がい者基本計画―重点施策実施5カ年計画」以降，農業分野では「21世紀新農政2008」以降に本格化した。この背景には，「施設型福祉」から「障害者の自立」，さらに「障害者雇用率の引き上げ」へと福祉政策が転換したこと，一方農業分野では，高齢化に伴う農業労働力の弱体化が一層深刻化していることが背景にある。

農業・福祉の両サイドの問題意識がオーバーラップする領域として，「障害者と農業」「農福連携」という政策課題が浮上して以来，各種補助金交付による支援が推進されている。たとえば，農林水産省では，農山村漁村地域に対しては「都市農村共生・対流総合対策交付金」を，都市および都市近郊地域に対しては「『農』ある暮らしづくり交付金」などを，障害者を雇用した事業主に対しては「農の雇用事業」などの支援を積極的におこなっている。

また,厚生労働省と連携した「社会福祉施設等施設整備費補助金」を交付し,福祉施設内の農園整備や運営に関する補助もおこなっている。

こうした一連の補助事業では,高齢化が進む日本農業に必要な「多様な人材」として,障害者にその一翼を担うことが期待されているのである。

2) 障害者と就労実態

『障害者白書』の障害区分によれば,身体障害者366万3,000人,知的障害者54万7,000人,精神障害者320万1,000人の障害者が数えられており,国民の6％が何らかの障害を有していることとなる [3]。同白書によれば,わが国の20歳代前半の就業状況は,一般の就業率64.2％に対し,身体障害者50.0％,知的障害者70.0％,精神障害者26.3％であり,精神障害者の就業率の低さが際立っている。一方,知的障害者の就労率は高いが,6割が作業所等への就労であるため,そのうち6割が月収3万円以下である。農林水産業には,知的障害者の3.9％（作業所を除く）が,身体障害者の1割弱（作業所での従事を含む）がそれぞれ従事しているにとどまっているが,増加傾向にある。

3) 農業の作業特性と課題

近年,農林水産省や厚生労働省が主導した「農福連携」が推進されている [4]。障害者にとって,農業に従事することは,どのような効用があるのだろうか。それは,主として次の4点にあると考えられる。第1点目が,農作業は屋外での作業が多く,事務所などでの仕事に比べて解放感があり,精神的に安定する点である。2点目が,農業は接客業務が少ないため,対人関係上のストレスを抱えにくい点である。3点目が,農作業は肉体労働が多いため,作業を通して体力が強化され,リハビリ効果にもつながっている点である。また,農作業後には,睡眠や食事も規則的によくとれるようになり,生活のリズムが安定するようになる。4点目が,土や家畜,作物との関わりを通して療養的効果が得られる点である。このような点で,農業就労は障害者にプラスの効果があると考えられている。「園芸療法」や「園芸福祉」「動物

セラピー」などは，その効用をより意識的に活用しようとする実践である。

　しかし一方で，農業には障害者に不向きな側面があることも無視できない。どの産業分野でも，既存の技術体系やノウハウを障害者にそのまま適用するのは不可能であるが，農業にはさらに固有の難しさがある。ときに職人的な技が要求される農作業には，障害者にとって判断の難しい「グレーゾーン」が少なくない。たとえば，収穫適期となった農産物のみを選びながら収穫するという仕事などは，熟度が判断しにくく，農業の経験のない者にとって一様に判断が難しい作業である。こうした「幅を持った」判断は，特に障害者には困難が伴う。農業者が長年にわたって培ってきた「勘」や「技」を言語や数値で第三者に伝えるのは一般的に難しいが，障害者にとっては一層困難となる。加えて経営面では，農業は天候や生育状況により作業内容が変化することも多い。同一作業を忍耐強く反復できるという障害者の能力も，作業内容が一定しない状況下では活かすのが難しくなる。労働環境の整備，作業手順の改善と標準化，作業指示の工夫と適切な「用具」の開発などが求められる。体力面では，夏場の露地作業など，強靱な体力を要求される作業も少なくない。さらに，地域の理解と協力が重要である。福祉分野から農業に参入するケースが少なくないが，農業技術の習得には周辺農家の理解とサポートが不可欠である。先進的な実践例では，地域の農家や住民とのネットワーク構築に努力をはらっている。このように，農業分野で障害者就労を促進していくためには，労働環境の整備や作業手順の改良などが雇用者側に求められることになる。

第3節　農業分野における障害者就労の取り組み

　ここで，障害者就労を実践している先駆的な農業経営の事例を概観する。ハウスでの水耕栽培を軸に農業分野における障害者雇用に早くから取り組み，「ユニバーサル農業」を理念に掲げている京丸園株式会社をとりあげ，上記の課題を克服し，障害者の農業就労を可能にする条件について検討してみよ

う。とくに，農業の曖昧さの克服，雇用システム，農作業環境整備，作業分解とその連結，関連組織とのネットワークなどの点に着目し，障害者の就労に対してどのような配慮が行われているのかを考察する［5］。

1）経営概況

京丸園は浜松市内で400年の歴史をもつ農家である。1973年，父親の代でみつばの水耕栽培を始め，2004年に現在の経営主（13代目）が株式会社化をした。ハウス（水耕栽培）70a，水田（アイガモ農法）70a，畑50aを経営している。水耕栽培では，姫ねぎ，姫みつば，京丸みつば，姫ちんげん，ラーメンちんげんなどを，土耕では，京丸トマト，アイガモ農法・無農薬コシヒカリなどを生産している。主要栽培品目は，回転率の速い姫ネギ（年間17回転）や姫みつば，姫ちんげんさいなどの軽量野菜である。障害者雇用は1997年に始まった。姫ちんげんさいは障害者雇用のために導入された作物で，72名の雇用者のうち19名が障害者（2015年8月現在：知的障害者6名　身体障害者4名　精神障害者7名）である。

2）障害者就労のための具体的取り組み

（1）農作業環境の整備

①「あいまいな職人技」から「誰でもできる農作業」へ

職人的な技量が必要とされたこれまでの「技や勘」による方法から，ごく簡単な「道具」の利用に置き換えることで，障害者にも無理なくできる作業に変えている。具体的には，ネギ苗の定植作業には，1枚の「下敷き」を用いることで作業を平易なものに変換し（**図17-2**），播種の際の水分加減などは重量計で水分を測定することで，誰にでもできる技術となった。

②「ハンディ」を「プラス」に置き換える

障害者は健常者と比べると「できない」ことが多い。しかし視点をかえると障害ゆえに「できる」事も多い。京丸園の看板技術ともいえる「虫取りトレーラー」（**図17-3**）の発想はまさにこれに当たる。当初，掃除しかできな

図 17-2　ネギ苗の定植　　　　図 17-3　虫取りトレーラー

い知的障害者がハウス内の掃除を繰り返すことで害虫の発生を低減させたことに着眼した経営者は，虫を吸引する機械を開発した。この機械は，ゆっくり動かさなければ虫を吸い取ることができない。健常者には広い温室内でゆっくり機械を押して歩くことはかえって苦痛を伴い，困難な作業である。この機械が農器具としての機能を発揮するには，歩行機能に障害がある身体障害者のほうが最適な担い手となるのである。さらにこの機械を利用した栽培が生産物に，「無農薬野菜」という付加価値を創出したのである。

③「具体性」のある指示

障害者への作業指示は，具体的かつ明瞭でなければならない。例えば，「トレーをきれいに洗って」ではなく，「何回水を流す」など，指示は端的であることが求められる。ハウス内や作業所には，個々人の作業内容がそれぞれ板書され，農作業を構造化[2]することで，障害者の作業への理解を助けて

---

(2)「作業の構造化」とは，「環境」を当事者にとって意味のあるものに組み立て直す手法のことで，自閉症者支援のために，1970年代に米国ノースキャロライナ州のTEACCH（Treatment and Education of Autistic and related Communication handicapped Children）がもとになって開発された。その要点は，次の5点である。①物理的構造化：環境を整え，刺激を統制する（1か所1つの活動）　②時間的構造化：「いつ」「どこ」「何を」するのか明らかにする　③手順の構造化：活動開始と終わり等を視覚的に提示する（ワークシステム）　④視覚的構造化：わかりやすく伝える　⑤ルーティンの活用：同じ作業への安心感と達成感を得られるようにする。

いる。10までしか数えられない知的障害者に指示する際には,「5を2回繰り返す」といった説明をすることで,障害者には安心感を,事業者には作業上の効率をもたらしている。

(2) 作業分解・連結と作業の周年化

　福祉分野では長年「作業分解」によって障害者の就労促進を図ってきたが,農業分野でも農作業に伴う判断の難しい「曖昧な領域」を,作業の分解・単純化によってできるだけ少なくし,障害者が的確に判断できるように配慮している。ハウスでの水耕栽培は,天候に左右されないため年間を通して安定した作業環境が提供でき,また障害者が判断に迷うことの少ない同一の作業を継続できるという点で,とくに知的障害者の就労には適した営農形態だと評価されている。

　しかしながら,作業分解による作業の単純化は,障害者就労をスムーズにする基本的手法ではあるが,行き過ぎた作業分解は単純作業の反復をもたらし,精神障害者などには精神的疲労の原因となる可能性もある。

(3) 適切な人員配置と自己評価

①採用要件

　福祉事業所ないし特別支援学校からの「紹介」を受けたのち,雇用前には「実習や研修」を必ず経て本採用に至る。採用基準は,(保護者ではなく)本人に働く意志があり,自力通勤が可能であり,人に暴力を振るわないことを条件としている。また,雇用する際は,福祉支援機関への登録を要件としている。

②障害特性を活かした人材配置

　姫ミツバや姫ネギの水耕栽培用ハウス,姫ちんげんさいの水耕栽培ハウス,収穫後の選別・出荷調整作業所,の各場所に,それぞれの障害特性を活かして配置されている。知的障害者は反復動作に長けるため,作業所でのパッキング作業を担う。逆に精神障害者は,ノルマが課されて強いストレスになり

得るパッキング作業には不向きなので，ハウスでの農産物の生産・収穫作業に配置されている。一方，配置への配慮だけで解消できないようなハンディについては，こだわりの強い知的障害者は作業チームを編成し健常者も加わって無理のないペースを作り，精神障害者の持続性の弱さや身体障害者の体力不足には，短時間労働を組むなどの工夫で対応している。

　③賃金設定

　賃金設定については，福祉支援機関との相談，労務士による算定，労働基準監督署の査定を経て決定し，1～3年ごとに見直しをしている。静岡県の最低賃金は時給735円であるが，京丸園では特例の適用を受け，最低380円，最高780円の幅で設定している。雇用11年目の知的障害者は，時給300円から始まり，作業能力の向上により現在680円まで上昇している。農作業については作業日報を各自に記入したり，パッキング作業所では仕事量を自分で計測することで，障害者自身にも作業能力の向上に努めるよう促している。こうした柔軟な賃金設定も，障害者の特性をきめ細かに反映させようという試みである。

（4）多様な人材や組織との連携

　京丸園では，経営内部に障害者の労働配置や作業指導などを専門的に統括する「心耕部」を設置し，他部門との連携をとり，障害者の仕事上の相談や指導が常にできる体制をとっている。心耕部には「農業ジョブコーチ」を雇用し，障害者の職場適応の支援を行っている。

　外部との連携で欠かせないのは，福祉関係諸機関（障害者就業・生活支援センター，浜松市地域生活支援センター，就業・生活支援センター，浜松市障害者支援センター，ハローワークなど）との連携である。実習・研修段階から，採用段階，就労支援全般および生活相談まで，連携は広範囲にわたって行われている。生活相談は福祉関係機関が対応し，京丸園では就労相談のみ受けるような分業関係を築いている。就労相談の場合でも当事者や家族との二者間でおこなわず，福祉関係機関を仲介者とした三者関係となるよう配

慮されている。また，京丸園の障害者雇用の取り組みは，浜松市や静岡県内での多様な組織とのネットワークのなかで取り組まれ，農業分野における障害者雇用を地域へと拡大・普及する大きな推進力となっている。

（5）農家にとっての障害者雇用のメリット

農業分野における障害者雇用は，障害者に就労の場を提供するばかりでなく，労働の喜びや「福祉的工賃」ではない「正当な賃金」を評価・支給される喜びをもたらしている。一方，障害者を雇用する京丸園にとっては，各種助成金を利用した農業技術の開発や，新規作物の導入，無農薬栽培による付加価値の増大，職場環境の改善，ソーシャルビジネスとしての社会的責任の遂行といった効用をもたらした（2007年障害者関係厚労省内閣総理大臣賞受賞）。京丸園では，障害者雇用の増大と併行して農産物販売額も拡大している。障害者雇用を始める前には6,500万円であった農産物販売額は，2014年現在では2億5,400万円に達しており，障害者雇用を農業経営の拡大・発展に結びつけることができたという点でも，高く評価することができる。

（6）障害者雇用と地域連携

障害者の職域の拡大および農業分野でのあらたな担い手の育成のためには，地域の多様な機関との連携が欠かせない（**図17-4**）。浜松市は，NPOしずおかユニバーサル園芸ネットワークと連携しながら，浜松市独自で浜松ユニバーサル農業研究会を立ち上げた（2005年）。農業をだれでも参画できる産業に変えることを目的とし，企業・農業・福祉の3者が支え合う連携モデルの構築を目指している。「企業」サイドでは，伊藤忠テクノソリューション株式会社の特例子会社である株式会社ひなり（2010年認定）が積極的に関わっている。この特例子会社が，地域のハウス水耕栽培やアスパラガスの収穫・調整作業，果樹の収穫作業，露地野菜の定植・収穫作業，茶畑管理など，農家の作業請負をおこなっている。作業請負には株式会社ひなりの「管理者」が同行し，ジョブコーチ的な役割を担っている。

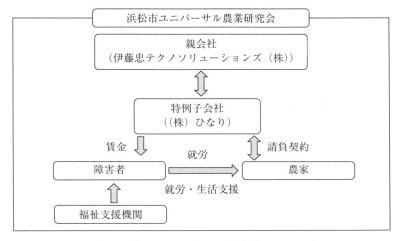

図 17-4　NPO 法人しずおかユニバーサル園芸ネットワーク

第4節　日本の経験を途上国の農村開発に活かす

　日本は，第二次大戦後の復興のために，世界銀行から多額の資金を借り入れ（31件，総額約8億6,300万ドル），火力発電や，自動車や造船などの近代産業の発展や，高速道路や新幹線などのインフラを整備した。それらの借入金の完済は，わずか四半世紀前の1990年である。一方で，1984年には，日本は世界銀行第2位の出資国となった。援助を受ける側から，戦後復興期を経て国際支援をする側へと至る過程での日本の様々な経験が，現在の開発途上国の農村開発に，様々な形で活かされている。例えば，農村の生活改善の手法や活動内容，「一村一品」や「道の駅」などの農村振興，在来資源の利用による地域活性など，多くのレッスンが途上国の農村開発の手法として活用されている。

　障害と農業分野における対応についても，現在の日本の農業分野での障害者就労の経験が蓄積され，途上国農村で活かされる日も遠くないであろう。

参考文献
［1］OECD (2014) Making Mental Health Count The Social and Economic Costs of Neglecting Mental Health Care, Organisation for Economic Co-operation and Development.
［2］森壮也（2008）『障害と開発―途上国の障害当事者と社会―』アジア経済研究所。森壮也編（2016）『アフリカの「障害と開発」』IDE-JETROアジア経済研究所，ほか。
［3］内閣府（2013）『平成25年度障害白書』。
［4］独立行政法人農業・食品産業技術総合研究機構　農村工学研究所（2008）『農業分野における障害者就労の手引き』。農林水産省経営局・独立行政法人農業・食品産業技術総合研究機構　農村工学研究所（2009）『農業分野における障害者就労マニュアル』。
［5］大橋志帆（2013）「卒業論文　農業分野での精神障害者の就労に関する考察」東京農業大学。

おわりに

　東京農業大学国際食料情報学部国際農業開発学科は，2016年に創立60周年を迎えた。本書は，その記念事業の一環として，同学科に所属する現職教員のうち，17名により執筆された。

　60年はちょうど還暦の年ということになるが，一つの学問あるいは研究分野の生育にとって，その年数は十分な長さであるとは言い難い。とりわけ本学科が志向する「国際農業開発学」といったいわゆる「文理融合」の形態は，ややもすると各個の学問分野の寄せ集めに過ぎなくなることから，成熟して文字通りの融合した体制と成果を生み出すには，多くの知恵や経験とそれに費やされる長期の時間が必要とされよう。事実，日々の教育や学科・大学運営に関する作業や，個々の研究に埋没されると，国際農業開発学を成熟させるために，研究者が共同で調査や研究を実施し，研究者どうしで議論するといった機会はなおざりにされやすい。

　しかしながら，国際農業開発学の目指すところが，国際的・環境的に調和したなかでの安定した食料の生産と分配ということであれば，その達成には，きわめて実学的な，そして文理双方の側面からのアプローチが必要となることは必至である。したがって本書は，近年，文理融合型の大学や学科が多く創設されるなか，農学分野におけるその嚆矢といってもよいであろう本学科に在職する教員の，「文理融合」に対する，あらためての問い直しの書であるとも言えるのかも知れない。多くの方々の参考になれば幸いであるとともに，真摯なご批判も期待したい。

　本書の刊行にあたり，企画から出版に至るまで，細部にわたってご助力いただいた筑波書房の鶴見治彦氏に，心から感謝申し上げる。

2016年11月

編集責任者　中西康博

著者紹介

(担当章・職名・学位・専門)

中西　康博	第1章・東京農業大学国際食料情報学部国際農業開発学科教授・博士（農学）・土壌学，地下水環境学，食料生産環境科学
入江　憲治	第2章・東京農業大学国際食料情報学部国際農業開発学科教授・博士（農学）・作物学，育種学，植物遺伝資源学
志和地　弘信	第3章・東京農業大学国際食料情報学部国際農業開発学科教授・博士（農学）・作物学，作物育種学，作物生理学
弦間　洋	第4章・東京農業大学国際食料情報学部国際農業開発学科教授・農学博士・果樹園芸学，園芸利用学
パチャキル　バビル	第5章・東京農業大学国際食料情報学部国際農業開発学科助教・博士（国際農業開発学）・作物学，育種学
真田　篤史	第6章・東京農業大学国際食料情報学部国際農業開発学科助教・博士（国際農業開発学）・熱帯園芸繁殖学，植物組織培養
夏秋　啓子	第7章・東京農業大学国際食料情報学部国際農業開発学科教授・農学博士・植物病理学
入江　満美	第8章・東京農業大学国際食料情報学部国際農業開発学科准教授・博士（環境調節学）・環境科学，水環境学
足達　太郎	第9章・東京農業大学国際食料情報学部国際農業開発学科教授・博士（農学）・応用昆虫学，熱帯作物保護学
高根　務	第10章・東京農業大学国際食料情報学部国際農業開発学科教授・博士（農学）・開発学，アフリカ研究
板垣　啓四郎	第11章・東京農業大学国際食料情報学部国際農業開発学科教授・博士（農業経済学）・農業開発経済学，国際農業開発協力論，フードシステム論

中曽根　勝重	第12章・東京農業大学国際食料情報学部国際農業開発学科准教授・博士（農業経済学）・農業経済学，農業開発経済学，アフリカ地域開発
三簾　久夫	第13章・東京農業大学国際食料情報学部国際農業開発学科准教授・博士（農業経済学）・地域農業開発学，ラテンアメリカ農業論
山田　隆一	第14章・東京農業大学国際食料情報学部国際農業開発学科教授・博士（農学）・農業経営学
飯森　文平	第15章・東京農業大学国際食料情報学部国際農業開発学科助教・博士（国際農業開発学）・農村開発社会学
小塩　海平	第16章・東京農業大学国際食料情報学部国際農業開発学科教授・博士（農学）・植物生理学，作物栽培学，植民地農学，有機農学
杉原　たまえ	第17章・東京農業大学国際食料情報学部国際農業開発学科教授・学術博士・農村開発社会学

国際農業開発入門
環境と調和した食料増産をめざして

2017年4月1日　第1版第1刷発行

編　者　◆　東京農業大学国際農業開発学科
発行人　◆　鶴見 治彦
発行所　◆　筑波書房
　　　　　　東京都新宿区神楽坂2-19 銀鈴会館 〒162-0825
　　　　　　☎ 03-3267-8599
　　　　　　郵便振替 00150-3-39715
　　　　　　http://www.tsukuba-shobo.co.jp

定価は表紙に表示してあります。
印刷・製本＝平河工業社
ISBN978-4-8119-0506-8　C3061
Ⓒ 2017 printed in Japan